大连海事大学校企共建特色系列教材

大连海事大学——海丰国际教材建设基金资助

软件设计与体系结构

Software Design and Architecture

主编 / 谢 兄

主审 / 张维石

大连海事大学出版社

DALIAN MARITIME UNIVERSITY PRESS

图书在版编目（CIP）数据

软件设计与体系结构／谢兄主编. — 大连：大连
海事大学出版社，2022.12
ISBN 978-7-5632-4326-6

Ⅰ．①软… Ⅱ．①谢… Ⅲ．①软件设计—高等学校—
教材②软件—系统结构—高等学校—教材 Ⅳ.
①TP311.5

中国版本图书馆 CIP 数据核字（2022）第 216461 号

大连海事大学出版社出版

地址：大连市黄浦路523号 邮编：116026 电话：0411-84729665（营销部）84729480（总编室）
http://press.dlmu.edu.cn E-mail：dmupress@dlmu.edu.cn

大连金华光彩色印刷有限公司印装　　　　　　大连海事大学出版社发行

2022 年 12 月第 1 版　　　　　　　　　　　2022 年 12 月第 1 次印刷
幅面尺寸：184 mm×260 mm　　　　　　　　　　　　　印张：12.5
字数：305 千　　　　　　　　　　　　　　　　　印数：1~800 册

出版人：刘明凯

责任编辑：杨　洋　　　　　　　　　　　　责任校对：孙笑鸣
封面设计：解瑶瑶　　　　　　　　　　　　版式设计：解瑶瑶

ISBN 978-7-5632-4326-6　　定价：31.00 元

内容简介

　　本书的内容分两部分:软件设计模式和软件体系结构。软件设计模式部分描述了一组设计良好、表达清晰的面向对象设计的软件设计模式,用实例深入浅出地讲解设计模式的使用方法和实际效果,使读者易于理解、便于使用。软件体系结构部分内容系统地介绍了软件体系结构的基本原理、方法、实践及案例分析。

　　本书是为有一定编程基础的读者编写的。本书内容全面,概念清晰,例题丰富,易于学习。本书是大学计算机专业、软件工程专业等本科生、研究生学习设计模式及软件体系结构的基础教材,也可以作为从事软件研究和软件开发工作的有关人员的参考书。

大连海事大学校企共建特色教材

编　委　会

总前言

航运业是经济社会发展的重要基础产业,在维护国家海洋权益和经济安全、推动对外贸易发展、促进产业转型升级等方面具有重要作用,对我国建设交通强国、海洋强国具有重要意义。大连海事大学作为交通运输部所属的全国重点大学、国家"双一流"建设高校,多年来为我国乃至国际航运业培养了大批高素质航运人才,对航运业的发展起到了重要作用。

进入新时代以来,党中央、国务院及教育主管部门对高等教育的人才培养体系提出了更高要求,对教材工作尤为重视。根据要求,学校大力开展了新工科、新文科等建设及产教融合、科教融合等改革。在教材建设方面,学校修订了教材管理相关制度,建立了校企共建本科教材机制,大力推进校企共建教材工作。其中,航运特色专业的核心课程教材是校企共建的重点,涉及交通运输、海洋工程、物流管理、经济金融、法律等领域。

2021 年以来,大连海事大学与海丰国际控股有限公司签订了校企共建教材协议,共同成立了"大连海事大学校企共建特色教材编委会"(简称"编委会"),负责指导、协调校企共建教材相关工作,着力建成一批政治方向正确、满足教学需要、质量水平优秀、航运特色突出、符合国家经济社会发展需求和行业需求的高水平专业核心课程教材。编委会成员主要由大连海事大学校领导和相关领域专家、海丰国际控股有限公司领导和相关行业专家组成。

校企共建特色教材的编写人员经学校二级单位推荐、学校严格审查后确定,均具有丰富的教育教学和教材编写经验,确保了教材的科学性、适用性。公司推荐具有丰富实践经验的行业专家参与共建教材的策划、编写,确保了教材的实践性、前沿性。学校的院、校两级教材工作委员会、党委常委会通过个人审读与会议评审相结合、校内专家与校外专家相结合等不同形式对教材内容进行学术审查和政治审查,确保了教材的学术水平和政治方向。

在校企共建特色教材的编写与出版过程中,海丰国际控股有限公司还向学校提供了经费资助,在此表示感谢。大连海事大学出版社对教材校审、排版等提供了专业的指导与服务,在此表示感谢。同时,感谢各方领导、专家和同仁的大力支持和热情帮助。

校企共建特色教材的编写是一项繁重而复杂的工作,鉴于时间、人力等方面的因素,教材内容难免有不妥之处,希望专家不吝指正。同时,希望更多的航运企事业单位、专家学者能参与到此项工作中来,为我国培养高素质航运人才建言献策。

大连海事大学校企共建特色教材编委会

2022 年 12 月 6 日

前 言

随着软件工程学方法在软件开发实践中的应用,越来越多的研究人员和开发人员都认识到了设计模式的重要性。但是,将设计模式与实践开发中需要解决的具体问题相联系是一件困难的事情,对编程实践经验较少的大专院校学生更是如此。使用设计模式的难点往往不在于模式的实现,而在于很难确定哪种模式可以用在当前实现的应用场景中。本书编者在近年来的软件开发中,也有意识地大量使用设计模式来提高系统的可复用性。

对于大规模的复杂软件系统来说,总体的体系结构设计和规格说明比起对计算的算法和数据结构的选择显得更加重要。对于软件项目的开发来说,具体清晰的软件体系结构是首要的。软件体系结构设计就是试图在软件需求与软件设计之间架起一座桥梁,着重解决软件系统的结构和需求向软件实现平坦过渡的问题。

本书共分9章。第1章回顾了软件危机、面向对象、建模语言(UML)、软件设计准则等基本概念。第2章介绍了软件设计模式的概念、类型及构成的基本要素等。第3章、第4章、第5章按照创建型、结构型、行为型分类,详细分析了11种设计模式。在介绍每种模式时,以一个软件开发中的实际问题为引导,介绍了设计模式的结构及使用方法,最后对使用效果进行了分析。第6章简要介绍了软件体系结构的概念、发展及应用现状,介绍了软件体系结构风格。第7章介绍了软件体系结构的3个案例,针对每个案例给出不同的软件体系结构解决方案,并对解决效果进行评价。第8章讨论软件体系结构分析及评估的方法,重点介绍了ATAM和SAAM方法。第9章简要介绍了流行的软件体系结构。

本书由谢兄主编。在此谨对所有支持和帮助过本书编写的同事和朋友表示真挚的谢意。特别感谢国内外软件工程、设计模式和软件体系结构方面的一些专著、教材和高水平论文、报告的作者们,他们的作品为本书注入了丰富的营养,使我们受益匪浅。

由于作者水平有限,时间紧迫,书中难免有疏漏和不妥之处,盼望专家和广大读者不吝指正。

编 者
2022 年 8 月

目　录

第 1 章　程序设计回顾及软件设计导论

1.1　从软件危机谈起

软件危机是计算机软件在开发和维护过程中所遇到的一系列严重问题。概括地说,其主要包含两方面的问题:一是如何开发软件,怎样满足对软件日益增长的需求;二是如何维护规模不断膨胀的已有软件。

1.1.1　软件危机的表现

软件危机主要表现在:

1)软件开发费用和进度失控。费用超支、进度拖延的情况屡屡发生。有时为了赶进度或压缩成本不得不采取一些权宜之计,这样又往往严重损害了软件产品的质量。

2)软件的可靠性差。尽管耗费了大量的人力物力,但系统的正确性却越来越难以保证,出错率大大增加,由于软件错误而造成的损失十分惊人。

3)生产出来的软件难以维护。很多程序缺乏相应的文档资料,程序中的错误难以定位、难以改正,有时改正了已有的错误又引入了新的错误。随着软件的社会拥有量越来越大,维护占用了大量的人力、物力和财力。20 世纪 80 年代以来,尽管软件工程研究与实践取得了可喜的成就,软件技术水平有了长足的进展,但是软件生产水平依然远远落后于硬件生产水平。

4)用户对"已完成"的系统不满意现象经常发生。一方面,许多用户在软件开发的初期不能准确完整地向开发人员表达他们的需求;另一方面,软件开发人员常常在对用户需求还没有正确全面认识的情况下,就急于编写程序。

5)软件产品质量难以保证。开发团队缺少完善的软件质量评审体系以及科学的软件测试规程,使最终的软件产品存在很多缺陷。

6)软件文档不完备,并且存在文档内容与软件产品不符的情况。

1.1.2　软件危机的成因

从软件危机的种种表现和软件开发作为逻辑产品的特殊性可以找出软件危机的原因。

1)用户需求不明确

在软件开发过程中,用户需求不明确问题主要体现在四个方面:一,在软件开发出来之前,用户自己也不清楚软件开发的具体需求;二是用户对软件开发需求的描述不精确,可能有遗漏、有二义性,甚至有错误;三是在软件开发过程中,用户还提出修改软件开发功能、界面、支撑环境等方面的要求;四是软件开发人员对用户需求的理解与用户本来愿望有差异。

2)缺乏正确的理论指导

缺乏有力的方法学和工具方面的支持。由于软件开发不同于大多数其他工业产品,其开

1

发过程是复杂的逻辑思维过程,其产品极大程度地依赖于开发人员高度的智力投入。过分地依靠程序设计人员在软件开发过程中的技巧和创造性,加剧软件开发产品的个性化,也是发生软件危机的一个重要原因。

3)软件开发规模越来越大

随着软件开发应用范围的扩大,软件开发规模越来越大。大型软件开发项目需要组织一定的人力共同完成,但多数管理人员缺乏开发大型软件开发系统的经验,而多数软件开发人员又缺乏管理方面的经验。各类人员的信息交流不及时、不准确,有时还会产生误解。软件项目开发人员不能有效地、独立自主地处理大型软件开发的全部关系和各个分支,因此容易产生疏漏和错误。

4)软件开发复杂度越来越高

软件开发不仅仅是在规模上快速地发展扩大,而且其复杂性也急剧增加。软件开发产品的特殊性和人类智力的局限性,导致人们无力处理"复杂问题"。"复杂问题"的概念是相对的,一旦人们采用先进的组织形式、开发方法和工具提高了软件开发效率和能力,新的、更大的、更复杂的问题又摆在人们的面前。

1.1.3　如何克服软件危机

软件工程诞生于 20 世纪 60 年代末期,它作为一个新兴的工程学科,主要研究软件生产的客观规律性,建立与系统化软件生产有关的概念、原则、方法、技术和工具,指导和支持软件系统的生产活动,以期达到降低软件生产成本、改进软件产品质量、提高软件生产率水平的目标。软件工程学从硬件工程和其他人类工程中吸取了许多成功的经验,明确提出了软件生命周期的模型,发展了许多软件开发与维护阶段适用的技术和方法,并应用于软件工程实践,取得良好的效果。

在软件开发过程中人们开始研制和使用软件工具,用以辅助进行软件项目管理与技术生产,人们还将软件生命周期各阶段使用的软件工具有机地集合成为一个整体,形成能够连续支持软件开发与维护全过程的集成化软件支援环境,以期从管理和技术两方面解决软件危机问题。软件标准化与可重用性得到了工业界的高度重视,在避免重用劳动,缓解软件危机方面起到了重要作用。

1.2　软件及程序设计

1.2.1　软件设计

软件设计的结果是软件设计文档,其中表达的是应该怎样构造应用程序,描述所用到的各个部分,以及如何将它们组合起来。通常采用图、表、伪码等表示,并对这些图表的具体含义加以解释。在此基础上程序员能设计出软件应用程序。软件设计文档中的内容是从软件需求中,在软件需求分析的结果基础上,采用结构化软件设计方法或者面向对象的软件设计方法,产生了设计结果,不包含代码。采用面向对象的软件设计文档中通常采用 UML 表示方法。

1.2.2　程序设计

程序设计是按照软件设计文档中的表示实现软件系统,目的是使得软件系统正确、高效、可靠、健壮、灵活等。程序文档要求有较高的可读性。一般来说,要求程序设计文档中编码标准、分类注释、分析规范,也会有如下的要求:1)函数/参数/变量的命名要具有表现力;2)用传递参数代替全局变量;3)防止数据错误:异常处理/默认处理/返回特殊值;4)不要将参数作为方法变量;5)给数字命名;6)限制参数个数在 6 个或 7 个之内;7)在临近使用变量时才定义它们;8)初始化所有变量;9)检查循环计数器;10)避免 3 次以上的嵌套循环;11)确保不是死循环;12)编译前先检查。

1.3　面向对象

面向对象技术(Object-oriented Technology)强调在软件开发过程中面向客观世界或问题域中的事物,采用人类在认识客观世界的过程中普遍运用的思维方法,直观、自然地描述客观世界中的有关事物。面向对象技术的基本特征主要有抽象性、封装性、继承性和多态性。

面向对象设计是一种把面向对象的思想应用于软件开发过程中,指导开发活动的系统方法,是建立在"对象"概念基础上的方法学。对象是由数据和容许的操作组成的封装体,与客观实体有直接对应关系,一个对象类定义了具有相似性质的一组对象。而继承性是对具有层次关系的类的属性和操作进行共享的一种方式。所谓面向对象,就是以对象为中心,以类和继承为构造机制,来认识、理解、刻画客观世界和设计、构建相应的软件系统。

下面对这些主要概念和原则进行介绍,以增加对面向对象思想的了解。

1.3.1　面向对象程序设计概念

1)对象

对象是人们要进行研究的任何事物,从最简单的整数到复杂的飞机等均可看作对象,它不仅能表示具体的事物,还能表示抽象的规则、计划或事件。

2)对象的状态和行为

对象具有状态,一个对象的状态用数据值来描述。对象还有操作,用于改变对象的状态,对象及其操作就是对象的行为。对象实现了数据和操作的结合,使数据和操作封装于对象的统一体中。

3)类

具有相同特性(数据元素)和行为(功能)的对象的抽象就是类。因此,对象的抽象是类,类的具体化就是对象,也可以说类的实例是对象,类实际上就是一种数据类型。

类具有属性,它是对象的状态的抽象,用数据结构来描述类的属性。类具有操作,它是对象的行为的抽象,用操作名和实现该操作的方法来描述。

4)类的结构

在客观世界中有若干类,这些类之间有一定的结构关系。通常有两种主要的结构关系,即"一般—具体"结构关系、"整体—部分"结构关系。

(1)"一般—具体"结构称为分类结构,也可以说是"或"关系,或者是"is a"关系。

(2)"整体—部分"结构称为组装结构,它们之间的关系是一种"与"关系,或者是"has a"关系。

5)消息和方法

对象之间进行通信的结构叫作消息。在对象的操作中,当一个消息发送给某个对象时,消息包含接收对象去执行某种操作的信息。发送一条消息至少要包括说明接收消息的对象名、发送给该对象的消息名(即对象名、方法名)。一般还要对参数加以说明,参数可以是认识该消息的对象所知道的变量名,或者是所有对象都知道的全局变量名。类中操作的实现过程叫作方法,一个方法有方法名、返回值、参数、方法体。

6)面向对象中的"客户"概念

在大部分应用中,一些对象(如对象 o)是为其他对象提供服务而存在的,称这些其他对象为类 o 的"客户"。常说"类 A 是类 B 的客户",或说"类 B 是类 A 的服务者"。

下面举例说明类的客户形式。

Customer 类定义如下:

```
class Customer // 服务者
{ …
    String getName( ) { … }
    int computeBalance( ) { … }
…
}
```

Customer 类的客户有如下的表现形式:

```
class AjaxWebsiteGenerator
{ …
    void makeProfile( Customer c )//第一种表现形式
    {
…
        String name = c. getName( ) …
    }
    …
}
```

或者:

```
class AjaxAssets
{ …
    int computeAssets( )
    {    …
        Customer c = customers[ i ];//第二种表现形式
        assets += c. computeBalance( );
        …
    }
…
}
```

1.3.2　面向对象的特点

1)对象唯一性

每个对象都有自身唯一的标识,通过这种标识,可找到相应的对象。在对象的整个生命期中,它的标识都不改变,不同的对象不能有相同的标识。

2）抽象性

抽象性是指将具有一致的数据结构（属性）和行为（操作）的对象抽象成类。一个类就是相对一种抽象，它反映了与应用有关的重要性质，而忽略其他一些无关内容。任何类的划分都是主观的，但必须与具体的应用有关。

3）封装性（信息隐藏）

封装性是保证软件部件具有优良的模块性的基础。面向对象的类是封装良好的模块，类定义将其说明（用户可见的外部接口）与实现（用户不可见的内部实现）显式地分开，其内部实现按其具体定义的作用域提供保护。

对象是封装的最基本单位。封装防止了程序相互依赖性而带来的变动影响。面向对象的封装比传统语言的封装更为清晰、更为有力。

变量和方法都置于类中，例如 C++中将类的封装性表现为如下形式：

```
class 类名
{
    成员属性;
    成员函数;
}
```

例如，类中封装的函数形式如下：

```
class Draw
{
    …
    int setColor( string) {…}
    Pen getStandardPen( ) {…}
    int getLogoStyle( ) {…}
    void setColor( int) {…}
    void drawLogo( int, int) {…}
    void speedUpPen( int) {…}
    …
}
```

4）继承性

继承性是子类自动共享父类数据结构和方法的机制，这是类之间的一种关系。在定义和实现一个类的时候，可以在一个已经存在的类的基础之上来进行设置，把这个已经存在的类所定义的内容作为自己的内容，并加入若干新的内容。继承性是面向对象程序设计语言不同于其他语言的最重要的特点，是其他语言所没有的。

在类层次中，子类只继承一个父类的数据结构和方法，则称为单重继承；子类继承了多个父类的数据结构和方法，则称为多重继承。JAVA 仅支持单继承，注意在 C++多重继承时，需小心二义性。

在软件开发中，类的继承性使所建立的软件具有开放性、可扩充性，这是信息组织与分类的行之有效的方法，它减少了对象、类的创建工作量，增加了代码的可重用性。采用继承性，提供了类的规范的等级结构。类的继承关系，使公共的特性能够共享，提高了软件的重用性。

5) 多态性

多态性是指相同的操作或函数、过程可作用于多种类型的对象上并获得不同的结果。不同的对象,收到同一消息可以产生不同的结果,这种现象称为多态性。多态性允许每个对象以适合自身的方式去响应共同的消息,增强了软件的灵活性和重用性。

1.4 统一建模语言(UML)

面向对象的分析与设计(OOA&D)方法的发展在 20 世纪 80 年代末至 90 年代中期出现了一个高潮,统一建模语言(Unified Model Language,UML)是这个高潮的产物,并最终统一为大众所接受。UML 是一种定义良好、易于表达、功能强大且普遍适用的建模语言。它融入了软件工程领域的新思想、新方法和新技术。它的作用域不限于支持面向对象的分析与设计,还支持从需求分析开始的软件开发的全过程。需要说明的是,UML 是一种建模语言,而不是一种方法。

面向对象程序由对象组成,对象的实现由它的类决定的,并且在软件设计模式相关章节中主要用类图描述各个设计模式的结构图。为了让读者很好地理解设计模式,下面对 UML 图进行介绍。

1.4.1 类图

类的命名尽量应用领域中的术语,应明确、无歧义,以利于相互交流和理解。类的属性、操作中的可见性使用+、#、-分别表示 public、protected、private。图 1.1 举例说明类的图形符号,从上往下看,第一个矩形框中描述类名称;第二个矩形框中描述所有成员属性;第三个矩形框描述所有成员函数。

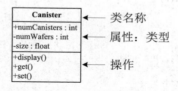

图 1.1 类图示例

1.4.2 类图几种关系的总结

在 UML 类图中,常见的有以下几种关系:泛化(Generalization)、聚合(Aggregation)、组合(Composition)、依赖(Dependency)、关联(Association)。

1) 泛化

泛化关系:是一种继承关系,表示一般与特殊的关系,它指定了子类如何特化父类的所有特征和行为。

箭头指向:带三角箭头的实线,箭头指向父类。

类图中继承关系的 UML 符号和典型代码实现如图 1.2 所示。

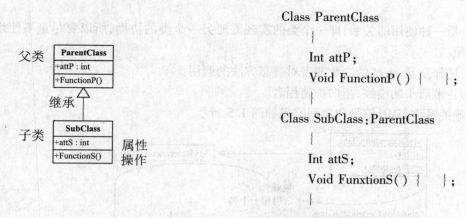

图 1.2　继承 UML 图形符号及实现代码

2）聚合

聚合关系：是整体与部分的关系，且部分可以离开整体而单独存在。

代码体现：成员变量。

箭头及指向：带空心菱形的实心线，菱形指向整体。

类图中聚合关系的 UML 符号和典型代码实现如图 1.3 所示。箭头线上的数字表示聚合对象的数量，也可以用"3..7"这样的范围表示，"＊"表示聚合对象的数量未确定。

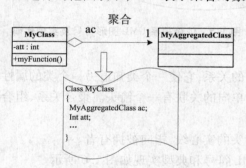

图 1.3　聚合关系 UML 图形符号及实现代码

3）组合

组合关系：是整体与部分的关系，但部分不能离开整体而单独存在。组合关系是关联关系的一种，是比聚合关系还要强的关系，它要求普通的聚合关系中代表整体的对象负责代表部分的对象的生命周期。

代码体现：成员变量。

箭头及指向：带实心菱形的实线，菱形指向整体，具体如图 1.4 所示。

图 1.4　组合关系 UML 图形符号

类图中的组合关系的 UML 表示同图 1.3 所示，只是空心的菱形变成实心的菱形，组合对象仅在所有者对象的作用域内存在。实心代码相同。

4）依赖

依赖关系：是一种使用的关系，即一个类的实现需要另一个类的协助，所以要尽量不使用双向的互相依赖。

代码体现：局部变量、方法的参数或者对静态方法的调用。

箭头及指向：带箭头的虚线，指向被使用者。

类图中依赖关系的 UML 符号和典型实现如图 1.5 所示。

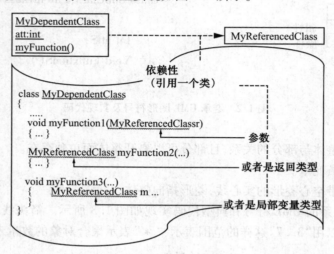

图 1.5　依赖关系 UML 图形符号及实现代码

5）关联

关联关系：是一种拥有的关系，它使一个类知道另一个类的属性和方法。双向的关联可以有两个箭头或者没有箭头，单向的关联有一个箭头。聚合关系、组合关系都是一种关联关系。

代码体现：成员变量。

箭头及指向：带普通箭头的实心线，指向被拥有者。

类图中关联关系的 UML 符号和典型实现如图 1.6 所示。

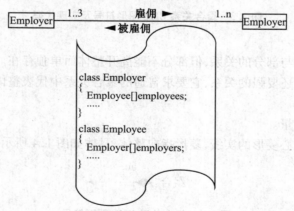

图 1.6　关联关系 UML 图形符号及实现代码

又如图 1.7 所示的关联关系示例。老师与学生是双向关联，老师有多名学生，学生也可能有多名老师。但学生与某课程间的关系为单向关联,一名学生可能要上多门课程,课程不拥有学生。

图 1.7　关联关系示例

1.5　软件设计准则

软件设计的目标是获取能够满足软件需求的、明确的、可行的、高质量的软件解决方案。"明确"是指软件设计模型易于理解,软件构造者在设计方案的实现过程中,无须再面对影响软件功能和质量的技术抉择。"可行"是指在可用的技术平台和软件项目的可用资源条件下,采用预定的程序设计语言可以完整地建立该设计模型。"高质量"是指设计模型不仅要给出功能需求的实现方案,而且要使该方案适应非功能需求的约束;设计模型要尽量优化,以确保依照设计模型构造出来的目标软件产品(在排除软件构造阶段引入的影响因素后)能够表现出良好的软件质量属性,尤其是正确性、有效性、可靠性和可修改性方面。

软件设计的重要性表现在软件的质量。软件设计描述了软件是如何被分解和集成为组件的,同时也描述了组件之间的接口以及组件之间是如何发挥软件构建功能的。如何设计才能保证质量?这里,给出软件设计的一般原则:

1)要有分层的组织结构,便于对软件各个构件进行控制。

2)应形成具有独立功能特征的模块(模块化)。

3)应有性质不同、可区分的数据和过程描述(表达式)。

4)应尽量减小模块之间和与外部环境之间接口的复杂性。

5)应利用软件需求分析中得到的信息找出的方法。

要想得到一个满意的设计结果,不仅要有基本设计原则的指导,还要有系统化的设计方法和科学严格的评审机制相结合才能达到预期的目标。软件设计原则从宏观上指导着软件设计,但软件设计的具体实现还要遵循软件设计的基本准则。下面就讨论软件设计的准则问题。

1.5.1　正确性和健壮性

1)正确性

正确性是指每个项目都要满足指定的需求,然后再满足所有应用程序的需求。问题越明确,就能提供越精确的设计来解决问题。设计的正确性通常是指充分性。实现正确性的正规方法是依靠数学逻辑。实现正确性的途径:

(1)非正式方法:判断设计是否满足所需的功能。

(2)正式方法:包含了用数学逻辑的方法来分析变量变化的方向。

设计进入详细设计阶段时,经常采用正式方法来判断其正确性。

实现正确性的非正式方法要求在宣布设计正确之前必须完全理解它,设计和实现必须具有可读性。由于人类大脑在处理复杂问题方面有局限性,所以要进行模块化的设计,即将设计分成独立的可理解的部分,不断进行简化和模块化,直到设计使人满意。

实现正确性的正式方法,通常有如下表现:

（1）常常基于在严密的控制下跟踪变量的变化，一般会指定一个不变式。

（2）不变式在变量值之间表示的是一种不变关系。

（3）用在类级别设计中的不变式称为类不变式。

例如，Automobile 类包含变量 mileage、VehicleID、value、originalPrice 和 type，不变式描述如下：

（1）mileage>0

（2）mileage <1000000

（3）vehicleID 至少有 8 个字符

（4）value>=-300（ $ 300 是一辆报废汽车的处理价格）

（5）originalPrice>=0

（6）（type = = "REGULAR"&&value<=originalPrice）| |

（type = = "VINTAGE"&&value>=originalPrice）

Automobile 类的方法要考虑这些不变式，因此将变量设为私有，并且只能通过公有的存取方法才能改变这些变量的值。可以对存取方法进行编码来保持不变式。可以在 Automobile 类中使用"setter"方法来设置上述类的不变式。

2）健壮性

软件发生错误的原因有用户输入、数据通信、其他应用程序的方法调用等。为了防止错误的发生，需要在软件设计时考虑各种错误的设计，在软件实现时避免错误的实现，具体可以进行如下的操作。

（1）检查输入（保证环境健壮性）

在继续进行处理之前，可以检查应用程序的所有输入的方法。例如：检查类型、检查与前置条件和不变式不符的输入等。

（2）为提高健壮性而对变量初始化

初始化变量是很好的练习，例如 int I = 0。因为带着未初始化的变量执行一个程序所受的损失比先初始化变量要大得多。当应用程序的不良性能变得明显时，对变量初始化版本的程序可能产生更多有价值的信息。

（3）提高健壮性的参数传递技术

例如，在方法 computeArea 中有如下的接口参数描述：

int computeArea(int aLength, int aBreadth) {…}

在方法 computeArea 中有两个输入参数。如果可能，可以将两个输入参数封装在类 Rectangle 中，并在类中对的参数进行约束，修改方法 computeArea 的参数传递方式为如下的形式：

int computeArea(Rectangle aRectangle)

在方法注释中说明所有的参数约束，例如下面的表达式：

aLength>0 and aBreadth>0 and aLength>=aBreadth

在实现代码中，调用函数在进行产生传递时应该遵循参数的上述显示要求。但是如果在软件设计时没有上述的设计描述，那么在软件实现时就会发生问题，即方法的设计者没有控制调用者的使用方式。正确对方法参数的使用方式是在方法代码内首先检查约束，例如如下描述：

If (aLength <= 0)…

方法中有了上面的检查代码,程序在执行过程中如果预计这种情况会出现,则抛出异常。否则如果方法中没有上面的检查代码,一种情况就是如果可能就中止程序,其他情况就是如果返回的默认值在上下文间有意义,就将其返回,并且产生警告或日志。

(4)检查参数值是否违反约束的方法

以方法 computeArea 为例,根据软件设计中指定的参数约束,在类 Rectangle 中对约束进行检查,具体可以如下所示:

```
class Rectangle
{   …
    Rectangle( int aLength, int aBreadth )
    {
      if( aLength > 0 ) this. length = aLength;
      else…
    }
    …
}
```

总之,要不断强化提高健壮性的意识,通过防止设计和实现中的错误来提高健壮性,通过引入参数必须是实例的类来捕获参数约束。

1.5.2 灵活性和可重用性

1)灵活性

在设计时通常要考虑到将来的变化,例如:增加更多相同类型功能;增加不同的功能;修改功能。

通过继承父类的方法来增加或者修改功能。例如图 1.8 中可以通过增加 Trip 子类的方式灵活地进行功能的增加或者修改。

通过增加子类的方式进行功能的增加或者修改,也会存在不足之处,即会使得类的个数暴增。

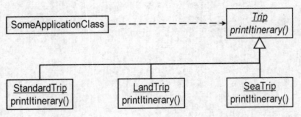

图 1.8 灵活性示例类图

2)可重用性

类或者方法的重用,要求一个方法相对于上下文环境越独立,其可重用性就越高。可以通过如下的方式增加重用性:

(1)完全指定方法或者类的功能、约束等,详细说明前置条件、后置条件等。

（2）避免不必要的封装类耦合，如果可行，让方法成为静态的、通过参数方式传递数据等。

（3）让名字更具有表达性，可理解性促进了可重用性。

（4）对方法中实现的算法进行解释，重用者需要知道算法是如何工作的。

3）高效性

应用程序必须在指定的时间内完成特定的功能，同样，对内存容量也有一定的要求。可以先按其他原则设计，再考虑效率问题，以灵活性、可重用性等原则进行设计，找出效率低的部分，有针对性地修改。也可以一开始就按效率原则进行设计，需要确认当前关键的效率需求，在整个阶段都按需求进行设计。也可以对以上两种方法相结合，在设计时为效率需求做出折中，在初始设计后，也要继续考虑效率问题。

引起执行效率问题的一些因素有：

（1）循环，例如：while、for、do。

（2）远程调用，需要网络，例如：LAN、Internet。

（3）函数调用，函数调用导致以上情况发生。

（4）对象创建，对象的空间等问题。

对应存储效率，可以做如下的考虑：

（1）只存储需要的数据，在存储效率与数据提取及重整时间之间获得折中。

（2）压缩数据，在存储效率与数据压缩及解压缩时间之间获得折中。

（3）按相关访问频率存储数据，在存储效率与决定存储位置时间之间获得折中。

4）健壮性、灵活性、可重用性与高效性之间的折中。

本章小结

本章从软件危机的爆发入手，分析了软件危机的原因及解决途径；接下来介绍了面向对象方法的相关内容，包括面向对象思想的一些概念和特征；概述了统一建模语言 UML，对类图等进行了介绍；最后给出了软件设计原则。

第 2 章　设计模式基础

面向对象设计方法的提出就是为了提高代码的重用程度。人们在软件开发的过程中,对某些相似问题的解决方案进行了总结,提出设计模式的基本概念,进一步提高程序代码的复用程度。本章简要介绍设计模式的基本概念和基本要素,介绍设计模式的设计原则,并给出设计模式的基本类型,以及各类型下比较经典的设计模式。

2.1　设计模式的概念

设计模式(Design Pattern)是一套被反复使用、多数人知晓的,经过分类编目的代码设计经验的总结。使用设计模式是为了可重用代码、让代码更容易被他人理解、保证代码可靠性。设计模式是对面向对象设计中反复出现的问题的解决方案,通常描述一组相互紧密作用的类与对象。

2.1.1　什么是设计模式

模式其实就是解决某一类问题的方法论,对现实生活某类现象的共同特质的高度抽象,描述了事务或者现象的规律,这种规律以及解决方法对于类似的现象同样有用。模式是一种指导,在一个良好的指导下,有助于你完成任务,有助于你做出一个优良的设计方案,达到事半功倍的效果,而且会得到解决问题的最佳办法。

设计模式指在软件设计和开发过程中,不断总结出来的,反应了某一类设计问题的解决方案。设计模式使人们可以更加简单方便地复用成功的设计和体系结构。程序的设计模式没有一个统一的定义,都是开发人员在开发当中不断积累、总结出来的一种可以复制重用的方案。设计模式有如下的特点:设计模式是对程序设计人员经常遇到的设计问题的可再现的解决方案;设计模式建立了一系列描述如何完成软件开发领域中特定任务的规则;设计模式关注与复用可重复出现的结构设计方案;设计模式提出了一个发生在特定设计环境中的可重复出现的设计问题,并提供解决方案;设计模式可以识别并确定类和实例层次上或组件层次上的抽象关系。

总之,设计模式是一种流行的思考设计问题的方法,是一套被反复使用、多数人知晓的、经过分类编目的、代码设计经验的总结。使用设计模式,是为了使代码具有可重用性,让代码更容易被他人理解并保证了代码的可靠性。

2.1.2　模式的基本要素

设计模式使人们可以更加简单方便地复用成功的设计和体系结构。将已证实的技术表述成设计模式也会使新系统开发者更加容易理解其设计思路。简单描述一个设计模式时,通常需要描述模式的 4 个基本要素:模式名称(Pattern Name)、问题(Problem)、解决方案(Solution)、效果(Consequences)。

(1)模式名称。一个助记名,它用一两个词来描述模式的问题、解决方案和效果。命名一个新的模式增加了设计词汇。设计模式允许在较高的抽象层次上进行设计。基于一个模式词汇表,软件设计者们就可以讨论模式并在编写文档时使用它们。模式名称可以帮助思考,便于交流设计思想及设计结果。找到恰当的模式名称也是设计模式编目工作的难点之一。

(2)问题。描述问题存在的前因后果,它可能描述特定的设计问题,如怎样用对象表示算法等,也可能描述导致不灵活设计的类或对象结构。有时候,问题部分会包括使用模式必须满足的一系列先决条件。

(3)解决方案。描述设计的组成成分,它们之间的相互关系及各自的职责和协作方式。因为模式就像一个模板,可应用于多种不同场合,所以解决方案并不是描述一个特定而具体的设计或实现,而是提供设计问题的抽象描述和怎样用一个具有一般意义的元素组合(类或对象组合)来解决问题。

(4)效果。描述模式应用的效果及使用模式应权衡的问题。尽管描述设计决策时,并不总提到模式效果,但它们对于评价设计选择和理解使用模式的代价及好处具有重要意义。软件效果大多关注对时间和空间的衡量,它们也表述语言和实现问题。因为复用是面向对象设计的要素之一,所以模式效果包括它对系统的灵活性、扩充性或可移植性的影响,显式地列出这些效果对理解和评价这些模式很有帮助。

介绍每一个设计模式时,通常需要了解设计模式的详细信息,用统一的格式描述设计模式,每一个模式根据以下的模板被分为若干部分。

(1)模式名称和分类。模式名称可以简洁地描述模式的本质。一个好的名字非常重要,因为它将成为设计词汇表中的一部分。

(2)意图。是回答下列问题的简单陈述:设计模式是做什么的? 它的基本原理是什么? 它解决的是什么样的特定设计问题?

(3)别名。模式的其他名称。

(4)动机。用以说明一个设计问题以及如何用模式中的类、对象来解决该问题的特定情景。该情景会帮助你理解随后对模式更抽象的描述。

(5)适用性。是回答下列问题的陈述:什么情况下可以使用该设计模式? 该模式可用来改进哪些不良设计? 怎样识别这些情况?

(6)结构。采用基于对象建模技术的表示法,对模式解决方案中涉及的类进行图形描述,也使用交互图来说明对象之间的请求序列和协作关系。

(7)参与者。设计模式中的类和/或对象以及它们各自的职责。

(8)协作。模式的参与者怎样协作以实现它们的职责。

(9)效果。模式怎样支持它的目标? 使用模式的效果和所需做的权衡取舍? 系统结构的哪些方面可以独立改变?

(10)实现注意问题。实现模式时需要知道的一些提示、技术要点及应避免的缺陷,以及是否存在某些特定于实现语言的问题。

(11)代码示例。用来说明怎样用 C++或其他高级编程语言实现该模式的代码片段。

(12)已知应用。实际系统中发现的模式的例子。

(13)相关模式。与这个模式紧密相关的模式有哪些? 其间重要的不同之处是什么? 这个模式应与哪些其他模式一起使用？

2.1.3　成功使用设计模式的步骤

学习模式最常见的理由是可以借其做如下的工作。

（1）复用解决方案。复用已经公认的设计，能够在解决问题时取得先发优势，避免重蹈前人覆辙。可以从学习他人的经验中获益，用不着为那些总是会重复出现的问题再次设计解决方案。

（2）确立通用术语。开发中的交流和协作都需要共同的词汇基础和对问题的共识。设计模式在项目的分析和设计阶段提供共同的基准点。

（3）模式还提供观察问题、设计过程和面向对象的更高层次的视角，这将使软件设计者从"过早处理细节"的桎梏中解放出来。

如何把设计模式的采用和日益临近的最后期限、紧缩的预算和很多公司现有的有限团队资源相结合？ 以下是成功制定设计模式的三个步骤。

（1）强大的培训。培训将促进正确的设计模式应用程序。如果仅有极少的人能够参加培训，去培训的应该是那些在培训后能够培训其他人的人。

（2）设计模式的使用应该经过确认和验证。设计模式使项目受益，但也可能因为误用而对应用程序造成损害。设计模式可以包含在设计和开发过程中。在任何一种情况中，设计模式的使用应当由审阅者确认和验证。

（3）不仅可以重用设计模式的方案，也可以重用设计模式的代码实现。设计模式实现代码是可以被重用的。重用实现代码会获得以下好处：可以被重用的类（取决于公共实现）；缩短开发时间和降低成本；缩短维护时间和降低成本；在应用程序之间和内部轻松集成。

2.2　设计模式的原则

近年来，大家都开始注意设计模式。到底为什么要用设计模式呢？ 根本原因是为了代码复用，增加可维护性。面向对象设计的目标之一在于支持可维护性复用，一方面需要实现设计方案或者源代码的重用；另一方面要确保系统能够易于扩展和修改，具有较好的灵活性。设计模式就是实现了这些原则，从而达到了代码复用、增加可维护性的目的。

下面介绍最常见的 7 种面向对象设计原则。

1）"开闭"原则（Open-Closed Principle，OCP）

此原则是由伯特兰·迈耶（Bertrand Meyer）在 1988 年提出的，原文是："Software entities should be open for extension，but closed for modification"，就是说模块应对扩展开放，而对修改关闭。

在设计一个模块的时候，应当使这个模块可以在不被修改的前提下被扩展。换言之，应当可以在不必修改源代码的情况下改变这个模块的行为。这个原则实际上体现了"对可变性的封闭"的原则：找到一个系统的可变因素，将之封装起来。意味着如下两点：

（1）一个可变性不应当散落在代码的很多角落里，而应当被封装到一个对象里面。同一种可变性的不同表象意味着同一个继承等级结构中的具体子类。继承就当被看作是封装变化的方法，而不应当被认为是从一般的对象生成特殊对象的方法。

（2）一种可变性不应当与另一种可变性混合在一起。所有类图的继承结构一般不会超过

15

两层,不然就意味着将两种不同的可变性混合在了一起。

"开闭"原则是面向对象设计的总原则,其他原则是"开闭"原则的手段和工具。在面向对象设计中,不允许更改的是系统的抽象层,而允许扩展的是系统的实现层。换言之,定义一个一劳永逸的抽象设计层,允许尽可能多的行为在实现层被实现。在面向对象编程中,通过抽象类及接口,规定了具体类的特征作为抽象层,相对稳定,不需更改,从而满足"对修改关闭";而从抽象类导出的具体类可以改变系统的行为,从而满足"对扩展开放"。

例如,图 2.1 中父类 BaseClass 就是抽象层次上的描述,对相同类型事务特征及操作的封装。子类中实现了具体的功能。如果需要修改父类中某一项功能函数,可以通过增加子类的方式,在子类中重载成员函数。通过上述方式,可以达到的效果有如下情况:

(1)已经完成的类,在软件维护过程中不需要被修改,即"对修改关闭"。

(2)修改功能可以通过增加子类的方式实现,即"对扩展开放"。

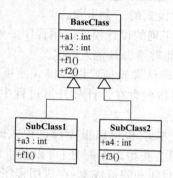

图 2.1 开闭原则示例

2)里氏代换原则(Liskov Substitution Principle,LSP)

里氏代换原则是由芭芭拉·利斯科夫(Barbara Liskov)在 1987 年提出的,是实现"开闭"原则的重要方式之一。如果对于每一个类型为 T1 的对象 o1,都有类型为 T2 的对象 o2,使得以 T1 定义的所有程序 P 在所有的对象 o1 都代换成 o2 时,程序 P 的行为没有变化,那么类型 T2 是类型 T1 的子类型。换言之,一个软件实体如果使用的是一个基类的话,那么一定适用于其子类,而且它根本不能察觉出基类对象和子类对象的区别。反过来代换不成立。

例如,有两个类,一个类为 BaseClass,另一类是 SubClass,并且 SubClass 类是 BaseClass 类的子类,那么一个方法如果可以接受一个 BaseClass 类型的基类对象 base 的话,如:Method1(base),那么它必然可以接受一个 BaseClass 类型的子类对象 sub,method1(sub)能够正常运行。反过来的代换不成立,如一个方法 Method2 接受 BaseClass 类型的子类对象 sub 为参数:Method2(sub),那么一般而言不可以有 Method2(base),除非是重载方法。

例如,采用图 2.1 中类的名称写出的下列代码是可行的。

```
Void Method1(BaseClass base)
{
    base.f1();
}
```

```
Void main()
{
    SubClass1 sub;
    Method1(sub);
}
```

在程序中尽量使用基类类型来对对象进行定义,而在运行时再确定其子类类型,用子类对象替换父类对象。

在使用里氏代换原则时需要注意以下几个问题:

(1)子类的所有方法必须在父类中声明,或子类必须实现父类中声明的所有方法。

根据里氏代换原则,为了保证系统的扩展性,在程序中通常使用父类来进行定义。如果一个方法只存在于子类中,在父类中不提供相应的声明,则无法在以父类定义的对象中使用该方法。例如,使用图 2.1 中描述的类信息,在类 SubClass2 中声明了 f3( )函数,则下列代码是有问题的。

情况 1:

```
void Method1(BaseClass base)
{

    base.f3();---有问题

}

void main()
{

    SubClass2 sub;
    Method1(sub);

}
```

情况 2:

```
void Method1(BaseClass base)
{

    base.f1();

}

void main()
{

    BaseClass sub = new SubClass2();
    Method1(sub);
    Sub.f3();---有问题

}
```

(2)在运用里氏代换原则时,尽量把父类设计为抽象类或者接口,让子类继承父类或实现父接口,并实现在父类中声明的方法。运行时,子类实例替换父类实例,可以很方便地扩展系统的功能,同时无须修改原有子类的代码;增加新的功能可以通过增加一个新的子类来实现。例如,图 2.1 中的 SubClass2 等子类都可以实现功能扩展或者代码修改。

情况 1:传递参数

```
void Method1(BaseClass base)
{

    base.f1();

}
void main()
{

    SubClass1 sub1;
    Method1(sub1);
    SubClass2 sub2;
    Method1(sub2);

}
```

情况 2:在组合聚合关系中

```
void Method1(BaseClass base)
{

    base.f1();

}
void main()
{

    BaseClass * sub = new SubClass1();
    Method1(*sub);
    Delete sub;sub = new SubClass2();
    Method1(*sub);
    delete sub;

}
```

3）依赖倒转原则（Dependency Inversion Principle，DIP）

依赖倒转原则是指抽象不应该依赖于细节、细节应当依赖于抽象，是实现"开闭"原则的重要方式之一。要针对接口编程，而不是针对实现编程。传递参数，或者在组合聚合关系中，尽量引用层次高的类，在构造对象时可以动态地创建各种具体对象。当然如果一些具体类比较稳定，就不必再引用一个抽象类作它的父类。例如，采用图2.1中类信息，写出的代码都是可行的。

4）接口隔离原则（Interface Segregation Principle，ISP）

定制服务的例子，每一个接口应该是一种角色，不多不少。使用多个专门的接口比使用单一的总接口要好。换言之，从一个客户类的角度讲，一个类对另一个类的依赖性应当是建立在最小的接口上的。

接口隔离原则与迪米特法则都是对一个软件实体与其他的软件实体的通信限制。迪米特法则要求尽可能地限制通信的宽度和深度，接口隔离原则要求通信的宽度尽可能地窄。这样做的结果使一个软件系统在功能扩展过程当中，不会将修改的压力传递到其他对象。

因此，一个接口应当简单地代表一个角色，而不是多个角色。如果系统涉及多个角色的话，那么每一个角色都应当由一个特定的接口代表。

5）组合/聚合复用原则（Composition/Aggregation Principle，CARP）

组合/聚合复用原则就是在一个新对象里面使用一些已有对象，使之成为新对象的一部分；新对象通过对已有对象的消息调用达到复用已有功能的目的。类之间的结构关系要尽量使用组合/聚合，尽量不要使用继承。例如，下列代码中，类B中就包含一个组合对象ba，类B的成员函数b1（）中使用了对象ba的功能。并且，在main函数中，类B组合对象ba的实参对象可以根据需要改变，从而使得b.b1（）行为的具体功能是可变的。

```
class A
{ int a; void f1( ); void f2( ); }
class A1:A
{ void f1( ); }
class A2:A
{ void f1( ); }
class B
{
    A ba;
void b1( ){ ba.f1( ); }
void setba( A ba1) {ba=ba1; }
}
```

```
void main( )
{
    A * ba2 = new A1( );
    B b;
    b.setba( * ba2);  b.b1( );
    delete ba2; Ba2 = new A2( );
    b.setba( * ba2);  b.b1( );
    Delete ba2;
}
```

6）可变性封装原则（Principle of Encapsulation of Variation，EVP）

可变性封装原则就是找到一个系统的可变因素，将之封装起来。换言之，在设计中什么可

18

能会发生变化,应使之成为抽象层进行封装,而不是什么会导致设计改变才封装。

"可变性的封装原则"意味着:

(1)一种可变性不应当散落在代码的许多角落,而应当被封装到一个对象里面。同一可变性的不同表象意味着同一个继承等级结构中的具体子类。继承是封装变化的方法,而不仅仅是从一般的对象生成特殊的对象。

(2)一种可变性不应当与另一种可变性混合在一起。一般认为类的继承结构如果超过两层,很可能意味着两种不同的可变性混合在一起。使用"可变性封装原则"来进行设计可以使系统遵守"开闭"原则。即使无法百分之百做到"开闭"原则,但朝这个方向努力,可以显著改善一个系统的结构。

7)单一职责原则(Single Responsibility Principle,SRP)

所谓单一职责原则,就是对一个类而言,应该仅有一个引起它变化的原因。换句话说,一个类的功能要单一,只做与它相关的事情。在类的设计过程中要按职责进行设计,彼此保持正交,互不干涉。在 SRP 中,职责定义为"变化的原因"。如果能够想到多于一个的动机去改变一个类,那么该类就具有多于一个的职责。采用单一职责原则的原因是每一个职责都是变化的一个轴线,当需求变化时,该变化会反映为类的职责的变化。如果一个类承担了多于一个的职责,那么就意味着引起它变化的原因会有多个。如果一个类承担的职责过多,那么就等同于把这些职责耦合在了一起。一个职责的变化可能会抑制该类完成其他职责的能力,这样的耦合会导致不精的设计。当变化发生时,设计会受到意想不到的破坏。单一职责原则正是实现高内聚低耦合需要遵守的一个原则。

注意:单一职责原则简单而直观,但在实际应用中很难实现。

2.3　设计模式的类型

狭义的设计模式是指 GoF(Gang of Four,分别是 Erich Gamma、Richard Helm、Ralph Johnson 和 John Vlissides 4 名著名软件工程学者)在《设计模式:可复用面向对象软件的基础》一书中所介绍的 23 种经典设计模式。不过设计模式并不仅仅只有这 23 种,随着软件开发技术的发展,越来越多的新模式不断诞生并得以应用。本节主要围绕 GoF 的 23 种模式进行分类,在后面的章节中选取其中的 11 种设计模式进行详细介绍。

常见的 23 种模式概述:

1)抽象工厂模式(Abstract Factory):提供一个创建一系列相关或相互依赖对象的接口,而无须指定它们具体的类。

2)适配器模式(Adapter):将一个类的接口转换成客户希望的另外一个接口。适配器模式使得原本由于接口不兼容而不能一起工作的类可以一起工作。

3)桥梁模式(Bridge):将抽象部分与它的实现部分分离,使它们都可以独立地变化。

4)生成器模式(Builder):将一个复杂对象的构建与它的表示分离,使同样的构建过程可以创建不同的表示。

5)责任链模式(Chain of Responsibility):为解除请求的发送者和接收者之间耦合,而使多个对象都有机会处理这个请求。将这些对象连成一条链,并沿着这条链传递该请求,直到有一个对象处理它。

6)命令模式(Command):将一个请求封装为一个对象,从而可用不同的请求对客户进行参数化;对请求排队或记录请求日志,以及支持可取消的操作。

7)组合模式(Composite):将对象组合成树形结构以表示"部分-整体"的层次结构。它使得客户对单个对象和复合对象的使用具有一致性。

8)装饰模式(Decorator):动态地给一个对象添加一些额外的职责。就扩展功能而言,它能生成子类的方式更为灵活。

9)外观模式(Facade):为子系统中的一组接口提供一个一致的界面,门面模式定义了一个高层接口,这个接口使得这一子系统更加容易使用。

10)工厂方法模式(Factory Method):定义一个用于创建对象的接口,让子类决定将哪一个类实例化。Factory Method 使一个类的实例化延迟到其子类。

11)享元模式(Flyweight):运用共享技术以有效地支持大量细粒度的对象。

12)解释器模式(Interpreter):给定一个语言,定义它的语法的一种表示,并定义一个解释器,该解释器使用该表示解释语言中的句子。

13)迭代器模式(Iterator):提供一种方法顺序访问一个聚合对象中的各个元素,而又不需暴露该对象的内部表示。

14)调停者模式(Mediator):用一个中介对象来封装一系列的对象交互。中介者使各对象不需要显式地内部表示。

15)备忘录模式(Memento):在不破坏封装性的前提下,捕获一个对象的内部状态,并在该对象之外保存这个状态。这样以后就可将该对象恢复到保存的状态。

16)观察者模式(Observer):定义对象间的一种一对多的依赖关系,以便当一个对象的状态发生改变时,所有依赖于它的对象都得到通知并自动刷新。

17)原型模型模式(Prototype):用原型实例指定创建对象的种类,并且通过拷贝这个原型创建新的对象。

18)代理模式(Proxy):为其他对象提供一个代理以控制对这个对象的访问。

19)单件模式(Singleton):保证一个类仅有一个实例,并提供一个访问它的全局访问点。

20)状态模式(State):允许一个对象在其内部状态变化时改变它的行为。对象看起来似乎修改了它所属的类。

21)策略模式(Strategy):定义一系列的算法,把它们一个个封装起来,并且使它们可相互替换。本模式使得算法的变化可独立于使用它的客户。

22)模板方法模式(Template Method):定义一个操作中的算法的骨架,而将一些步骤延迟到子类中。Template Method 使得子类可以不改变一个算法的结构即可重定义该算法的某些特定步骤。

23)访问者模式(Visitor):表示一个作用于某对象结构中各元素的操作。它可以在不改变各元素的类的前提下定义作用于这些元素的新操作。

对设计模式进行分类以便于对模式进行引用,有助于更快地学习模式,表 2.1 是设计模式的分类结果。对模式进行分类有两条准则:

第一是目的准则,即模式是用来完成什么工作的。据此,模式可分为:

创建型(Creational)——与对象的创建有关,以灵活的方式创建对象的集合;

结构型(Structural)——处理类或对象的组合,代表相关对象的集合;

行为型(Behavioral)——对类或对象怎样交互和怎样分配职责进行描述,在对象集合中捕获行为。

第二是范围准则,即指定模式主要是用于类还是用于对象。类模式处理类和子类之间的关系,这些关系通过继承建立,是静态的,在编译时便确定下来。对象模式处理对象间的关系,这些关系在运行时刻是可以变化的,更具动态性。从某种意义上来说,几乎所有模式都使用继承机制,所以"类模式"只指那些集中于处理类间关系的模式,而大部分模式都属于对象模式的范畴。

表 2.1　设计模式的分类结果

		目的		
		创建型	结构型	行为型
范围	类	Factory Method	Adapter(类)	Interpreter Template Method
	对象	Abstract Factory Builder Prototype Singleton	Adapter(对象) Bridge Composite Decorator Facade Flyweight Proxy	Chain of Responsibility Command Iterator Mediator Memento Observer State Strategy Visitor

还有一种方式是根据模式的"相关模式"部分描述的它们怎样互相引用来组织设计模式。在介绍每一个设计模式时都会给出相关模式的描述。每一个设计模式都是为了解决软件的某一项可变需求,表 2.2 描述了每一个设计模式的可变方面。

表 2.2　设计模式的可变方面

目的	设计模式	可变方面
创建型	Abstract Factory	产品对象家族
	Builder	如何创建一个组合对象
	Factory Method	被实例化的子类
	Prototype	被实例化的类
	Singleton	一个类的唯一实例
结构型	Adapter	对象的接口
	Bridge	对象的实现
	Composite	一个对象的结构和组成
	Decorator	对象的职责,不生成子类
	Facade	一个子系统的接口
	Flyweight	对象的存储开销
	Proxy	如何访问一个对象:该对象的位置

续表

目的	设计模式	可变方面
行为型	Chan of Responsibility	满足一个请求的对象
	Command	何时、怎样满足一个请求
	Interpreter	一个语言的文法及解释
	Iterator	如何遍历、访问一个聚合的各元素
	Mediator	对象间怎样交互、和谁交互
	Memento	一个对象中哪些私有信息存放在该对象之外,以及在什么时候进行存储
	Observer	多个对象依赖于另外一个对象,而这些对象又如何保持一致
	State	对象的状态
	Strategy	算法
	Template Method	算法中的某些步骤
	Visitor	某些可作用于一个(组)对象上的操作,但不修改这些对象的类

2.4 怎样使用设计模式

这里给出几个不同的方法,帮助设计者发现设计模式的问题:

1)大致浏览一遍设计模式。特别注意其适用性部分和效果部分是否适合。

2)研究结构部分、参与者部分和协作部分。确保理解这个模式的类和对象以及它们是怎样关联的。

3)看代码示例部分,研究这个模式代码形式的具体例子将有助于实现模式。

4)选择模式参与者的名字,使它们在应用上下文中有意义。设计模式参与者的名字通常过于抽象而不会直接出现在应用中。然而,将参与者的名字和应用中出现的名字合并起来是很有用的。这会有利于在实现中更显式地体现出模式来。

5)定义类。声明它们的接口,建立它们的继承关系,定义代表数据和对象引用的实例变量。设计模式会影响到应用中存在的类,要做出相应的修改。

6)定义模式中专用于应用的操作名称。设计模式应用时取的类等名字一般依赖于应用。使用与每一个操作相关联的责任和协作作为指导。另外,名字约定要一致。

7)实现执行模式中责任和协作的操作。实现部分提供线索指导具体实现。代码示例部分的例子也能提供帮助。

2.5 设计模式怎样解决设计问题

设计模式可以确保系统能以特定方式变化,从而避免重新设计系统。每一个设计模式允许系统结构某个方面的变化独立于其他方面,这样产生的系统对于某一种特殊变化而言将更健壮。

下面阐述一下导致重新设计的原因，以及解决问题的设计模式。

1）通过显式地指定一个类来创建对象。在创建对象指定类名时受特定实现的约束而不是特定接口的约束。这会使未来的变化更复杂。要避免这种情况，应该间接地创建对象。设计模式：Abstract Factory，Factory Method，Prototype。

2）对特殊操作的依赖。当为请求指定一个特殊的操作时，完成该请求的方式就固定下来了。为避免把请求代码写死，可以在编译时刻或运行时刻很方便地改变响应请求的方法。设计模式：Chain of Responsibility，Command。

3）对硬件和软件平台的依赖。外部的操作系统接口和应用编程接口在不同的软硬件平台上是不同的。依赖于特定平台的软件将很难移植到其他平台上，甚至都很难跟上本地平台的更新。所以设计系统时限制其平台相关性就很重要。设计模式：Abstract Factory，Bridge。

4）对对象表示或实现的依赖。知道对象怎样表示、保存、定位或实现的客户在对象发生变化时可能也需要变化。对客户隐藏这些信息能阻止连锁变化。设计模式：Abstract Factory，Bridge，Memento，Proxy。

5）算法依赖。算法在开发和复用时常常被扩展、优化和替代。依赖于某个特定算法的对象在算法发生变化时不得不变化。因此有可能发生变化的算法应该被孤立起来。设计模式：Builder，Iterator，Strategy，Template Method，Visitor。

6）紧耦合。紧耦合的类很难被独立地复用，因为它们是互相依赖的。紧耦合产生单块的系统，要改变或删掉一个类，必须理解和改变其他许多类。这样的系统是一个很难学习、移植和维护的密集体。松散耦合提高一个类本身被复用的可能性，并且系统更易于学习、移植、修改和扩展。设计模式使用抽象耦合和分层技术来提高系统的松散耦合性。设计模式：Abstract Factory，Command，Facade，Mediator，Observer，Chain of Responsibility。

7）通过生成子类来扩充功能。通常很难通过定义子类来定制对象。每一个新类都有固定的实现开销（初始化、终止处理等）。定义子类还需要对父类有深入地了解。如，重定义一个操作可能需要重定义其他操作。一个被重定义的操作可能需要调用继承下来的操作。并且子类方法会导致类爆炸，因为即使对于一个简单的扩充，也不得不引入许多新的子类。一般的对象组合技术和具体的委托技术，是继承之外组合对象行为的另一种灵活方法。新的功能可以通过以新的方式组合已有对象，而不是通过定义已存在类的子类的方式加到应用中去。另一方面，过多使用对象组合会使设计难以理解。许多设计模式产生的设计中，可以定义一个子类，且将它的实例和已存在实例进行组合来引入定制的功能。设计模式：Bridge，Chain of Responsibility，Composite，Decorator，Observer，Strategy。

8）不能方便地对类进行修改。有时不得不改变一个难以修改的类，也许需要源代码而又没有（对于商业类库就有这种情况），或者可能对类的任何改变会要求修改许多已存在的其他子类。设计模式提供在这些情况下对类进行修改的方法。设计模式：Adapter，Decorator，Visitor。

本章小结

本章概要介绍了设计模式的相关概念、原则和种类。设计模式使人们可以更加简单方便地复用成功的设计和体系结构。一般模式有 4 个基本要素:模式名称、问题、解决方案、效果。为了达到了代码复用、增加可维护性的目的,设计模式应遵循的几个原则:"开闭"原则、里氏代换原则、组合/聚合复用原则等。模式分为 3 类:创建型设计模式、结构型设计模式、行为型设计模式。

第 3 章　创建型模式

创建型模式抽象了实例化过程。它们帮助一个系统独立于如何创建、组合和表示它的那些对象。一个类创建型模式使用继承改变被实例化的类,而一个对象创建型模式将实例化委托给另一个对象。在这些模式中有两个不断出现的主线:第一,它们都将关于该使用哪些具体的类的信息封装起来。第二,它们隐藏了这些类的实例是如何被创建和放在一起的。整个系统关于这些对象所知道的是由抽象类所定义的接口。因此,创建型模式在什么对象被创建、谁创建对象、对象是怎样被创建的以及何时创建对象这些方面具有很大的灵活性。

原来是个例子描述。

面向对象的分析设计结果中涉及的类以及类之间的关系如图 3.1 所示。类 Room、Door 和 Wall 定义例子中使用到的构件,但仅定义这些类中对创建一个迷宫起到重要作用的一些部分。忽略游戏者、显示操作和在迷宫中四处移动操作,以及其他一些主要的却与创建迷宫无关的功能。

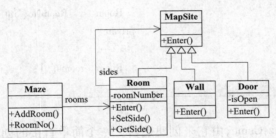

图 3.1　类之间的关系图

下面代码给出主要类的定义,并创建一个由 2 个房间、1 扇门构成的迷宫。每一个房间有四面,使用 C++中的枚举类型 Direction 来指定房间的东南西北:

Enum Direction ｛North, South, East, West｝;

类 Mapsite 是所有迷宫组件的公共抽象类。为简化例子,Mapsite 仅定义了一个操作 Enter,它的含义决定于进入操作。

```
class Mapsite
{
    public：  void Enter( )= 0;
};
```

Room 是 MapSite 的一个具体的子类,MapSite 定义迷宫中构件之间的主要关系。Room 有指向其他 MapSite 对象的引用 sides,并保存一个房间号(roomNumber),用来标识迷宫中的房间。Wall 类描述墙壁,Door 类描述门。不仅需要知道迷宫的各部分,还要定义一个用来表示房间集合的 Maze 类。用 RoomNo 操作和给定的房间号,Maze 就可以找到一个特定的房间。各个类的描述代码如下。

```cpp
class Room:public MapSite {
public:
    Room( int   roomNo );
    MapSite * GetSide( Direction ) const;
    void SetSide ( Direction,   MapSite * );
    virtual void Enter( );
private:
    MapSite *   sides[4];
    int  roomNumber;
}
```

```cpp
Class Door : public MapSite
{
public:
    Door ( Room * =0, Room * =0 );
    virtual void Enter( );
    Room *   OtherSideFrom( Room * );
private:
    Room *   room1;
    Room *   room2;
    Bool   isopen;
}
```

```cpp
class Wall: public MapSite {
public :
    Wall( );
    virtual void Enter( );
};
```

```cpp
class Maze
{
public:
    Maze( );
    void AddRoom( Room * );
    Room *   RoomNo( int ) const;
private:
    //…….
    Room   rooms[ ];
};
```

定义的另一个类是 MazeGame,由它来创建迷宫。一个简单直接的创建迷宫的方法是将构件增加到迷宫中,然后连接它们。例如,在下面的成员函数 CreateMaze( )中创建一个迷宫,这个迷宫由两个房间和它们之间的一扇门组成。

```cpp
class MazeGame {
public:
    ……
    Maze * MazeGame::CreateMaze( ) {
        Maze *   aMaze = new Maze;
        Room *   r1 = new   Room(1);
        Room *   r2 = new   Room(2);
        Door *   theDoor = new   Door(r1,r2);
        aMaze->AddRoom( r1 );
        aMaze->AddRoom( r2 );
        r1->SetSide( North,   new Wall );
        r1->SetSide( East,   theDoor );
```

```
r1->SetSide( South,    new Wall );
r1->SetSide( West,     new Wall );
r2->SetSide( North,    new Wall );
r2->SetSide( East,     new Wall );
r2->SetSide( South,    new Wall );
r2->SetSide( West,     theDoor );

return    aMaze;
}
}
```

考虑到 CreateMaze( ) 函数所做的仅是创建一个有两个房间的迷宫,函数中代码真正的问题不在于它的大小,而在于它不灵活。它对迷宫的布局进行硬编码,即需要生成一个房间就使用代码"new Room";需要生成一个门就使用代码"new Door";需要生成一个墙就使用代码"new Wall"。改变布局意味着改变这个成员函数中代码,或是重定义它。这意味着重新实现整个过程,或是对它的部分进行改变,这容易产生错误并且不利于重用。

假如对迷宫有新的功能需求,想在一个包含施了魔法的迷宫的新游戏中重用一个已有的迷宫布局。施了魔法的迷宫游戏中有新的构件,新类 DoorNeedingSpell 是一扇仅随着咒语才能被锁上和打开的门。新类 EnchantedRoom 是一个有不寻常东西的房间,比如钥匙或咒语。怎样才能较容易地改变 CreateMaze,以便用这些新类型对象创建迷宫? 便于修改定义一个迷宫构件的类? 这种情况下,改变的最大障碍是对被实例化的类进行硬编码。创建型模式提供多种不同方法从实例化它们的代码中除去对这些具体类的显示引用,即不会频繁、显式地使用 new 语句生成对象。

本章将对抽象工厂模式、工厂方法模式、生成器模式、单件模式进行介绍。

3.1　抽象工厂模式(ABSTRACT FACTORY)

3.1.1　意图

提供一个创建一系列相关或相互依赖对象的接口,而不需指定它们具体的类。

抽象工厂模式可以向客户端(Client,指代码模式的使用者,后文类同) 提供一个接口,使得客户端在不必指定产品的具体类型的情况下,创建多个产品族(指位于不同产品等级中,功能相关联的产品的集合) 中的产品对象。

3.1.2　别名

Kit。

3.1.3　动机

假设一个子系统需要一些产品对象,而这些产品对象又属于一个以上的产品等级结构,那么为了将使用这些产品的责任和创建这些产品对象的责任分割开来,可以使用抽象工厂模式。这样,使用产品对象的一方不需要直接参与产品对象的创建工作,而只需要向一个公用的工厂接口请求所需要的产品对象,即利用工厂函数返回产品对象。

这里需要注意的问题如下:

1）系统需要一些产品对象。一定要有多个产品对象被需要,这些产品对象每个都分别实现自己特定的功能。例如迷宫例子中的门、墙、门、迷宫,这些都是系统需要的产品对象。

2）这些产品对象属于多个产品等级。就是说这些产品功能会在不断地发生变化,从而会有多个产品子类。每一次实现的产品对象,如门、墙、门、迷宫,都属于相同的产品等级,并且被系统需要。当下一次实现新的产品功能对象。如门、墙、门、迷宫,就有属于一个相同的产品等级,此时系统需要的是当前的所有产品对象。

3）使用产品对象与创建产品对象分离。因为随着产品功能的不断变化,产品对象的创建语句会被不断修改,这种修改要尽量满足"开闭"原则,需要将产品对象的创建语句单独封装,方便产品对象创建语句的单独演化。系统可能会有多处地方使用产品对象,使用语句不涉及产品对象创建语句,即将对象的创建与对象的使用分离开。

3.1.4　适用性

在以下情况下应当考虑使用抽象工厂模式:

1）一个系统不应当依赖于产品类实例如何被创建、组合和表达的细节,即一个系统不应该有太多的工作关注产品对象的生成问题,这对于所有形态的工厂模式都很重要。

2）这个系统的产品有多于一个产品族,而系统只消费其中某一个族的产品。

3）同属于同一个产品族的产品是在一起使用的,这一约束必须在系统的设计中体现出来。

4）系统提供一个产品类的库,所有的产品以同样的接口实现,从而使客户端不依赖于实现。

上述适用性的具体分析在下面的小节中进行描述。

3.1.5　结构图

此模式的结构如图 3.2 所示。

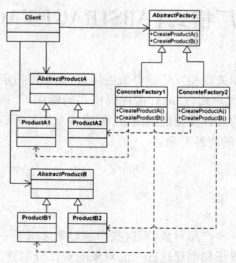

图 3.2　抽象工厂设计模式结构图

3.1.6　参与者

抽象工厂模式涉及五个主要成分,它们分别是:

1)抽象工厂类(AbstractFactory):抽象类,定义了所有产品对象创建的接口,是抽象工厂设计模式的核心,是与应用系统商业逻辑无关。一般来说,只有一个 AbstractFactory 类。

2)具体工厂类(ConcreteFactory):具体抽象工厂类,实现每一个产品对象的创建,直接在客户端的调用下创建产品的实例。含有选择合适的产品对象的逻辑,即决定产品对象的实参,生成哪个子类产品对象这个过程与应用系统的商业逻辑紧密相关。对于 AbstractFactory 类来说,会有多个不同的 ConcreteFactory 子类。

3)抽象产品类(AbstractProduct):抽象产品类,是抽象工厂设计模式所创建的产品对象的父类,或它们共同拥有的接口。会有多个不同的 AbstractProduct 类。

4)具体产品类(ConcreteProduct):是抽象产品类的子类,抽象工厂模式所创建的任何产品对象都是某一个具体产品类的实例。这是客户端最终需要的东西,具体产品类实现具体软件功能。对于每一个 AbstractProduct 来说,会有多个不同的 ConcreteProduct 子类。

5)客户类(Client):仅使用由 AbstractFactory 和 AbstractProduct 类声明的接口。

3.1.7　原型代码框架

1)AbstractFactory.h 文件代码

```
class AbstractProductA//抽象基类 AbstractProductA,代表产品 A 的抽象
{ public:   doA(){}; };
//派生类 ConcreteProductA1,继承自 AbstractProductA,代表产品 A 的第一种实现
class ConcreteProductA1: public AbstractProductA
{ public: ConcreteProductA1();    ~ConcreteProductA1();   doA(); };
//派生类 ConcreteProductA2,继承自 AbstractProductA,代表产品 A 的第二种实现
class ConcreteProductA2: public AbstractProductA
{ public: ConcreteProductA2();    ~ConcreteProductA2();   doA(); };
class AbstractProductB//抽象基类 AbstractProductB,代表产品 B 的抽象
{ public: AbstractProductB() {};   ~AbstractProductB(){};   doB(){}; };
//派生类 ConcreteProductB1,继承自 AbstractProductB,代表产品 B 的第一种实现
class ConcreteProductB1: public AbstractProductB
{ public: ConcreteProductB1();    ~ConcreteProductB1();   doB(); };
//派生类 ConcreteProductB2,继承自 AbstractProductB,代表产品 B 的第二种实现
class ConcreteProductB2: public AbstractProductB
{ public: ConcreteProductB2();    ~ConcreteProductB2();   doB(); };
//抽象基类 AbstractFactory,工厂的抽象类,生产产品 A 和产品 B
class AbstractFactory
{
public:
    AbstractFactory(){};    ~AbstractFactory(){}
    AbstractProductA * CreateProductA() = 0;
    AbstractProductB * CreateProductB() = 0;
};
//派生类 ConcreteFactory1,继承自 AbstractFactory,生产产品 A 和产品 B 的第一种实现
```

```
class ConcreteFactory1: public AbstractFactory
{
public:
    ConcreteFactory1();    ~ConcreteFactory1();
    AbstractProductA * CreateProductA();
    AbstractProductB * CreateProductB();
};
```

//派生类 ConcreteFactory2,继承自 AbstractFactory,生产产品 A 和产品 B 的第二种实现

```
class ConcreteFactory2: public AbstractFactory
{
public:
    ConcreteFactory2();    ~ConcreteFactory2();
    AbstractProductA * CreateProductA();
    AbstractProductB * CreateProductB();
};
```

2) AbstractFactory. cpp 文件代码

```
#include " AbstractFactory. h"
//产品类 ConcreteProductA1 的实现
ConcreteProductA1::ConcreteProductA1()
{ std::cout << "construction of ConcreteProductA1\n"; }
ConcreteProductA1:: ~ ConcreteProductA1()
{ std::cout << "destruction of ConcreteProductA1\n"; }
ConcreteProductA1::doA()
{ std::cout << "A1A1A1A1A1A1A1\n"; }
//产品类 ConcreteProductA2 的实现
ConcreteProductA2::ConcreteProductA2()
{ std::cout << "construction of ConcreteProductA2\n"; }
ConcreteProductA2:: ~ ConcreteProductA2()
{ std::cout << "destruction of ConcreteProductA2\n"; }
ConcreteProductA2::doA()
{ std::cout << "A2A2A2A2A2A2A2\n"; }
//产品类 ConcreteProductB1 的实现
ConcreteProductB1::ConcreteProductB1()
{ std::cout << "construction of ConcreteProductB1\n"; }
ConcreteProductB1:: ~ ConcreteProductB1()
{ std::cout << "destruction of ConcreteProductB1\n"; }
ConcreteProductB1::doB()
{ std::cout << "B1B1\n"; }
//产品类 ConcreteProductB2 的实现
```

```
ConcreteProductB2::ConcreteProductB2()
{ std::cout << "construction of ConcreteProductB2\n"; }
ConcreteProductB2::~ConcreteProductB2()
{ std::cout << "destruction of ConcreteProductB2\n"; }
ConcreteProductB2::doB()
{ std::cout << "B2B2\n"; }
```
//抽象工厂类 ConcreteFactory1 的实现
```
ConcreteFactory1::ConcreteFactory1()
{ std::cout << "construction of ConcreteFactory1\n"; }
ConcreteFactory1::~ConcreteFactory1()
{ std::cout << "destruction of ConcreteFactory1\n"; }
AbstractProductA * ConcreteFactory1::CreateProductA()
{ return new ConcreteProductA1(); }
AbstractProductB * ConcreteFactory1::CreateProductB()
{   return new ConcreteProductB1();   }
```
//抽象工厂类 ConcreteFactory2 的实现
```
ConcreteFactory2::ConcreteFactory2()
{ std::cout << "construction of ConcreteFactory2\n"; }
ConcreteFactory2::~ConcreteFactory2()
{ std::cout << "destruction of ConcreteFactory2\n"; }
AbstractProductA * ConcreteFactory2::CreateProductA()
{ return new ConcreteProductA2(); }
AbstractProductB * ConcreteFactory2::CreateProductB()
{ return new ConcreteProductB2(); }
```
3) Main. cpp 文件代码如下:
```
#include "AbstractFactory.h"
Void main()
{
    //生产产品 A 的第一种实现
    ConcreteFactory1 * pFactory1 = new ConcreteFactory1;//生成抽象工厂对象
    AbstractProductA * pProductA = pFactory1->CreateProductA();//生成产品对象
    pProductA->doA();//使用产品对象功能
    //生产产品 B 的第二种实现
    ConcreteFactory2 * pFactory2 = new ConcreteFactory2;//生成抽象工厂对象
    AbstractProductB * pProductB = pFactory2->CreateProductB();//生成产品对象
    pProductB->doB();//使用产品对象功能
    //释放动态生成的对象空间
    delete pFactory1;delete pProductA;delete pFactory2;delete pProductB;
}
```

在后面介绍协作、效果、实现注意问题等内容时,会以上述的代码框架为例进行说明。

3.1.8　协作

抽象工厂模式各个成分之间的协作过程如下:

1)通常在运行时刻创建一个 ConcreteFactory 类的实例。利用实例的工厂,创建具有特定实现的产品对象。为创建不同的产品对象,客户应使用不同的具体工厂。

例如,代码框架中利用语句"ConcreteFactory1 * pFactory1 = new ConcreteFactory1;"生成抽象工厂类的实例 pFactory1;利用"pFactory1->CreateProductA()"语句生成产品 AbstractProductA 的对象 pProductA。利用工厂对象 pFactory1 的不同工厂函数可以生成不同的产品对象,即可以生成产品 AbstractProductA 的对象、产品 AbstractProductB 的对象等,抽象工厂类 ConcreteFactory1 中有 n 个工厂函数,就可以生成 n 个产品对象,这些产品对象均属于一个产品族。ConcreteFactory1 与 ConcreteFactory2 属于不同的产品族,即两个不同的产品等级。当应用程序需要 ConcreteFactory1 中生成的产品时,就生成 ConcreteFactory1 的抽象工厂实例,调用 ConcreteFactory1 中的工厂函数来生成不同的产品对象,其他情况同理。

2)AbstractFactory 将产品对象的创建延迟到它的 ConcreteFactory 子类。AbstractFactory 类只是为所有子类声明共同的函数接口,至于工厂函数 CreateProductA()、CreateProductB()中返回什么产品对象,是在具体的抽象工厂类 ConcreteFactory1、ConcreteFactory2 中实现。例如,在抽象工厂类 ConcreteFactory1 的工厂函数 CreateProductA()中生成产品类 ConcreteProductA1 的对象,工厂函数 CreateProductB()中生成产品类 ConcreteProductB1 的对象;在抽象工厂类 ConcreteFactory2 的工厂函数 CreateProductA()中生成产品类 ConcreteProductA2 的对象,工厂函数 CreateProductB()中生成产品类 ConcreteProductB2 的对象,等等。

3.1.9　优点和缺点(效果)

1)它从客户应用程序中分离了具体的类。AbstractFactory 模式控制一个应用创建的对象的类,因为一个工厂函数中指定需要被创建产品对象的类名称。这种方式将客户应用程序中对象的使用与类的实现分离。客户要在应用程序中通过它们的抽象接口操纵实例。产品的类名也在具体工厂的实现中被分离,具体产品对象的类名称不出现在客户代码中。

例如,在 main 函数中,使用下列代码生成 AbstractProductB 的产品对象 pProductB:

AbstractProductB * pProductB = pFactory2->CreateProductB();

然后,再使用下列的代码实现产品功能:pProductB->doB();

至于产品对象 pProductB 到底是 AbstractProductB 的哪个子类的产品,在 main 函数中没有体现。只有在 pFactory2 的实参数据类型 ConcreteFactory2 的工厂函数 CreateProductB()中确定了产品对象 pProductB 的实参数据类型是 ConcreteProductB2。

2)它使得易于交换产品系列。一个具体工厂类在一个应用中仅出现一次就可以。这使得改变一个应用的具体工厂对象变得容易。只需改变具体的工厂对象即可使用不同的产品配置。因为一个抽象工厂类创建了一个完整的产品系列,所以整个产品系列会立刻改变。

例如,在 main 函数中,实现下列代码分别生成不同的抽象工厂对象:

ConcreteFactory1 * pFactory1 = new ConcreteFactory1;

ConcreteFactory2 * pFactory2 = new ConcreteFactory2;

使用 pFactory1 的工厂函数可以生成产品对象。在 ConcreteFactory1 中有 n 个工厂函数,

就可以利用这 n 个工厂函数生成 n 个产品对象,产品对象的实参类型在工厂函数有清楚的定义。同理,可以利用 pFactory2 生成 n 个实现另外功能的产品对象。

3)它有利于产品的一致性。当一个系列中的产品对象被设计成一起工作时,一个应用一次只能使用同一个系列中的对象。

例如,利用抽象工厂类的工厂函数 CreateProductA( )、CreateProductB( ),生成不同的产品对象。至于工厂函数返回的产品实参类型是什么,取决于抽象工厂对象的实参数据类型,即如果抽象工厂对象的实参数据类型是 ConcreteFactory1,则生成第 1 套产品对象;如果抽象工厂对象的实参数据类型是 ConcreteFactory2,则生成第 2 套产品对象。

4)难以支持新种类的产品。AbstractFactory 接口确定了可以被创建的产品集合。支持新种类的产品就需要扩展该工厂的接口,这涉及 AbstractFactory 类及所有子类的改变。

例如,如果需要增加新的产品,则需要先定义新产品的父类及子类,代码如下:

class AbstractProductC｛ ｝

class ConcreteProductC1：AbstractProductC｛ ｝

class ConcreteProductC2：AbstractProductC｛ ｝

然后,需要在抽象工厂父类 AbstractFactory 中增加如下的工厂函数:

AbstractProductC ＊ CreateProductC( );

再在抽象工厂子类 ConcreteFactory1 以及 ConcreteFactory2 类中增加 CreateProductC( )函数的说明及实现代码,具体可以如下:

AbstractProductC ＊ ConcreteFactory1：：CreateProductC( )

｛ return 　 new ConcreteProductC1( ); ｝

上述新产品的增加,需要修改已有的抽象工厂类的父类及子类代码,这种修改违背了"开闭"原则,新功能的增加需要修改的代码地方较多,不利于软件代码的维护。

3.1.10　要注意的问题

在实现抽象工厂设计模式时要考虑下面一些问题:

1)将抽象工厂类作为一个单件

在上述原型代码框架的 main 函数中,利用下面的语句生成类 ConcreteFactory2 的具体工厂对象 pFactory2:

ConcreteFactory2 ＊ pFactory2 = new ConcreteFactory2;

上面的语句可以被重复写,每写一次就会生成一个的具体工厂实例,只是对象名称不同而已。每一个实例的生成都需要消耗系统的资源,影响系统的性能,但是这些实例自始至终都是一样的。因为抽象工厂类中只有成员函数,在客户应用程序中需要调用成员函数来生成不同的产品对象。对于抽象工厂类来说,没有声明成员属性。在应用程序中具体工厂实例对象从来没有值的改变,所以具体工厂实例对象不需要有多个。抽象工厂类可以被定义为一个单件类,从而具体工厂实例对象只有一个。具体有关单件类的问题,在书的 3.4 节有详细介绍。

2)创建产品

在前面抽象工厂设计模式的优点和缺点部分中,描述了抽象工厂设计模式的一个缺点就是不利于增加一个新的产品,因为增加一个新产品,就需要在抽象工厂类中增加一个工厂函数。但是,在有些应用中,增加新产品是不可避免的,那么如何实现新产品的增加?

3)定义可扩展的工厂

以产品 AbstractProductA 为例来说，随着产品 A 的功能不断增加或者修改，就需要修改产品 A 的成员函数，为例实现"开闭"原则，修改代码的情况尽量不要发生，那么就需要产生 AbstractProductA 的新子类 ConcreteProductA3，在 ConcreteProductA3 中重载功能函数 doA( )。在客户应用程序中使用 ConcreteProductA3 的新功能 doA( )，就需要增加一个抽象工厂类的新子类 ConcreteFactory3，在 ConcreteFactory3 的工厂函数 CreateProductA( )中生成并返回一个 ConcreteProductA3 的产品对象。

按照上述的描述，随着产品功能的不断扩充，就会不断产生新的抽象工厂子类，造成抽象工厂子类太多。那么这个问题是否可以较好解决？下面给出参考的解决方案，重新给出抽象工厂类的声明及实现过程，主要是针对工厂函数的接口参数及实现代码进行了描述。

```
//抽象基类 AbstractFactory，工厂的抽象类，生产产品 A 和产品 B
class AbstractFactory
{
public：
    AbstractProductA * CreateProductA(String productAname)；
    AbstractProductB * CreateProductB(String productBname)；
}；
//生成具体产品对象的实现，生成产品 A 的对象
AbstractProductA * AbstractFactory：：CreateProductA(String productAname)
{
    if(productAname==NULL) return NULL；
    if(productAname=="A1") return new ConcreteProductA1()；
    else if(productAname=="A2") return new ConcreteProductA2()；
    else if(productAname=="A3") return new ConcreteProductA3()；
    …..
    return NULL；
}
//生成具体产品对象的实现，生成产品 A 的对象
AbstractProductB * AbstractFactory：：CreateProductB(String productBname)
{
    if(productAname==NULL) return NULL；
    if(productAname=="B1") return new ConcreteProductB1()；
    else if(productAname=="B2") return new ConcreteProductB2()；
    else if(productAname=="B3") return new ConcreteProductB3()；
    …..
    return NULL；
}
//在 main 函数中，生成抽象工厂对象及产品对象
void main()
{
```

```
AbstractFactory  * pFactory = new AbstractFactory;//生成抽象工厂对象
AbstractProductA  * pProductA1 = pFactory->CreateProductA("A1");//生成产品对象
pProductA1->doA();//使用产品对象功能
AbstractProductA  * pProductA2 = pFactory->CreateProductA("A2");//生成产品对象
pProductA2->doA();//使用产品对象功能
delete pFactory;delete pProductA1; delete pProductA2; //释放动态生成的对象空间
}
```

对于本问题的实现方法可以有多种,上面的实现方案可以被修改为更优的方案,具体的优化过程读者可以自己考虑。

3.1.11　代码示例

使用 AbstractFactory 设计模式解决迷宫的创建问题。

抽象工厂 MazeFactory 生产迷宫的组件:门、墙、房间、迷宫。建造迷宫的程序将 MazeFactory 作为一个参数,这样程序员就能指定要创建的房间、墙壁和门等类。

```
class MazeFactory
{
public:
    MazeFactory();
    Maze * MakeMaze() const { return new Maze; }
    Wall * MakeWall() const { return new Wall; }
    Room * MakeRoom() const { return new Room; }
    Door * MakeDoor(Room * r1, Room * r2) const { return new Door(r1,r2); }
}
```

这里是一个以 MazeFactory 为参数的新版本的 CreateMaze,它修改了对类名进行硬编码的缺点。下面的代码中没有涉及具体产品类,只是利用了抽象工厂类以及抽象产品类。CreateMaze 函数中只需要知道自己要用到 Door、Room、Wall、Maze 即可,至于是哪些具体产品对象就不需要知道,一切由参数 factory 的实参数据类型决定。

```
Maze * MazeGame: CreateMaze ( MazeFactory & factory) {
Maze * aMaze = factory. MakeMaze();
Room * r1 = factory. MakeRoom(1);
Room * r2 = factory. MakeRoom(2);
Door * aDoor = factory. MakeDoor(r1,r2);
aMaze->AddRoom(r1);
aMaze->AddRoom(r2);
r1->SetSide(North, factory. MakeWall());
r1->SetSide(East, aDoor);
r1->SetSide(South, factory. MakeWall());
r1->SetSide(West, factory. MakeWall());
r2->SetSide(North, factory. MakeWall());
r2->SetSide(East, factory. MakeWall());
```

```
r2->SetSide（South, factory.MakeWall()）;
r2->SetSide（West, aDoor）;
return aMaze;
}
```

现在根据新的需求重用已有的系统,即在已有的迷宫系统的基础上生成一个施了魔法的迷宫系统,要做的工作内容如下。

1)生成产品类的子类。生成 Door 的子类 DoorNeedingSpell,即生成一个新的具体产品类;生成 Room 的子类 EnchantedRoom。

class DoorNeedingSpell:public Door ｛……｝ //新的门类

class EnchantedRoom:public Room ｛……｝ //新的房间类

2)生成抽象工厂类的子类。生成 MazeFactory 的子类 EnchantedMazeFacotry,即生成一个具体工厂类,在这个新的具体工厂类中生成新的具体产品。

```
Class EnchantedMazeFactory:public MazeFactory
{
public:
EnchantMazeFactory();
Room * MakeRoom(int n) const
｛ retrun new EnchantedRoom（n, castSpell()）;｝//生成新类对象
Door * MakeDoor(Room * r1, Room * r2) const
｛ return new DoorNeedingSpell（r1, r2）;｝//生成新类对象
Protected:
Spell * castSpell() const;
};
```

这个具体工厂类只需重定义 MakeRoom（ ）、MakeDoor（ ）成员函数,使其能够生产新产品。

3)修改抽象工厂对象的实参数据类型。利用参数传递方式,将 MazeFactory 传递给 MazeGame 类的成员函数 CreateMaze 的参数。客户程序 CreateMaze（ ）中只使用抽象工厂类 MazeFactory 的接口和抽象产品类 Door、Room、Wall、Maze 的接口。下面代码生成施了魔法的迷宫,抽象工厂对象 factory 的实参数据类型是 EnchantedMazeFactory,在它的工厂函数 MakeRoom、MakeDoor、MakeWall 等实现具体产品对象的生成。

MazeGame game;//客户应用程序类

EnchantedMazeFactory factory;//生成工厂对象,决定了产品对象的生成

Game.CreateMaze（factory）;//生成迷宫函数

4)画出迷宫的结构图。图 3.3 是采用抽象工厂设计模式解决迷宫案例的设计类图。

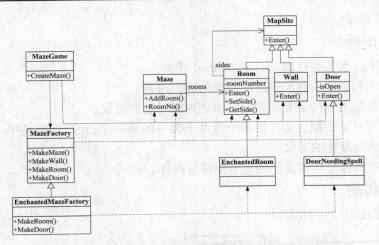

图 3.3　采用抽象工厂设计模式解决迷宫案例的设计类图

3.1.12　相关模式

AbstractFactory 类中每一个成员函数都是一个工厂方法模式(Factory Method)实现,但它们也可以用 Prototype 实现。

一个具体工厂通常是一个单件 Singleton。

3.2　工厂方法模式(FACTORY METHOD)

3.2.1　意图

定义一个用于创建对象的接口,让子类决定实例化哪个类。工厂方法设计模式使一个类的实例化过程延迟到其子类中实现。

3.2.2　别名

虚构造器(Virtual Constructor)。

3.2.3　动机

工厂方法模式将类的实例化封装到一个工厂函数中,在客户应用程序中用工厂方法代替 new 操作。工厂模式是最常用的模式,通常利用 new 操作实例化一个对象,工厂模式就是将这个 new 操作封装,如类 A 的实例化代码"A * a = new A()"。在类的实例化过程中,可以考虑是否要使用工厂模式,虽然这样做,可能会多做一些工作,但会给系统带来更大的可扩展性和尽量少的修改量。

这里需要注意的问题如下:

1)产品不会太多。一般情况下,产品只有一个。如果产品太多,可以采用抽象工厂设计模式实现。产品只有一个或者两个等情况时,如果为了产品的创建而抽象出一个抽象工厂类,那么这个类结构简单,应尽量避免这种情况的发生。这时,产品的创建语句就被封装到一个工厂函数中,这个工厂函数就被放到一个相关的类中。

2)工厂函数就是生成一个产品对象,不做其他功能。

3)一定要将工厂函数放到相关的类中,并且最好在这个类中就使用工厂函数生成产品对

37

象,并且使用产品对象。

3.2.4 适用性

在以下情况下应当考虑使用 Factory Method 模式:

1)当一个类不知道它所必须创建的对象的类的时候。

2)当一个类希望由它的子类来指定它所创建的对象的时候。

3)当类将创建对象的职责委托给多个帮助子类中的某一个,并且希望将哪一个帮助子类是代理者这一信息局部化的时候。

上述适用性的具体分析在下面的小节中进行描述。

3.2.5 结构图

此模式的结构如图 3.4 所示。

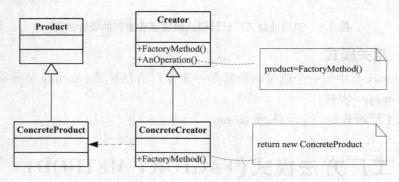

图 3.4　工厂方法设计模式结构图

3.2.6 参与者

工厂方法模式涉及四个主要成分,它们分别是:

1)抽象产品类(Product):定义工厂方法创建的对象所属的类,在客户应用程序中要使用的产品对象的形参数据类型就是此类,也作为工厂方法返回参数的形参数据类型。会有多个实现具体产品功能的子类,例如 ConcreteProduct 子类。一般来说,只有一个 Product 类。

2)具体产品类(ConcreteProduct):实现 Product 接口功能,在客户应用程序中要使用的产品对象的实参数据类型就是此类,也是工厂方法中要生成并返回的对象的实参数据类型。对于 Product 来说,会有多个不同的 ConcreteProduct 子类。

3)工厂方法所在类(Creator):类中声明工厂方法,该工厂方法返回一个 Product 类型的对象,同时此类中也会有其他相关功能。Creator 也可以定义一个工厂方法的缺省实现,它返回一个缺省的 ConcreteProduct 对象。会有多个包含工厂方法的子类,例如 ConcreteCreator 子类。

4)具体工厂方法所在类(ConcreteCreator):重定义工厂方法以返回一个 ConcreteProduct 实例。在工厂方法设计模式中关心的是具体产品对象的生成过程,不考虑其他功能演化。

3.2.7 原型代码框架

1)Factory. h 文件代码如下:

class Product//抽象产品类

{ public:　　void doP( ){} ; } ;

class ConcreteProduct: public Product//具体产品子类

```
{ public：ConcreteProduct( )；  virtual ~ConcreteProduct( )；  void doP( )；}；
```

```cpp
class Creator//工厂方法所有在的抽象类
{
public：void AnOperation( )；//使用工厂方法的成员函数
protected：//只是在 AnOperation( )中使用工厂方法函数,所以此处声明的权限是 protected
    Product * FactoryMethod( ) = 0；//声明抽象工厂方法
}；
class ConcreteCreator：public Creator//工厂方法所在的具体子类
{
public：ConcreteCreator( )；   ~ConcreteCreator( )；
protected：Product * FactoryMethod( )；//具体工厂方法,实现具体产品对象的生成
}；
```

2）Factory. cpp 文件代码如下：

```cpp
#include "Factory. h"
using namespace std；
ConcreteProduct：：ConcreteProduct( )//具体产品类的构造函数
{ std：：cout << "construction of ConcreteProduct\n"；}
ConcreteProduct：：~ConcreteProduct( )//具体产品类的析构函数
{ std：：cout << "destruction of ConcreteProduct\n"；}
ConcreteProduct：：doP( )//具体产品类的功能函数
{ std：：cout << " doP of  ConcreteProduct \n"；}
void Creator：：AnOperation( )//工厂方法所在的抽象类的成员函数的实现
{
    Product * p = FactoryMethod( )；//利用工厂方法生成一个产品对象
    p->doP( )；//调用具体产品功能
    std：：cout << "an operation of product\n"；//其他功能代码
}
ConcreteCreator：：ConcreteCreator( )//工厂方法所在具体子类的构造函数
{ std：：cout << "construction of ConcreteCreator\n"；}
ConcreteCreator：：~ConcreteCreator( )//工厂方法所在具体子类的析构函数
{ std：：cout << "destruction of ConcreteCreator\n"；}
Product * ConcreteCreator：：FactoryMethod( )//工厂方法的实现
{ return new ConcreteProduct( )；//生成具体产品对象 }
```

3）Main. cpp 文件代码如下：

```cpp
#include "Factory. h"
void main( )
{
    Creator  * c = new ConcreteCreator( )；//生成工厂方法所在具体子类的对象
    c->AnOperation( )；//生成具体产品对象,并实现产品功能
}
```

```
    delete c;
}
```

在后面介绍协作、效果、实现注意问题等内容时,会以上述的代码框架为例进行说明。

3.2.8　协作

工厂方法模式各个成分之间的协作过程如下:

Creator 类中只是定义了工厂方法,需要在它的子类 ConcreteCreator 中实现工厂方法,返回一个适当的 ConcreteProduct 实例。在客户应用程序中,调用 Creator 类的工厂方法。例如,main 函数中的对象 c 的实参是哪个类,就决定了 AnOperation( ) 是哪个子类的成员函数,从而决定要调用哪个子类中的 FactoryMethod( ),进而决定生成的具体产品对象,最终决定在客户应用程序中要使用的具体产品功能。

3.2.9　优点和缺点(效果)

1)工厂方法不再与特定应用有关的类绑定到代码中。代码仅处理 Product 接口,因此它可以与用户定义的任何 ConcreteProduct 类一起使用。

例如,在上述的原型代码框架中,工厂方法 FactoryMethod( ) 就没有出现在客户应用程序代码 main( ) 中。在 AnOperation( ) 函数中,利用下面的语句生成了产品对象:

Product ∗ p = FactoryMethod( );

又利用了下面的语句使用产品对象的功能:p->doP( );

这里的 doP( ) 接口是在产品的父类 Product 中声明,至于它的实现是在具体产品 ConcreteProduct 类中,在工厂函数中决定要生成的具体产品对象是谁。

上述的处理方法将具体产品对象的生成过程与客户应用程序中对产品对象的使用过程分离开,将来就可以只是在工厂函数 FactoryMethod( ) 中改变具体产品对象。当然,这种具体产品对象的改变需要利用重载 Creator 类的工厂方法 FactoryMethod( ) 进行实现。

2)工厂方法一个潜在的缺点在于客户可能仅仅为了创建一个特定的 ConcreteProduct 对象,就不得不创建 Creator 的子类。

Creator 类中不仅包含工厂方法,也包含其他属性及功能。为了演化 Creator 类中的某一项功能,就需要生成一个子类来实现新功能。也会因为 Product 类的某一项功能需要演化,就需要生成 Product 类的新子类,那么就需要对 ConcreteCreator 类的工厂方法中的产品类名称进行修改,直接修改代码的方式违背"开闭"原则,所以就需要重载 Creator 类的工厂方法 FactoryMethod( ),生成一个 Creator 类的新子类。所以,生成 Creator 子类的因素较多,这样也导致子类会较多。

3)为子类提供挂钩(hook)。用工厂方法在一个类的内部创建对象通常比直接创建对象更灵活。利用工厂方法生成产品对象的语句只需要出现一次就可以,即下面的语句就生成产品对象:

Product ∗ ConcreteCreator∷FactoryMethod( )//工厂方法的实现

{ 　return new ConcreteProduct( );//生成具体产品对象 }

客户应用程序中需要产品对象时,就调用工厂方法 FactoryMethod( )。工厂方法被调用 n 次就生成 n 个产品对象。

但是,产品功能有新的变化时,需要生成 Product 类的新子类,客户应用程序中要使用新子类,就需要生成 Creator 类的新子类,在新子类中重载 FactoryMethod( )。这样就导致产生太多个 Creator 类的新子类,从而导致整个系统中类的个数增多。系统中类的个数也是受控制的,类越多,系统越复杂,越难以理解。为了控制系统中类的个数,Creator 类的子类希望尽可能地少。

所以希望在 FactoryMethod( )中能够返回 Product 类的不同子类的实例化对象,尽可能不要重载工厂方法。这就是 Factory Method 给子类一个挂钩以提供产品对象的功能扩展。这种方式的实现过程可以参考下面小节中参数化工厂方法的内容。

3.2.10　实现注意问题

在实现工厂方法设计模式时要考虑下面一些问题:

1)在还不知道要返回具体产品对象是什么的时候,Creator 类是一个抽象类,定义工厂方法接口 FactoryMethod( ),不提供所声明的工厂方法的实现。需要定义子类 ConcreteCreator 来定义工厂方法的实现。这种方式避免了 Creator 类不得不实例化不可预见类的问题。实现代码可以参考上面的原型代码框架。

2)当知道要返回的具体产品对象是什么的时候,Creator 是一个具体的类,而且为工厂方法提供一个缺省的实现,即在工厂方法中生成一个产品对象。当然,Creator 类也可以是一个抽象类,并且定义了缺省工厂方法的实现。使用工厂方法生成产品对象的原因是希望系统具有更好的灵活性。遵循的原则是"用一个独立的操作创建对象,这样子类才能重定义它们的创建方式",这保证了在有新产品子类 ConcreteProduct 时,可以通过在子类 ConcreteCreator 中重载父类 Creator 的工厂方法,来产生产品子类的实例化对象。

在 Creator 类中声明工厂方法,具体代码如下所示:

virtual Product * FactoryMethod( ) ; //声明抽象工厂方法

在工厂方法中给出默认的生成产品对象的实现代码,具体如下所示:

Product * Creator : : FactoryMethod( )//工厂方法的实现

｛ return new Product( ) ; //生成默认产品对象 ｝

在没有产品新子类的情况下,就使用 Creator 的工厂方法生成产品对象。如果有新产品子类,则重载工厂方法,例如 ConcreteCreator 类中的工厂方法 FactoryMethod( )的实现,具体实现代码可以参考原型代码框架中的代码。

3)参数化工厂方法。在模式的优缺点部分描述了因为重载工厂方法而产生了较多的 Creator 的子类。为了控制类的个数,就需要在工厂方法中能够生成不同的产品对象。

工厂方法采用一个标识作为被创建的对象种类的参数。工厂方法创建的所有对象将共享 Product 接口。一个参数化的工厂方法具有如下的一般形式,下面的 MyProduct 和 YourProduct 是 Product 的子类:

Class Creator

｛

public :

Virtual Product * Create(ProductId) ;

｝

Product * Creator : : Create (ProductId id)

```
{
    if (id = = MINE) return new MyProduct;
    if (id = = YOURS) return new YourProduct;
    //如果需要,还可以生成并返回其他产品对象
    return NULL;
}
```

通过上面重定义一个参数化的工厂方法,可以简单而有选择性地扩展或改变一个 Creator 生产的产品。可以为新产品引入新的标识符,或可以将已有的标识符与不同的产品相关联。

例如,子类 MyCreator 可以交换 MyProduct 和 YourProduct 并且支持一个新的子类 Their-Product。具体代码如下:

```
Product * MyCreator::Creat (ProductId id)
{
    if (id = = MINE) return new YourProduct;
    if (id = = YOURS) return new MyProduct;
    if (id = = THEIRS) return new TheirProduct;
    return Creator::Create(id);//否则,返回按照父类中原来方式生成的产品对象
}
```

MyCreator::Creat 仅在对 MINE、YOURS、THEIRS 的处理上与父类不同,对其他类不感兴趣。因此 MyCreator 扩展了所创建产品的种类,并且将除少数产品以外所有产品的创建职责延迟给了父类。

3.2.11 代码示例

下面使用工厂方法设计模式解决迷宫问题。首先在 MazeGame 中定义工厂方法,以创建迷宫、房间、墙壁和门的对象。

```
Class MazeGame
{
Public:
    Maze * CreateMaze();//创建迷宫的功能
    Maze * MakeMaze() const { return new Maze; }//工厂方法
    Wall * MakeWall() const { return new Wall; }//工厂方法
    Room * MakeRoom () const { return new Room; }//工厂方法
    Door * MakeDoor (Room * r1, Room * r2) const { return new Door(r1,r2); }//工
厂方法
}
```

每一个工厂方法返回一个给定类型的迷宫构件。MazeGame 类中为每一个工厂方法提供一些缺省的实现,它们返回最简单的迷宫、房间、墙壁和门对象。

在 CreateMaze()中,用这些工厂方法来重新实现迷宫的创建,具体代码如下:

```
Maze *   MazeGame:CreateMaze ()
{
```

```
Maze  *   aMaze = MakeMaze( );
Room  *   r1 = MakeRoom( 1 ); Room  *   r2 = MakeRoom( 2 );
Door  *   aDoor = MakeDoor( r1,r2 );
aMaze->AddRoom ( r1 ); aMaze->AddRoom ( r2 );
r1->SetSide ( North, MakeWall( ) ); r1->SetSide ( East, aDoor );
r1->SetSide ( South, MakeWall( ) ); r1->SetSide ( West, MakeWall( ) );
r2->SetSide ( North, MakeWall( ) ); r2->SetSide ( East, MakeWall( ) );
r2->SetSide ( South, MakeWall( ) ); r2->SetSide ( West, aDoor );
return aMaze;
}
```

不同的游戏使用不同的迷宫组件。MazeGame 子类可以重定义一些或所有的工厂方法,以指定产品的变化。

例如,现在根据新的需求重用已有的系统,即在已有的迷宫系统的基础上生成一个施了魔法的迷宫系统,需要做如下的工作:

1)生成 Door 的子类 DoorNeedingSpell,即生成一个新的具体产品类;生成 Room 的子类 EnchantedRoom。

```
class DoorNeedingSpell : public Door{……..}
class EnchantedRoom : public Room{……..}
```

2)生成 MazeGame 的子类 EnchantedMazeGame,在这个类中修改生产新的具体产品的工厂方法。

```
class EnchantedMazeGame : public MazeGame {
public:
  EnchantMazeGame ( );
  Room  *   MakeRoom( int n ) const //重载工厂方法
  { retrun  new  EnchantedRoom ( n, castSpell( ) ); }
  Door  *   MakeDoor( Room *r1, Room * r2) const //重载工厂方法
  { return  new  DoorNeedingSpell ( r1, r2); }
Protected:
  Spell  *   castSpell( ) const;
};
```

3)现生产施了魔法的迷宫。

下面是原来的主程序代码。

```
//MazeGame    game;
//EnchantedMazeFactory   factory;
//Game. CreateMaze ( factory );
```

下面是现在的主程序代码。

```
EnchantedMazeGame game;//新的迷宫游戏,只是修改了工厂方法
Game. CreateMaze(  );
```

例如,现在根据新的需求重用已有的系统,即在已有的迷宫系统的基础上生成一个有炸弹

的迷宫系统,需要做如下的工作:

1)生成 Wall 的子类 BombedWall,即生成一个新的具体产品类;生成 Room 的子类 Room-WithABomb。

class BombedWall:public Wall {……..}

class RoomWithABomb:public Room {……..}

2)生成 MazeGame 的子类 BombedMazeGame,在这个类中修改生产新的具体产品的工厂方法。

class BombedMazeGame:public MazeGame

{

public:

  BombedMazeGame ( );

  Room ＊ MakeRoom(int n) const { retrun new RoomWithABomb ( ); }

  Wall ＊ MakeWallr( ) const{ return new BombedWall( ); }

};

3)现生产有炸弹的迷宫。

下面是第一次的主程序代码。

//MazeGame game;

//EnchantedMazeFactory factory;

//Game. CreateMaze (factory);

下面是第二次的主程序代码。

//EnchantedMazeGame game;

//Game. CreateMaze( );

下面是现在的主程序代码。

BombedMazeGame game;//新的迷宫游戏,只是修改了工厂方法

Game. CreateMaze( );//生成迷宫

3.2.12 相关模式

Abstract Factory 经常使用工厂方法来实现。工厂方法通常在 Template Methods 中被调用。Prototypes 不需要创建 Creator 的子类。但是,它们通常要求一个针对 Product 类的 Initialize 操作。Creator 使用 Initialize 来初始化对象。而 Factory Method 不需要这样的操作。

3.3 生成器模式（BUILDER）

3.3.1 意图

将一个复杂对象的构建与它的表示分离,使得同样的构建过程可以创建不同的表示。

3.3.2 别名

无。

3.3.3 动机

按照封装变化的原理,Builder 模式实则是封装对象创建的变化,主要是指对象内部构件的创建。形象地说,Builder 模式就好似生产线的装配工人,可以接收多种方式与顺序组装各种零部件。为了灵活构造复杂对象,该对象会有多个成员变量,在外部调用的时候,不需要或者不方便一次性创建出所有的成员变量,在这种情况下,使用多个构造方法去构建对象,很难维护,这时候 Builder 设计模式可以解决这个问题,在 Build( )方法中创建对象,并且将 Builder 传入该方法,Builder 维护传入对象的成员变量。

换句话说,系统要创建一个 Product 的复杂对象,这个复杂对象由很多个不同的零件构成。这些零件的创建由 Builder 类负责完整,并负责将这些零件存储在复杂对象中。Builder 类及其子类都不用关心按照什么顺序组装成复杂对象,而是用另一个类来完成对这些零件的有机组合,这个类的职责就是"监工",规定到底要如何有机地组合这些产生零件的方法。

Builder 模式是一步一步创建一个复杂对象的创建型模式,它允许用户在不知道内部构建细节的情况下,可以更精细地控制对象的构造流程。该模式是为了将构建复杂对象的过程和它的部件解耦,使得构建过程和部件的表示隔离开来。Builder 模式,在于分工明确,一个抽象建造者,一个具体的建造者,一个指挥者,当然还需要具体的产品。

这里需要注意的问题如下:

1)要构造一个复杂对象。该对象由多个不同的零件构成。不同的零件可以是一段功能代码,也可以是被封装的零件类。零件之间的组装关系、组装规则复杂或者可变,零件功能也可能可变,在这种情况下,需要封装的内容有:零件、复杂产品、零件的生成、零件的组装、客户应用程序。

2)需要一个单独的 Builder 类负责各个零件的生成,并将零件存储到复杂对象中,但是不负责如何将零件组装。

3)需要一个单独的 Director 类负责零件的组装,按照某个顺序或者规则组装零件,构成复杂对象最后的产品。

3.3.4 适用性

在以下情况下应当考虑使用 Builder 模式:

1)多个部件或者零件,都可以装配到一个对象中,但是产生的运行结果又相同。即具有相同的产生零件的方法,但是这些方法的不同执行顺序,会产生不同的事件结果。

2)产品类非常复杂,或者产品类中调用顺序不同产生了不同的作用。

3)初始化一个对象特别复杂,例如使用多个构造方法,或者说有很多参数,并且参数都有默认值。

上述适用性的具体分析在下面的小节中进行描述。

3.3.5　结构图

此模式的结构如图 3.5 所示。

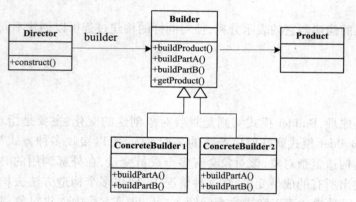

图 3.5　生成器模式结构图

3.3.6　参与者

生成器模式涉及四个主要成分,它们分别是:

1)构造类(Builder):也可以称为生成器类,为创建一个 Product 对象的各个零件指定抽象接口,并提供一个检索复杂对象的接口。统一接口可以规范复杂产品对象的组建,一般是由子类实现具体零件的创建过程。

2)具体构造类(ConcreteBuilder):具体的 Builder 类,具体的创建零件对象的类。每个具体构造类产生零件的不同功能对象,构造和装配该复杂对象,并明确它所创建零件的参数。创建零件的方法函数与工厂方法函数是有区别的,工厂方法函数中只有创建对象的代码,没有其他功能代码,但是创建零件的方法函数中不仅有创建零件的代码,也有其他功能代码。

3)监工类(Director):也可以称为导向器类,构造一个使用 Builder 接口的对象,统一组建过程,按照某个顺序或者规则构造复杂对象。

4)复杂对象类(Product):复杂产品对象的抽象类,表示被构造的产品对象。Concrete-Builder 创建该产品对象的内部表示,并定义它的装配过程。包含定义组成部件的类,包括将这些部件装配成最终产品的接口。

3.3.7　原型代码框架

1)Builder. h 文件代码如下:

```
class Product //产品类
{   public: void   doP( ){//实现独立业务功能}   }
class Builder//是所有 Builder 的基类,提供不同部分的构建接口函数
{
public:
   void buildProduct( );//创建复杂产品对象
   Product * getProduct( );//返回产品对象
   //纯虚函数,提供构建不同部分的构建接口函数
```

```
    void buildPartA( ) = 0;//定义产生产品的零件 A 的接口
    void buildPartB( ) = 0;//定义产生产品的零件 B 的接口
protected:
    Product * m_pProduct;//要构造的复杂对象
};
//Builder 的派生类,实现 buildPartA 和 buildPartB 接口函数
class ConcreteBuilder1: public Builder
{
public:
    void buildPartA( );//创建具体的零件 A,并将零件 A 加入到产品对象中
    void buildPartB( );//创建具体的零件 B,并将零件 B 加入到产品对象中
};
//Builder 的派生类,实现 buildPartA 和 buildPartB 接口函数
class ConcreteBuilder2: public Builder
{
public:
    void buildPartA( );//创建具体的零件 A,并将零件 A 加入到产品对象中
    void buildPartB( );//创建具体的零件 B,并将零件 B 加入到产品对象中
};
```

//使用 Builder 构建产品,构建产品的过程都一致,但是不同的 builder 有不同的实现。这个不同的实现通过不同的 Builder 派生类来实现,存有一个 Builder 的指针,通过这个来实现多态调用

```
class Director
{
public:
    Director( Builder * pBuilder );    ~Director( );
    void construct( );//按照顺序构造复杂对象
private:
    Builder * m_pBuilder;//创建可以生成零件的构造对象
};
```

2)Builder. cpp 文件代码如下:

```
#include "Builder. h"
void Builder::buildProduct( )//创建复杂产品对象,Builder 类的实现
{
    if ( m_pProduct! =NULL) //如果产品对象存在,则删除旧产品对象
    {delete m_pProduct; m_pProduct=NULL;}
    m_pProduct =new Product( );//生成产品对象
}
Product * Builder::getProduct( )//返回产品对象
```

```
    { return m_pProduct; }
//ConcreteBuilder1 类的实现
void ConcreteBuilder1::buildPartA()//零件 A 的一种功能
{
    //产生零件 A,并将零件 A 加入到产品对象 m_pProduct 中
    //设置零件 A 的参数等表示
    std::cout << "BuilderPartA by ConcreteBuilder1\n";
}
void ConcreteBuilder1::buildPartB()//零件 B 的一种功能
{
    //产生零件 B,并将零件 B 加入到产品对象 m_pProduct 中
    //设置零件 B 的参数等表示
    std::cout << "BuilderPartB by ConcreteBuilder1\n";
}
//ConcreteBuilder2 类的实现
void ConcreteBuilder2::buildPartA()//零件 A 的另一种功能
{
    //产生零件 A,并将零件 A 加入到产品对象 m_pProduct 中
    //设置零件 A 的参数等表示
std::cout << "BuilderPartA by ConcreteBuilder2\n";
}
void ConcreteBuilder2::buildPartB()//零件 B 的另一种功能
{
    //产生零件 B,并将零件 B 加入到产品对象 m_pProduct 中
    //设置零件 B 的参数等表示
std::cout << "BuilderPartB by ConcreteBuilder2\n";
}
//Director 类的实现
Director::Director( Builder * pBuilder): m_pBuilder(pBuilder){ }
Director::~Director(){ delete m_pBuilder; m_pBuilder = NULL; }
```

//Construct 函数表示一个对象的整个构建过程,不同的部分之间的装配方式都是一致的,首先构建 PartA 其次是 PartB,只是根据不同的构建者会有不同的表示

```
void Director::construct()
{
    m_pBuilder->buildProduct();m_pBuilder->buildPartA();m_pBuilder->buildPartB();
}
```

3) Main. cpp 文件代码如下:

```
#include "Builder. h"
void main()
```

```
{
    //实现产品的第一种功能,但是产品对象的组装方式都采用了 Director 的方式
    Product * product1;
    Builder * pBuilder1 = new ConcreteBuilder1;//创建零件的方式 1
    Director * pDirector1 = new Director(pBuilder1);
    pDirector1->construct();//组装产品对象
    product1 = pBuilder1 ->getProduct();
    product1->doP();
    //实现产品的第二种功能,但是产品对象的组装方式都采用了 Director 的方式
    Product * product2;
    Builder * pBuilder2 = new ConcreteBuilder2;//创建零件的方式 2
    Director * pDirector2 = new Director(pBuilder2);
    pDirector2->construct();//组装产品对象
    product2 = pBuilder2 ->getProduct();
    product2->doP();
    delete product1; delete pDirector1; delete product2; delete pDirector2; //释放对象空间
}
```

在后面介绍协作、效果、实现注意问题等内容时,会以上述的代码框架为例进行说明。

3.3.8　协作

生成器模式各个成分之间的协作过程如下:

1)在客户应用程序中,首先想创建一个复杂产品对象。例如代码 Product * product1,就是要生成一个复杂对象 product1。

2)在客户应用程序中,创建 Director 对象,在 Director 对象中按照顺序调用 Builder 对象的创建零件的方法,对所想要的复杂对象进行配置。例如下面的代码:

```
Builder * pBuilder2 = new ConcreteBuilder2;//创建零件的方式 2
Director * pDirector2 = new Director(pBuilder2);
pDirector2->construct();//组装产品对象
```

3)一旦产品零件需要被生成,Director 对象就会通知 Builder 对象,即调用 Builder 对象的创建零件的方法。例如 Director 的 construct()方法中的代码。

4)Builder 对象的方法被调用后,就处理 Director 对象的请求,即执行函数功能创建零件,并将零件添加到该产品中。例如 ConcreteBuilder1 的 buildPartA()方法中的代码等。

5)客户从 Builder 对象中得到想要的复杂产品对象。例如代码 product1 = pBuilder1 -> getProduct()获得已经组装完成的产品对象,然后就可以使用产品对象。

3.3.9　优点和缺点(效果)

1)生成器设计模式可以改变一个产品的内部表示。Builder 对象提供给导向器一个构造产品零件的抽象接口,该接口使得生成器封装这些产品零件的表示和内部结构。改变该产品零件的内部表示时,所要做的只是定义一个新的生成器,在新生成器的接口中生成新零件并配置新零件的参数。零件功能如果简单可以直接在生成器的接口中实现;如果复杂就可以单独

封装为类,所以零件有新功能需求时,就定义零件的子类实现新功能。零件可以根据需要单独演化,生成器生成新零件,用这些新零件配置复杂产品对象,从而实现产品对象功能的不断演化。

例如,可以通过下面的方式实现产品对象的功能改变。首先定义零件 A 的类,具体代码如下。

Class ComponentA//零件 A

｛ public：Void doA( )｛｝； ｝

Class ConcreteComponentA1：ComponentA//零件 A 的第一个子类

｛ public：Void doA( )｛//零件 A 的第一种功能｝ ｝

Class ConcreteComponentA2：ComponentA//零件 A 的第二个子类

｛ public：Void doA( )｛//零件 A 的第二种功能｝ ｝

然后,在 ConcreteBuilder1∷buildPartA( )方法中生成的就是零件 A 的第一个子类对象,用这个对象来组装产品对象 product1,就可以实现 product1 的第一种功能。

在 ConcreteBuilder2∷buildPartA( )方法中生成的就是零件 A 的第二个子类对象,用这个对象来组装产品对象 product2,就可以实现 product2 的第二种功能。

这种通过改变产品对象内部零件的方式实现产品对象功能的不断演化,同时也满足"开闭"原则。

2)隐藏了该产品的装配过程。因为产品是在 Director 中通过 Builder 的抽象接口构造的,所以产品、客户应用程序都不知道产品的构造过程。当产品的构造过程发生改变时,只需要定义 Director 的子类 ConcreteDirector1,在 ConcreteDirector1 的 construct( )方法中重新定义构造过程。客户应用程序中通过 ConcreteDirector1 的 construct( )方法改变产品的构造结果。例如,首先定义 ConcreteDirector1。

class ConcreteDirector1：Director

｛

public：

  ConcreteDirector1 (Builder ∗ pBuilder)； ～ ConcreteDirector1 ( )；

  void construct( )；//按照顺序构造复杂对象

private：

  Builder ∗ m_pBuilder；//创建可以生成零件的构造对象

｝；

然后,在 construct( )中重新定义产品的组装方式,具体代码如下。

void ConcreteDirector1∷construct( )

｛

m_pBuilder->buildProduct( )；m_pBuilder->buildPartB( )；m_pBuilder->buildPartA( )；

｝

然后,在客户应用程序中使用新的监工类,生成新的产品,具体代码如下：

Director ∗ pDirector3 = new ConcreteDirector1 (pBuilder1)；

pDirector3->construct( )；//组装产品对象

3)将产品构造和零件生成分开,即将产品的构造过程代码与产品零件的表示代码分离开。Builder 模式通过封装一个复杂对象的创建和表示方式提高对象的模块性。客户不需要知道定义产品内部结构的零件类的所有信息,这些零件类是不出现在 Builder 接口中的。每个 ConcreteBuilder 包含创建和配置一个特定产品的所有代码,要完成所有的零件的生成、参数的配置等。每个零件的生成代码只需要写一次,然后不同的 Director 可以复用它以在相同部件集合的基础上构造不同的产品 Product。

例如,产品有 n 个零件,在 Builder 中就需要有 n 个生成零件的接口 buildPart( )。但是,在 Director::construct( )中可以只是使用了 $m(0<m<n)$ 个生成零件接口。就是说产品 Product 在有些时候可以只是由其中的部分零件构成。

(4)可以对构造过程进行更精细地控制。Builder 模式与其他创建型模式不同,它是在 Director 的控制下一步一步构造产品的。仅当该产品完成时 Director 才从 Builder 中取回它。因此 Builder 接口相比其他创建型模式能更好的反映产品的构造过程,实现更精细地控制构造过程,从而能更精细地控制所得产品的内部结构。

(5)如果产品的内部变化复杂,可能会导致需要定义很多具体构造者类来实现这种变化,导致系统变得很庞大,增加系统的理解难度和运行成本。

例如,零件 ComponentA 的每一次变化就会有新子类产生,就需要生成一个 Builder 的新子类,如果零件很多、零件变化很多就会产生很多的 Builder 子类,系统中类的个数就不断在增多。

(6)生成器模式所生成的产品一般具有较多的共同点,其组成部分相似,如果产品之间的差异性很大,例如很多组成部分都不相同,不适合使用建造者模式,因此其使用范围受到一定的限制。

在 Director::construct( )中将零件组装成为产品,不一样的实现代码就组装成不同的产品。例如,产品 1 需要零件 A、零件 B,产品 2 需要零件 C、零件 D,产品 3 需要零件 E、零件 F,按照生成器设计模式的原理,Builder 类定义为如下形式:

```
class Builder
{
public:
    void buildPartA( );//产生零件 A 的接口
    void buildPartB( );//产生零件 B 的接口
    void buildPartC( );//产生零件 C 的接口
    void buildPartD( );//产生零件 D 的接口
    void buildPartE( );//产生零件 E 的接口
    void buildPartF( );//产生零件 F 的接口
};
```

然后 Director 类就会并定义为如下的形式:

```
class ConcreteDirector1 : Director
{
public:
    ConcreteDirector1 ( Builder * pBuilder );    ~ ConcreteDirector1 ( );
    void construct( );//按照顺序构造复杂对象
```

```
private：
    Builder ＊ m_pBuilder;//创建可以生成零件的构造对象
}
class ConcreteDirector2：Director
{
public：
    ConcreteDirector2（Builder ＊ pBuilder）；  ～ ConcreteDirector2（）；
    void construct（）;//按照顺序构造复杂对象
private：
    Builder ＊ m_pBuilder;//创建可以生成零件的构造对象
}
class ConcreteDirector3：Director
{
public：
    ConcreteDirector3（Builder ＊ pBuilder）；  ～ ConcreteDirector3（）；
    void construct（）;//按照顺序构造复杂对象
private：
Builder ＊ m_pBuilder;//创建可以生成零件的构造对象
};
```

然后,在 construct( )中重新定义产品的组装方式,具体代码如下。

```
void ConcreteDirector1：：construct( )
{
    m_pBuilder->buildProduct( );m_pBuilder->buildPartA( );m_pBuilder->buildPartB( );
}
void ConcreteDirector2：：construct( )
{
    m_pBuilder->buildProduct( );m_pBuilder->buildPartC( );m_pBuilder->buildPartD( );
}
void ConcreteDirector3：：construct( )
{
    m_pBuilder->buildProduct( );m_pBuilder->buildPartF( );m_pBuilder->buildPartE( );
}
```

利用上面的方式组装产品 1、产品 2、产品 3。Builder 将所有零件的创建过程都封装到一起。这种方式违背了"单一职责原则"、"接口隔离"原则等。

3.3.10 实现注意问题

通常 Builder 类中定义所有零件及产品的创建接口,这些接口操作缺省情况下什么都不做,ConcreteBuilder 类对它有兴趣创建的零件重定义这些操作,生成具体需要的零件。

在实际软件开发中,下列问题都需要考虑。

1)装配和构造接口

生成器模式中产品对象具有较多的共同之处,组成零件相似。Builder 类中定义产品需要的所有零件的创建接口,负责实现零件的创建,并将零件与产品对象之间建立关系。如果客户应用程序中需要的众多产品对象之间有较大差别,都是由很多不同零件构成,零件差别大,组装方式差别也大,这种情况下,最好定义多个不同的 Builder 类,每一个 Builder 类只是负责创建某一个产品所需要的零件。

2) 为什么产品没有抽象类

产品对象的可变功能被分解到众多的组成零件中,每一个零件都封装了可变的功能。所以对于产品类本身来说没有实际上的代码修改,就不需要有产品子类,所有包含的成员属性、成员函数都在产品类中定义及实现。但是对于零件类来说,可能发生功能上的演化,随着每一次功能演化,就生成零件子类。

例如上面的 ComponentA 用来表示零件 A 的抽象描述、ConcreteComponentA1 用来表示零件 A 的第一次功能实现、ConcreteComponentA2 用来表示零件 A 的第二次功能实现、用 Builder 定义创建零件的接口抽象描述、用 ConcreteBuilder1 创建第一套的零件、用 ConcreteBuilder2 创建第二套的零件。

所以对于产品来说,只需要知道如何使用零件就可以,需要一个存储结构存储所有零件,这种使用关系、存储关系是静态的。

3) 在 Builder 中缺省的方法为空

如果产品对象的构成零件没有变化,则 Builder 中的接口方法中直接创建零件。如果某一个零件不断变化,就需要在 Builder 类的子类中创建具体零件,Builder 类只是负责为所有子类声明共同的接口。如前面的代码中就是这种实现方式。

3.3.11　代码示例

采用生成器模式来解决迷宫系统产品对象等的创建问题,具体过程如下面描述。

首先,定义构造者类 MazeBuilder。定义创建零件的接口,用下面的接口来创建迷宫、房间、门。

```
Class MazeBuilder
{
public:
    void BuildMaze( ) {    }//创建迷宫
    void BuildRoom( int room) {    }//有一个特定房间号的房间
    void BuildDoor( int roomFrom, int roomTo) {    }//在有号码的房间之间的门
    Maze * GetMaze( ) { return 0;} // 返回这个迷宫给客户
    Protected:
    MazeBuilder( );
};
```

以后会定义 MazeBuilder 的子类,重定义这些操作,返回一个它们所创建的迷宫及零件。没有将这些操作定义为纯虚函数是为了便于派生类只重定义它们感兴趣的那些方法。

其次,定义导向器类 MazeGame 类。其中的 CreateMaze 成员函数中调用 MazeBuilder 接口,将生成器 MazeBuilder 做为参数传递给 CreateMaze 成员函数的接口,CreateMaze 成员函数实现代码如下。

Maze *　　MazeGame∷CreateMaze（MazeBuilder & builder）
{

Builder. BuildMaze（）;//创建迷宫对象

Builder. BuildRoom(1);//创建房间对象

Builder. BuildRoom(2);//创建房间对象

Builder. BuildDoor(1,1);//创建门对象

return builder. GetMaze();//返回迷宫对象

}

然后,定义具体构造者类 StandardMazeBuilder。因为 MazeBuilder 自己并不创建迷宫等对象,它的主要目的仅仅是为创建迷宫定义一个接口,也为方便起见定义一些空的实现。Maze-Builder 的子类做实际创建对象的工作。子类 StandardMazeBuilder 是一个创建简单迷宫的实现,它将正在创建的迷宫对象放在变量_currentMaze 中,数据类型 Direction 参考本章开始介绍迷宫例子中的描述,具体代码如下。

class StandardMazeBuilder : public MazeBuilder
{

public:

void StandardMazeBuilder（）;

void BuildMaze（）;//实例化一个 Maze,它将被其他操作装配并最终返回给客户

void BuildRoom(int room);//创建一个房间,并建造它周围的墙壁

void BuildDoor(int, int);//创建一个门

Maze * GetMaze（）;//返回一个 Maze

private:

Direction CommonWall(Room *, Room *);//决定两个房间之间的公共墙壁的方位

Maze * _currentMaze;//存储迷宫对象

};

StandardMazeBuilder 的构造器只初始化_currentMaze,具体代码如下。

StandardMazeBuilder∷StandardMazeBuilder()

{ _currentMaze = 0; }

BuildMaze 实例化一个 Maze,它将其他操作装配并最终返回给客户(提过 GetMaze),具体代码如下。

void StandardMazeBuilder∷BuildMaze()

{ _currentMaze = new Maze; }

Maze * StandardMazeBuilder∷GetMaze()

{ return _currentMaze; }

BuildRoom 操作创建一个房间并建造它周围的墙壁,具体代码如下。

void StandardMazeBuilder∷BuildRoom (int n)

{

if (! _currentMaze->RoomNo(n))//如果编号为 n 的房间不存在,则执行下面代码创建房间

54

```
{
    Room * room = new Room(n);//创建房间对象
    _currentMaze->AddRoom(room);//将房间对象存储到迷宫对象
    room ->SetSide ( North, new Wall );//设置房间对象的周围参数
    room ->SetSide ( East, new Wall);//设置房间对象的周围参数
    room ->SetSide ( South, new Wall);//设置房间对象的周围参数
    room ->SetSide ( West, new Wall);//设置房间对象的周围参数
    }
}
```

为建造一扇两个房间之间的门,BuildDoor 查找迷宫中的这两个房间并找到它们相邻的墙。

```
void StandardMazeBuilder∷BuildDoor ( int n1,int n2)
{
    Room * r1 =_currentMaze->RoomNo(n1);//获取编号为 n1 的房间
    Room * r2 =_currentMaze->RoomNo(n2); //获取编号为 n2 的房间
    Door * d=new Door(r1,r2);//创建一个门
    R1->SetSide(CommonWall(r1,r2),d); //设置房间对象的周围参数
    R2->SetSide(CommonWall(r2,r1),d); //设置房间对象的周围参数
}
```

客户现在可以用 CreateMaze 和 StandardMazeBuilder 来创建一个迷宫,具体代码如下。

```
Maze * maze;//要创建一个迷宫对象
MazeGame game;//导向器对象
StandardMazeBuilder builder;//构造者对象
game. CreateMaze(builder);//在导向器对象中调用构造者对象的接口,用创建的零件组
```
装迷宫对象

```
Maze=builder. GetMaze( );//返回被组装的迷宫对象
```

将所有的 StandardMazeBuilder 操作放在 Maze 中并让每一个 Maze 创建它自身。可以将 Maze 变得小一些使得它能更容易被理解和修改,而且 StandardMazeBuilder 易于从 Maze 中分离。更重要的是,将两者分离可以有多种 MazeBuilder,每一种使用不同的房间、墙壁和门的类。

3.3.12　相关模式

Abstract Factory 与 Builder 相似,因为它也可以创建复杂对象。主要的区别是 Builder 模式着重于一步步构造一个复杂对象,客户应用程序不知道复杂对象的组装方式及需要哪些零件。而 Abstract Factory 着重于多个系列的产品对象,客户应用程序知道要使用的产品有哪些及如何使用产品。Builder 在最后的一步返回产品,而对于 Abstract Factory 来说,产品是立即返回的。

Composite 通常是用 Builder 生成的。

3.4 单件模式(SINGLETON)

3.4.1 意图

保证一个类有且只有一个实例,并提供一个访问它的全局访问点。

3.4.2 别名

无。

3.4.3 动机

类的实例化就是调用类的构造函数动态生成一个对象的过程。例如,代码"Builder * b = new Builder();"就是实例化 Builder 类的语句,动态生成一个对象,这个对象的实例化需要调用 Builder 类的构造函数。类的构造函数每被调用一次就生成一个对象,调用 n 次构造函数就生成 n 个对象,这些对象的生成是使用了 new 语句,所以所有对象都占用内存空间。

在程序设计中,有很多情况需要确保一个类只能有一个实例。单件模式可以保证一个类有且只有一个实例,并提供一个访问它的全局访问点。Singleton 模式的核心是用户在使用 new 语句对一个类进行实例化时,如何控制对构造函数的任意调用。如何绕过常规的构造函数,提供一种机制来保证一个类只有一个实例? 在类的设计时需要考虑这个问题,而不是在代码实现时才考虑。

这里需要注意的问题如下:

1)设计一个类,生成此类的实例对象,只有一个实例对象就足够客户应用程序使用。

2)为什么只有一个实例对象就足够? 因为这个类生成的所有实例对象在内存空间里永远是一样的,不会有值发生变化。例如,3.1 节的 AbstractFactory 类、3.3 节的 Director 类都是这种情况。

3)在常规情况下,常规类生成的实例对象的个数取决于实例化语句代码的书写次数,在客户应用程序中生成对象的语句允许被写多次,但是希望内存中只有一个就可以,当客户应用程序需要这些对象时,就到内存中找这个实例对象并使用。

3.4.4 适用性

在以下情况下应当考虑使用 Singleton 模式:

1)当类只能有一个实例,而且客户可以从一个众所周知的访问点访问实例时。

2)当可以通过子类方式扩展这个类的唯一实例,并且客户应该无须更改代码就能使用一个扩展子类的实例时。

上述适用性的具体分析在下面的小节中进行描述。

3.4.5 结构图

此模式的结构如图 3.6 所示。

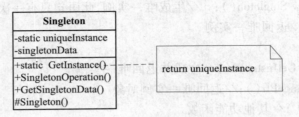

图 3.6　单件设计模式结构图

3.4.6　参与者

单件类(Singleton)：

1)构造函数不能被常规调用。构造函数的权限最好不是 public,可以是 protected、private。

2)定义一个 GetInstance 操作,允许客户访问它的唯一实例。GetInstance 是一个类操作,在 C++中是一个静态成员函数。

3)负责创建它自己的唯一实例。一般在 GetInstance 操作中完成唯一实例的生成,即只有一次调用构造函数的机会。

4)需要存储唯一实例。用 unqueInstance 存储唯一实例,并在一定范围内一致存在,提供给客户应用程序的不同功能中使用。

5)可以有其他功能,但是不会引起唯一实例发生值上的变化。

3.4.7　原型代码框架

1)Singleton. h 文件代码如下：

class Singleton//定义单件类

{

protected：

　　Singleton( ){ } ;//构造函数,一般来说它的权限不是 public

public：

　　~Singleton( ){ } ;

　　//静态成员函数,提供全局访问的接口

　　static Singleton * GetInstancePtr( );//返回唯一实例的指针,静态成员函数

　　static Singleton GetInstance( );//返回唯一实例对象,静态成员函数

　　void Test( );//其他功能函数

private：

　　static Singleton * m_pStatic;//静态成员变量,提供全局唯一的一个实例

} ;

2)Singleton. cpp 文件代码如下：

#include "Singleton. h"

Singleton * Singleton::m_pStatic = NULL;//类的静态成员变量要在类体外进行初始化

Singleton * Singleton::GetInstancePtr( )//生成并返回唯一实例

{

　　if (NULL == m_pStatic)//如果存储唯一实例的变量为空,表示唯一实例还没有生成

```
{ m_pStatic = new Singleton( ); }//生成唯一实例,此语句只有一次被执行的机会
    return m_pStatic;//返回唯一实例
}

Singleton Singleton::GetInstance( )//生成并返回唯一实例
{    return * GetInstancePtr( );//返回唯一实例对象    }
void Singleton::Test( )//其他功能函数
{ std::cout << "Test! \n"; }
```

3)Main. cpp 文件代码如下:

```
#include "Singleton. h"
void main( )
{
    //不用初始化类对象就可以访问唯一实例,只能通过下面的方式生成并访问唯一实例
    Singleton::GetInstancePtr( )->Test( );    Singleton::GetInstance( ). Test( );
}
```

在后面介绍协作、效果、实现注意问题等内容时,会以上述的代码框架为例进行说明。

3.4.8 协作

客户只能通过 Singleton 的 GetInstance 操作访问一个 Singleton 的实例。

3.4.9 优点和缺点(效果)

1)对唯一实例的受控访问。因为 Singleton 类封装它的唯一实例,所以它可以严格控制客户怎样以及何时访问它。必须利用 Singleton::GetInstance( )代码返回唯一实例,只要执行这条语句就返回这个实例。因为构造函数不是 public 形式的,就不可以使用 new 语句生成实例,例如使用下面的语句生成 s1、s2 对象是不可以的:

Singleton * s1 = new Singleton( );

Singleton * s2 = new Singleton( )。

2)缩小名空间。Singleton 模式是对全局变量的一种改进,它避免了那些存储唯一实例的全局变量污染名空间,利用 static 形式的变量 m_pStatic 来存储唯一实例,一旦唯一实例被生成,在文件结束前它就一直存在。

3)允许对操作和表示的扩展。Singleton 类可以有子类,而且用这个扩展类的实例来配置一个应用是很容易的。当 Singleton 类的 Test( )操作有变化时,就可以定义子类重载 Test( )操作,同时重载 GetInstance( )操作,使得可以返回子类的唯一实例。

例如,可以通过如下的方式实现功能扩展,但是需要将 Singleton 类中的 pStatic 权限修改为 protected,Singleton 类的构造函数的权限不能是 private。

```
Class Singleton1: Singleton
{
protected:
    Singleton1( ){ };//构造函数,一般来说它的权限不是 public
public:
    //静态成员函数,提供全局访问的接口
```

```
    static Singleton *  GetInstancePtr( );//返回唯一实例的指针,静态成员函数
    void Test( );//其他功能函数
}
Singleton *  Singleton1::GetInstancePtr( )//生成并返回唯一实例
{
    if ( NULL = = m_pStatic) { m_pStatic = new Singleton1( ); }//生成唯一实例,子类
的实例
    return m_pStatic;
}
void Singleton1::Test( )//其他功能函数
{ std::cout << "子类新功能! \n"; }
```

4)允许可变数目的实例。只有允许访问 Singleton 实例的操作需要改变。在 Singleton::GetInstancePtr( )中,根据 if 语句的判断条件,new 语句只有一次执行机会,所以只生成一个实例。如果需要生成 n 个实例,就根据需要让 new 语句执行 n 次。

5)Singleton 模式只考虑到了对象创建的管理,没有考虑对销毁的管理。一般情况下,如果有一个 new 语句就有一个 delete 语句相对应。但是,对于自带垃圾回收的平台可不考虑这点。

3.4.10　要注意的问题

在实现单件设计模式时要考虑下面一些问题:

1)保证只有一个唯一的实例

Singleton 模式使得这个唯一实例是类的一般实例,但该类被写出只有一个实例能被创建。常用的方法是将创建这个实例的操作封装在一个成员函数中,由它保证只有一个实例被创建,这个操作可以访问被保存的唯一实例变量,而且可以保证这个变量在被使用前进行初始化。这种方法保证单件在首次使用前被创建和使用。

在 C++中,可以用 Singleton 类的静态成员函数 Instance 来定义这个操作。Singleton 还定义一个静态成员变量_instance,即一个指向唯一实例的指针。

Singleton 类定义如下:

```
class   Singleton
{
public:
    Static Singleton *   Instance( );//产生一个类的唯一实例
protected:
    Singleton(   );//对外不可访问
private:
    static   Singleton * _instance;//保存唯一实例
};
```

相应的实现是:

```
Singleton *   Singleton::_instance = 0;//初始化实例变量
Singleton *   Singleton::Instance( )
{
```

```
if（_instance ==0）｛ _instance = new Singleton；｝//第一次使用时,生成唯一实例
return   _instance；//返回已经生成的唯一实例
｝
```

客户仅通过静态成员函数 Instance 成员函数访问这个单件。变量_instance 初始化为 0。注意构造器是保护性的,防止构造函数被任意调用。

2）创建 Singleton 类的子类

Singleton 类可以有子类,它们都是单件类,都需要返回唯一实例。常规方法是当子类需要返回唯一实例时,需要重载 Instance（）函数,同时要求 Singleton 类中的_instance 不是 private,具体代码如下:

```
calss Singleton1：Singleton//定义子类
｛
//新功能操作
public：
    static Singleton * Instance（）；//产生一个类的唯一实例
｝
Singleton * Singleton 1：：Instance（）
｛
    if（_instance ==0）｛ _instance = new Singleton1；｝//第一次使用时,生成唯一实例
    return _instance；//返回已经生成的唯一实例
｝
```

上述方法,要求生成 Singleton 类的子类时,都要记得重载 Instance（）函数。

一个更灵活的方法是使用一个单件注册表,避免重载 Instance（）函数。需要的 Singleton 类的唯一实例不是由 Instance（）函数定义的,Singleton 类可以根据名字在一个众所周知的注册表中注册它们的单件实例,Instance（）函数只是用来查找并返回实例。

在注册表中,将字符串名字和单件之间直接建立映射。当需要利用 Instance 返回一个单件时,就查询注册表,根据名字请求单件。

注册表查询相应的单件并返回它。这个方法使得 Instance 不再需要知道所有可能的 Singleton 类或实例,它所需要的只是一个对注册表的操作接口,这个接口是所有 Singleton 类的一个公共的接口,利用这个接口查找注册表,返回实例名称所对应的那个单件实例。例如下面的代码示例。

```
Class Singleton
｛
public：
    static void Register（ const char * name, Singleton * ）；//将唯一实例存储在注册表中
    static Singleton * Instance（ ）；//返回唯一实例
protected：
    Static  Singleton *  Lookup（ const char * name ）；//根据实例名称查找注册表
private：
    static  Singleton *  _instance；//唯一实例指针
```

static List<NameSingletonPair> * _registry;//注册表

};

Register 以给定的名字注册 Singleton 实例。为保证注册表简单,将让它存储一列 NameSingletonPair 对象,即实例名称与唯一实例之间的对应关系。每个 NameSingletonPair 将一个名字映射到一个单件。Loopup 操作根据给定单件的名字在注册表中进行查找。例如下面的代码示例。

Singleton * Singleton : : Instance( )

{

if (_instance = =0) //如果指针为空,则执行下面情况

{

　　const char * singletonName = getenv(“SINGLETON”);//获得单件名称

　　_instance = Lookup(singletonName);//根据单件名称查找注册表,并返回对应的实例

}

return _instance;//返回找到的实例

}

Singleton 类在何处将它们自己注册到注册表中? 一种可能是在它们的构造器中。例如, MySingleton 子类可以像下面这样做:

MySingleton : : MySingleton( )

{ Singleton : : Register(“MySingleton”, this); }

当然,除非实例化类,否则这个构造器不会被调用。在 C++中可以定义 MySingleton 的一个静态实例来避免这个问题。例如,可以在包含 MySingleton 实现的文件中定义:

static MySinglton theSingleton;

Singleton 类不再负责创建单件,它的主要职责是使得供选择的单件对象在系统中可以被访问。静态对象方法有一个潜在的缺点,也就是所有可能的 Singleton 子类的实例都必须被创建,否则它们不会被注册。

3.4.11 代码示例

用单件模式创建迷宫游戏。为简单起见,假定不会生成 MazeFactory 的子类,MazeFactory 类用于建造迷宫产品的抽象工厂类,现在将其定义为一个单件类,具体代码如下所示。

Class MazeFactory {

public:

　　static MazeFactory * Instance( );//生成唯一实例

　　Virtual Maze * MakeMaze( ) const { return new Maze; }//创建迷宫对象的工厂函数

　　Virtual Wall * MakeWall( ) const { return new Wall; }//创建墙对象的工厂函数

　　Virtual Room * MakeRoom ( ) const { return new Room; }//创建房间对象的工厂函数

　　Virtual Door * MakeDoor (Room * r1, Room * r2) const { return new Door(r1, r2); } //创建门对象的工厂函数

　protected:

　　MazeFactory( );//构造函数

　private:

```
        static MazeFactory *    _instance;//表示唯一实例的指针
   };
```
相应的实现是：
```
MazeFactory *    MazeFactory :: _instance =0;//初始化
MazeFactory *    MazeFactory :: Instance（ ）
   {
       if（_instance ==0）{_instance = new MazeFactory;}//创建唯一实例
       return   _instance;//返回唯一实例
   }
```

现在考虑当存在 MazeFactory 的多个子类，并且每一个子类都可能被使用的情况。根据该环境变量的值实例化适当的 MazeFactory 子类。Instance 操作是增加这些代码的好地方，因为它已经实例化了 MazeFactory。具体代码如下所示。

```
class MazeFactory
   {
public：
   static   void   Register( const char  *  name,   MazeFactory * );//注册实例
   static MazeFactory * Instance( );//生成唯一实例
   virtual Maze  *  MakeMaze（ ) const { return new Maze; }
   virtual Wall  *  MakeWall（ ) const { return new Wall; }
   virtual Room  *  MakeRoom（ ) const { return new Room; }
   virtual Door  *  MakeDoor（Room  *  r1, Room  *  r2）const { return    new   Door（r1,
r2）；}
   Protected：
   //static   MazeFactory *  Lookup（ const   char *   name ）;
   MazeFactory（    ）;
private：
   static   MazeFactory *   _instance;//唯一实例
   static   List<NameSingletonPair> *  _registry;//注册表
   };
MazeFactory *    MazeFactory::_instance =0;
MazeFactory *     MazeFactory::Instance（ )
   {
       if（_instance ==0）
          {
           const char  *  singletonName = getenv（"MAZESTYLE"）; //获得单件名称
           if（strcmp（singletonName，"bombed"）==0)//生成需要的实例
             { _instance = new BombedMazeFactory; }
           else if（strcmp（singletonName，"enchanted"）==0)//生成需要的实例
             {_instance = new EnchantedMazeFactory; }
```

```
        //other possible subclasses
        else { _instance = new MazeFactory;   }//生成需要的实例
    }
    return _instance;//返回实例
}
```

　　上述 MazeFactory::Instance( )中根据单件名称生成并返回实例,代码属于硬编码的方式,if 分支清楚地表示了可以被生成几个实例对象,所以无论何时定义一个新的 MazeFactory 的子类,Instance 都必须被修改。其他更好的解决方式请读者思考。

3.4.12　相关模式

很多模式可以使用 Singleton 模式实现。

3.5　创建型模式的选取

　　一个系统需要很多对象协同工作,这些对象的创建需要有相应代码进行处理。对于有变化的那些对象的创建过程,可以采用创建型设计模式将对象创建语句进行封装,尽量让一种对象的创建语句在整个系统中只出现一次,将这一个创建对象语句封装到一个函数中,系统只是利用这个函数来返回需要的对象,这样有利于系统维护。创建型设计模式都是考虑类的实例化过程,即封装对象创建语句。针对要创建对象的种类不同,区分不同的设计模式。

　　Abstract Factory 模式处理的是系统同时需要多个不同种类对象一起协同工作的情况下对象的创建过程,每一个种类的对象的创建语句封装在一个成员函数中,有 n 种对象的创建就封装出 n 个成员函数,将这 n 个成员函数封装在一个类中,这个类就是抽象工厂类。这种模式的主要缺点就是对象的种类需要事前知道。

　　Factory Method 模式处理的是系统中经常改变的对象个数较少的情况,一般只有 1 个,将这个对象的创建语句封装到一个成员函数中,再将这个成员函数封装到相关的类中(一定不能将这一个成员函数封装出一个类来)。这种模式的主要缺点是在工厂函数中被封装的对象,不断变化的情况下,会不断产生相关类的子类。

　　Builder 模式处理的是系统中需要的产品对象有多个不同的构成零件,这些零件结构复杂、组装方式有规则、每个零件都可能有变化等,所以将零件的生成过程封装到一个成员函数中(这个成员函数不一定是工厂函数,因为工厂函数只是创建对象不负责设置参数等),有 n 个零件就需要有 n 个成员函数创建零件,将 n 个成员函数以及 1 个产品对象的创建函数封装到一个构造者类中,再将零件的组装规则封装到导向器类中,这些类一起构成生成器模式。这种模式的主要缺点是要求一个生成器模式负责处理的产品对象之间有很高的相似性。

　　Singleton 模式处理的是系统中那些没有值变化的对象的创建过程。为了保证这种对象只能被生成一个,提高系统空间效率,对这个类的构造函数进行处理,同时要保证一定会有一个实例被生成并被系统使用,而进行的一系列处理操作。这个模式的主要缺点是当单件类有子类的情况下,可能会需要一个注册表这种全局变量来存储所有单件类的实例,系统根据需要从注册表中查找需要的单件类实例。

本章小结

本章共介绍了4种设计模式。这些模式各有特点且各自有自己的适用范围和限制,学习这些模式必须掌握它们最核心的思想,只有在理解并进行大量实践的基础上,才有可能真正地用好它们。

第 4 章 结构型模式

一般来说,一个类中功能太多、数据结构太复杂并且引起变化的因素较多时,要考虑将这个类进行分解为众多小类,本着"可变性封装"原则,将每一个可变部分独立封装为一个类,然后将这些小类进行组装,协同实现一个复杂的功能。结构型设计模式涉及如何组合类和对象以获得更大的结构,所以分为两种模式:类模式、对象模式。

类结构型模式是利用继承机制,从父类继承可能的成分。对于子类来说,可以有多个父类,所有父类的适当成分都被继承到子类中,所以在子类中就可以像使用自己成员成分一样使用继承过来的成分,例如使用继承过来的成员变量、使用继承过来的成员函数。所以结构型类模式采用继承机制来组合接口或实现。

对象结构型模式不是对接口和实现进行组合,而是利用一个对象进行组合,从而实现新功能的一些方法。因为可以在运行时刻改变对象组合关系,所以对象组合方式具有更大的灵活性,而这种机制用静态类组合是不可能实现的。这里说的"改变对象组合关系"是指对象的实参数据类型是可以改变的,在动态运行过程中,这个对象代表的具体内容及功能是可变的。

Adatper 模式描述如何将两个接口进行兼容,有对象适配器与类适配器两种。类适配器对一个 adaptee 类进行私有继承,对象适配器通过对象组合方式,使得适配器类可以用 adaptee 的接口表示它的接口。

Composite 模式是对象模式,描述如何构造一个类层次结构。这个层次结构由两种类型的类构成,分别是组合对象类与基元对象类,其中的组合对象可以组合基元对象以及其他的组合对象,从而形成任意复杂的结构。

Decorator 模式是对象模式,描述如何动态地为对象添加职责。这一模式采用递归方式组合对象,从而可以添加任意多的对象职责。可以将一个 Decorator 对象嵌套在另外一个对象中就可以很简单地增加两个装饰,添加其他的装饰也是如此。因此,每个 Decorator 对象必须与其组件的接口兼容并且保证将消息传递给它。Decorator 模式在转发一条消息之前或之后都可以完成它的工作。

4.1 适配器模式(ADAPTER)——类对象结构型模式

4.1.1 意图

将一个类的接口转换成客户希望的另外一个接口。Adapter 模式使得原本由于接口不兼容而不能够一起工作的那些类可以一起工作。

4.1.2 别名

包装器(Wrapper)。

4.1.3 动机

例如,有一个绘图编辑器,这个编辑器允许用户绘制和排列基本图元(线、多边形和正文等)生成图片和图表。要实现上述功能,需要在绘图编辑器中对图形对象进行抽象。每一个图形对象有一个可编译的形状,并可以绘制自身。使用一个称为 Shape 的抽象类来定义图形对象的操作接口,在绘图编辑器中使用这些接口实现相应的功能。绘图编辑器为每一种图形对象定义一个 Shape 的子类:LineShape 类对应于直线,PolygonShape 类对应于多边形,TextShape 类对应于正文,等等。

LineShape 和 PolygonShape 这样的基本几何图形的类比较容易实现。但是对于可以显示和编辑正文的 TextShape 类来说,实现相当困难,因为即使是基本的正文编辑也要涉及复杂的屏幕刷新和缓冲区管理等功能,所以就没有 TextShape 类中那些复杂功能的实现。

现在,存在一个复杂的 TextView 类,用于显示和编辑正文,功能实现得很好。理想的情况是,可以复用这个 TextView 类,用 TextView 类中的函数来实现 TextShape 类的功能。但是 TextView 类的设计者当时并没有考虑 Shape 的存在,因此 TextView 和 Shape 对象之间存在接口不一致或者成员函数划分不一致问题,两者就不能互换。一个应用可能会有一些类具有不同的接口并且这些接口互不兼容,在这样的应用中像 TextView 这样已经存在并且不相关的类如何协同工作呢?

一种方式是,可以改变 TextView 类使它兼容 Shape 类的接口,但前提是必须有这个 TextView 类的源代码。然而即使得到这些源代码,修改 TextView 也是没有什么意义的,因为不应该仅仅为了实现一个应用,TextView 类所在的系统就不得不采用一些与特定领域相关的接口。

另一种方式是,定义 TextShape 类,由它来适配 TextView 的接口和 Shape 的接口。可以用两种方法做这件事:

1)TextShape 类作为子类,继承 Shape 类的接口和 TextView 的实现,这样就可以在 TextShape 类中任意使用 TextView 中的成员函数。

2)将一个 TextView 实例作为 TextShape 的组成部分,并且使用 TextView 的接口实现 TextShape。

这两种方法恰恰对应于 Adapter 模式的类和对象版本。将 TextShape 称为适配器(Adapter)。按照第二种方案设计的设计图如图 4.1 所示。

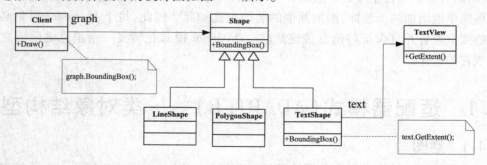

图 4.1 绘图编辑器设计图

图 4.1 说明在 Shape 类中声明的 BoundingBox 请求如何被转换成在 TextView 类中定义的 GetExtent 请求。由于 TextShape 将 TextView 的接口与 Shape 的接口进行了匹配,因此绘图编辑器就可以复用原先并不兼容的 TextView 类。Adapter 时常还要负责提供被匹配的类所没有

提供的功能,上面的类图中说明适配器如何实现这些职责。

这里需要注意的问题如下:

1) TextShape 类本是软件设计者应该完成的类,类中要实现 Shape 类中声明好的接口,这些接口是要在 Client 类中被使用的,但是 TextShape 类中有些功能难以实现。

2) 正好现存一个另外的类 TextView,这个类中某一些接口功能可以满足 TextShape 类中没有实现的功能。

3) 存在不改变 Client 类,不改变 Shape 类,已经实现 TextShape 类部分功能,希望利用 TextView 类去实现 TextShape 类中没有实现的功能等这些愿望。

4) Client 类中希望使用的接口是已经定义好的,Client 类并不关心这个接口是如何实现,这就是将客户和接口绑定起来,而不是和实现绑定起来。

4.1.4　适用性

在以下情况下应当考虑使用适配器模式:

1) 想使用一个已经存在的类,而它的接口不符合实际的需要。

2) 想创建一个可以复用的类,该类可以与其他不相关的类或不可预见的类协同工作。

3) 想使用一些已经存在的子类,但是不可能对每一个都进行子类化以匹配它们的接口。对象适配器可以适配它的父类接口。

上述适用性的具体分析在下面的小节中进行描述。

4.1.5　结构图

适配器设计模式共有两种不同的实现方式:类适配器、对象适配器。

类适配器使用多重继承对一个接口与另一个接口进行匹配,此模式的结构如图 4.2 所示。

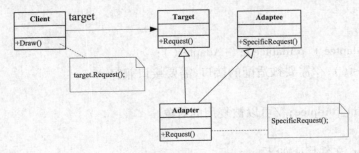

图 4.2　类适配器模式结构图

对象适配器依赖于对象组合,此模式的结构如图 4.3 所示。

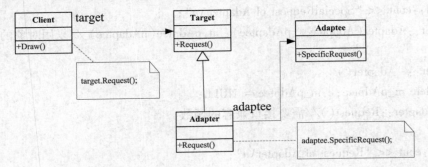

67

图 4.3　对象适配器模式结构图

4.1.6　参与者

适配器模式涉及四个主要成分,它们分别是:

1)客户类(Client):与符合 Target 接口的对象协同,使用 Target 接口,是已经实现或者规定好那个实现规则的类。

2)目标类(Target):就是需要被适配的类,定义 Client 使用的与特定领域相关的接口。因为此类已与其他类或者功能模块协商好接口的使用规则,所以不希望改变此类中接口。一般来说,此类是一个已经被实现了部分功能的类。

3)适配器类(Adapter):对 Adaptee 的接口与 Target 接口进行适配。一般来说,它是一个新增加的类,在此类中实现接口兼容。

4)被复用的类(Adaptee):定义一个已经存在的接口,这个接口需要被复用。可能获得此类的源代码,也可能只是知道如何使用此类中的接口。

4.1.7　原型代码框架

下面是对象适配器设计模式的代码框架。

1)Adapter. h 文件代码如下:

```cpp
class Target//需要被适配的类
{    public：   virtual void Request( ) = 0;//需要被适配的接口    };
class Adaptee//与被适配对象提供不兼容接口的类
{    public：   void SpecialRequest( );//可以被复用的函数    };
class Adapter : public Target//适配器类,采用聚合原有接口类的方式
{
public：
    Adapter( Adaptee ∗ pAdaptee); ~Adapter( );
    void Request( );//需要被适配的接口,需要接口兼容
private：
    Adaptee ∗ m_pAdptee;//可以被复用的对象
};
```

2)Adapter. cpp 文件代码如下:

```cpp
#include "Adapter. h"
void Adaptee::SpecialRequest( )//被复用的函数的代码实现
{    std::cout << "SpecialRequest of Adaptee\n";    }
Adapter::Adapter( Adaptee ∗ pAdaptee): m_pAdptee( pAdaptee) //复用对象的赋值
{    }
Adapter::~Adapter( )
{    delete m_pAdptee;   m_pAdptee = NULL;    }
void Adapter::Request( )//需要接口兼容的函数
{
    std::cout << "Request of Adapter\n";
```

```
        m_pAdptee->SpecialRequest();//接口兼容
}
```

3）Main. cpp 文件代码如下：

```
#include "Adapter. h"
void main()
{
        Adaptee * pAdaptee = new Adaptee;//复用对象
        Target * pTarget = new Adapter(pAdaptee);//适配器对象
        pTarget->Request();//需要被使用的目标类中接口函数
        delete pTarget;//释放空间
}
```

在后面介绍协作、效果、实现注意问题等内容时，会以上述的代码框架为例进行说明。

4.1.8　协作

在 Client 类中声明一个 Adapter 实例对象 target，利用 Target 调用一些操作，例如调用 Request()。接着适配器的 Request() 函数中调用 Adaptee 的操作实现这个请求，例如调用 Adaptee 的 SpecialRequest()。

上述客户使用适配器的协作过程，可以描述为如下的顺序：

1）客户通过目标接口调用适配器的方法对适配器发出请求。例如，上述代码框架主程序中声明的目标 pTarget 的形参数据类型是 Target，通过 pTarget 调用的 Request()，Request() 是 Target 中声明的接口，即目标接口。然后，在动态执行过程中，Request() 执行的是 pTarget 实参中的功能，即适配器 Adapter 中的功能。

2）适配器使用被适配者接口把请求转换成被适配者的一个或多个调用接口（客户与被适配者是解耦的，一个不知道另一个）。例如，在 Adapter::Request() 中调用了 Adaptee 的 SpecialRequest() 函数。

3）客户接收到调用的结果，但并未察觉这一切是适配器在起转换作用。

4）适配器实现了目标接口，而此目标接口是由被适配者中的多个函数组合而成的。例如，在 Adapter::Request() 中可以使用 Adaptee 中多个函数。

4.1.9　优点和缺点（效果）

类适配器模式和对象适配器模式有不同的权衡。类适配器模式通常通过继承机制来实现，而对象适配器模式则是使用聚合对象来实现，两者都有优的一面，也有劣的一面。

1）类适配器模式

（1）用一个具体的 Adapter 类对 Adaptee 和 Target 进行匹配。

Adapter 类继承了两个父类中的成分，可以像使用自己成员一样来使用 Adaptee 中的成员。这种情况下，Adaptee 类是固定不变的，这样才能保证 Adapter 类代码写完后不会被改变。

但是，当想要匹配一个类以及所有它的子类时，类适配器设计模式将不能胜任工作。即如果 Adaptee 类中的功能有变化，在子类中实现新功能，在 Adapter 类中要使用 Adaptee 子类新功能时，就存在不足之处。

（2）Adapter 可以重定义 Adaptee 的部分功能，因为 Adapter 是 Adaptee 的一个子类。

一般情况下,需要知道 Adaptee 的源代码,并且 Adaptee 只是帮助 Adapter 实现了部分功能,存在对 Adaptee 的成员函数进行修改的可能性。

2)对象适配器模式

(1)允许一个 Adapter 与多个 Adaptee(即 Adaptee 本身以及它的所有子类)同时工作。

当 Adaptee 有子类,可以通过改变代码框架中 pAdaptee 对象实参的方式,实现对子类的使用。所以被适配者的任何子类都可以搭配适配器使用。

(2)使得重定义 Adaptee 的希望比较困难。尽量不要改变 Adaptee 类,如果功能改变可以通过生成子类的方式。这就需要生成 Adaptee 的子类并且使得 Adapter 引用这个子类而不是引用 Adaptee 本身。例如上述代码框架中,利用 pAdaptee 对象进行参数传递的方式就可以方便对 Adaptee 子类的使用。

(3)使用对象组合,仅仅引入了一个对象,并不需要额外的指针以间接得到 Adaptee。例如上述代码框架中,在 Adapter 中声明了一个 m_pAdptee 对象,然后使用这个对象。

4.1.10　实现注意问题

尽管适配器设计模式的实现方式通常简单直接,但是仍需要注意以下一些问题:

1)使用 C++实现适配器类

在使用 C++实现适配器类时,Adapter 类应采用公共方式继承 Target 类,并且用私有方式继承 Adaptee 类。一般情况下,在 Adapter 类中不需要改变 Adaptee 类中的内容,只是使用其中内容,所以为了安全使用 Adaptee 类,可以限定对 Adaptee 类的继承方式。具体实现方式可以参考如下代码:

class Adapter : public Target,private Adaptee//类适配器设计模式中的适配器类的定义
{ 　//同上述代码框架中的内容　}

2)Adapter 的匹配程度

Adapter 的工作量取决于 Target 接口与 Adaptee 接口的相似程度。最理想的情况就是接口完全匹配,例如下面的代码,代码区域 1 与代码区域 2 中没有内容,只有一个接口转换的语句。

void Adapter::Request()//需要接口兼容的函数
{

　　//代码区域 1

　　m_pAdptee->SpecialRequest();//使用被复用对象中的接口

　　//代码区域 2

}

较差情况就是 SpecialRequest()只能帮助 Request()实现较少功能,或者需要使用 Adaptee 中较多成员函数来帮助 Request()实现功能,这种情况需要 Adapter 类的设计及实现者付出较多的工作量。

3)Adaptee 有子类的情况

Adaptee 功能的改变通过子类实现,所以会定义很多子类,例如下面的 Adaptee1、Adaptee2 的定义代码:

class Adaptee1:Adaptee //子类 1
{ 　public:　 void SpecialRequest();//新功能 1 　};
class Adaptee2:Adaptee //子类 2

　public：　void SpecialRequest( );//新功能 2　 }；

为了灵活使用这些子类,Adapter 类的定义及实现代码就可以参考代码框架中的方式,使得 m_pAdptee 的数据类型是 Adaptee。这样的方式可以实现对 Adaptee 子类的使用时,不涉及 Adapter 类的改变。只需要对主程序中 pAdaptee 的实参数据类型的改变,即可以将下面的语句 1 换成语句 2、或者换成语句 3 即可。

语句 1：Adaptee ＊ pAdaptee ＝ new Adaptee；//复用对象

语句 2：Adaptee ＊ pAdaptee ＝ new Adaptee1；//复用对象

语句 3：Adaptee ＊ pAdaptee ＝ new Adaptee2；//复用对象

当然,还有其他的实现问题,需要读者自己体验总结。

4.1.11　代码示例

对于动机一节中的例子,从类 Shape 和 TextView 开始,给出类适配器和对象适配器实现代码的简要框架。下面先给出类适配器设计模式的代码实现。

class Shape

{

public：

　Shape( )；

　virtual void BoundingBox(Point & bottomLeft, Point & topRight)；//有一个边框,由它相对的两角顶点定义,即左上角点、右下角点

　Virtual Manipulator ＊ CreateManipulator ( ) const；//创建一个 Manipulator 对象,当用户操作一个图形时,Manipulator 对象知道如何驱动这个图形

　}；

class TextView

{//边框由原点和宽度、高度定义。

　public：

　TextView( )；

　void GetOrigin(Coord & x, Coord & y)；//获取原点

　void GetExtent(Coord & width, Coord & height)；//获取宽度、高度

　virtal bool IsEmpty( )；

　}；

TextShape 类是这些不同接口间的适配器。类适配器采用多重继承适配接口。通常 C++ 中用公共方式继承接口,用私有方式继承接口的实现。下面按照这种常规方法定义 TextShape 适配器。

class TextShape：public Shape, private TextView

{

public：

　TextShape( )；

　virtual void BoundingBox(Point & bottomLeft, Point & topRight)；

　virtual bool IsEmpty ( )；

　virtual Manipulator ＊ CreateManipulator ( )；

};

BoundingBox 操作对 TextView 的接口进行转换使之匹配 Shape 的接口，下面给出这个接口的实现。

```
void TextShape :: BoundingBox( Point & bottomLeft, Point & topRight )
{
    Coord bottom, left, width, height;//临时变量
    GetOrigin( bottom, left );//使用 TextView 中的函数, 获取文本矩形左上角点的 x、y
    GetExtent( width, height ); //使用 TextView 中的函数, 获取文本矩形的宽度、高度
    bottomLeft = Point ( bottom, left );//将文本矩形左上角点的 x、y 转换为一个点
    topRight = Point( bottom+height, left+width ); //将文本矩形右下角点的 x、y 转换为一个点
}
```

IsEmpty 操作给出在适配器实现过程中常用的一种方法，即直接转发请求，下面给出这个接口的实现。

```
bool TextShape :: IsEmpty (  )
{    return TextView:: IsEmpty(  ); //使用 TextView 中的函数    }
```

最后，定义 CreateManipulator，因 TextView 不支持该操作，所以需要自己实现具体功能。假定已经实现了支持 TextShape 操作的类 TextManipulator，类 TextManipulator 是类 Manipulator 的子类，下面给出这个接口的实现。

```
Manipulator * TextShape :: CreateManipulator (   ) //是工厂模式方法的一个实例
{
    return new TextManipulator( this );//创建一个 TextManipulator 对象, 同时将 TextShape
对象传递给 TextManipulator 对象中
};
```

对象适配器采用对象组合的方法将具有不同接口的类组合在一起。在该方法中，适配器 TextShape 维护一个指向 TextView 的指针。下面给出对象适配器设计模式的实现代码。

```
class TextShape: public Shape//适配器类
{
public:
    TextShape( TextView * );
    virtual void BoundingBox( Point & bottomLeft, Point & topRight );
    virtual bool IsEmpty (   );
    virtual Manipulator * CreateManipulator (   );
private:
    TextView * _text;//复用对象
};
```

TextShape 必须在构造器中对指向 TextView 实例的指针进行初始化，当它自身的操作被调用时，它还必须对它的 TextView 对象调用相应的操作。在 TextShape 的构造器中有如下的实现，实现复用对象的参数传递。

TextShape：：TextShape（TextView ＊ t）

｛　_text＝t；　｝；

TextShape 的 BoundingBox 操作中使用_text，具体实现代码如下描述。

void TextShape ：：BoundingBox（ Point ＆ bottomLeft，Point ＆ topRight ）

｛

　　Coord bottom，left，width，height；

　　_text －>GetOrigin（bottom，left）；　_text －>GetExtent（width，height）；

　　bottomLeft ＝ Point （bottom，left）；topRight ＝ Point（bottom＋ height，left＋ width）；

｝

同样，TextShape 的 IsEmpty 操作中使用_text，具体实现代码如下描述。

bool TextShape ：：IsEmpty（　）

｛　return _text －>IsEmpty （　）；　｝

CreateManipulator 的实现代码与类适配器版本的实现代码一样，因为它的实现从零开始，没有复用任何 TextView 已有的函数。

Manipulator ＊ TextShape ：：CreateManipulator（ ）//是工厂方法的一个实例

｛

return new TextManipulator （ this ）；

｝；

在本例子中，假设客户创建了 TextView 对象并且将其传递给 TextShape 的构造器。即在客户的应用程序中有如下代码。

TextView TextV；//复用对象

TextShape TextS；//适配器类对象

TextV＝new TextView；//当需要 TextView 类的子类与 TextShape 一起工作时，只需要修改此语句

TextS＝new TextShape（TextV）；//将复用对象传递给适配器对象中

Point ＊ bottomLeft，topRight；

TextS．BoundingBox（bottomLeft，topRight）；//调用适配器对象中的目标接口

将对象适配器代码与类适配器的相应代码进行比较，可以看出编写对象适配器代码相对麻烦一些，但是比较灵活。例如，客户仅需将 TextView 类的子类的一个实例传递给 TextShape 的构造函数中，对象适配器版本的 TextShape 就同样可以与 TextView 类的子类一起很好地工作。

4.1.12　相关模式

Bridge 模式的结构与对象适配器类似，但是 Bridge 模式的出发点不同：Bridge 目的是将接口部分和实现部分分离，从而对它们可以较为容易也相对独立地加以改变。而适配器模式则意味着改变一个已有对象的接口。

Decorator 模式增强了其他对象的功能而同时又不改变它的接口。因此 Decorator 模式对应用程序的透明性比适配器要好。结果是 Decorator 模式支持递归组合，而纯粹使用适配器是不可能实现这一点的。

Proxy 在不改变它接口的条件下，为另一个对象定义了一个代理。

4.2 组合模式(COMPOSITE)——对象结构型模式

4.2.1 意图

将对象组合成树形结构以表示"部分-整体"的层次结构。Composite 设计模式使得用户对单个对象和组合对象的使用具有一致性。

4.2.2 别名

无。

4.2.3 动机

在绘图编辑器应用程序中,用户可以使用简单的组件创建复杂的图表,用户也可以组合多个简单组件以形成一些较大的组件,这些组件又可以组合成更大的组件。在分析设计过程中,将为每一种图元抽象为一个类,例如 Text 表示文本、Line 表示线、等等,另外定义一些容器类(Container),在容器类中使用图元对象。

这种方法存在一个问题,即在操作这些类的代码时,必须区别操作对象是哪个图元对象,也要区分操作对象是简单图形对象还是容器对象。但是,对于用户来说,大多数情况下用户认为它们的操作方式是一样的。所以,在实现代码过程中,对这些类区别使用,使得程序更加复杂。Composite 模式可以解决上述问题,描述如何使用递归组合,使得用户操作时不必对这些对象进行区分。

Composite 模式解决上述问题的关键是一个抽象类 Graphic,它既可以代表图元,又可以代表图元的容器。它声明一些与特定图形对象相关的操作,例如 Draw。同时它也声明所有的组合对象共享的一些操作,例如一些操作用于访问和管理它的子部件。

子类 Line、Rectangle 和 Text 定义一些图元对象,这些类实现 Draw,分别用于绘制直线、矩形和正文。由于图元都没有子图形,因此它们都不执行与子类有关的操作。

Picture 类定义一个 Graphic 对象的聚合。Picture 的 Draw 操作是通过对它的子部件调用 Draw 实现的,Picture 还用这种方法实现一些与其子部件相关的操作。由于 Picture 接口与 Graphic 接口是一致的,因此 Picture 对象可以递归地组合其他 Picture 对象。图 4.4 所示为组合模式动机例子类图。

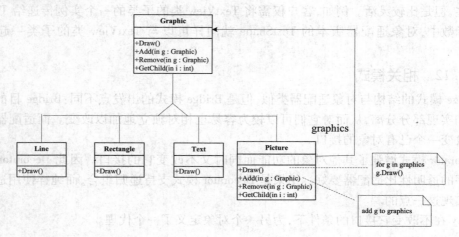

图 4.4 组合设计模式动机例子类图

这里需要注意的问题如下：

1）存在很多不同种类的操作对象，用户对每种对象的操作方式是相同的。

2）用户只知道要操作这些图形对象，在操作这些对象时，不关心如何操作这些对象，也不关心操作的结果是什么样的。

3）这些操作对象可能是简单的对象，也可能是组合对象，这些对用户操作来说都不关心。

4）用户希望用统一的方式操作这些对象。

4.2.4 适用性

在以下情况下应当考虑使用 Composite 模式：

1）想表示对象的部分-整体层次结构。

2）希望用户忽略组合对象与单个对象的不同，用户将统一地使用组合结构中的所有对象。

上述适用性的具体分析在下面的小节中进行描述。

4.2.5 结构图

此模式的结构如图 4.5 所示。

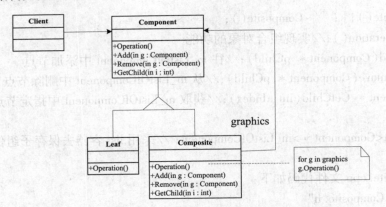

图 4.5 组合设计模式结构图

4.2.6 参与者

组合模式涉及四个主要成分，它们分别是：

1）组件类（Component）：为组合中的对象声明接口。在适当的情况下，实现所有类共有接口的缺省行为。可以声明一个接口用于访问和管理 Component 的子组件。

（可选）在递归结构中定义一个接口，用于访问一个父部件，并在合适的情况下实现它。

2）叶子类（Leaf）：在组合中表示叶节点对象，叶节点没有子节点。在组合中定义图元对象的行为，是简单对象，实现对简单对象进行操作的所有功能。可以有多个叶子类。

3）组合类（Composite）：定义对子部件进行管理的行为，定义一个存储子部件的链表，定义对所有子部件进行操作的行为。一定要存储子部件。也可以在 Component 接口中实现与子部件进行管理的操作。只有一个组合类，是所有组合对象的抽象描述。

4）客户类（Client）：通过 Component 接口操纵组合部件的对象，不需要区分对象。

4.2.7　原型代码框架

1）Composite. h 文件代码如下：

```
#include <list>
class Component//组合中的抽象基类,是所有操作对象的共同父类
{
public:
    virtual void Operation() = 0; //只提供接口,没有默认的实现
    virtual void Add(Component * pChild); //提供接口,有默认的实现就是什么都不做
    virtual void Remove(Component * pChild); //提供接口,有默认的实现就是什么都不做
    virtual Component * GetChild(int nIndex); //提供接口,有默认的实现就是什么都不做
};
class Leaf: public Component//派生自 Component,是其中的叶子组件类
{  public:  void Operation(); //实现叶子具体功能  };
class Composite: public Component//派生自 Component,是其中的复合组件的基类
{
public:
    Composite(){};    ~Composite();
    void Operation(); //实现组合对象的功能
    void Add(Component * pChild); //往 m_ListOfComponent 中添加节点
    void Remove(Component * pChild); //从 m_ListOfComponent 中删除节点
    Component * GetChild(int nIndex); //获取 m_ListOfComponent 中指定节点
private:
    std::list<Component * >m_ListOfComponent; //采用 list 容器去保存子组件
};
```

2）Composite. cpp 文件代码如下：

```
#include "Composite. h"
//Component 成员函数的实现
void Component::Add(Component * pChild){ }
void Component::Remove(Component * pChild){ }
Component * Component::GetChild(int nIndex){  return NULL;  }
//Leaf 成员函数的实现
void Leaf::Operation()
{  std::cout << "Operation by leaf\n";  }//对叶子节点的操作,由此处处理
//Composite 成员函数的实现
Composite::~Composite()
{
    std::list<Component * >::iterator iter1, iter2, temp;
    iter1 = m_ListOfComponent. begin(); //将 iter1 定位在 m_ListOfComponent 的头节点
    iter2 = m_ListOfComponent. end(); //将 iter2 定位在 m_ListOfComponent 的尾节点
```

```
    for (; iter1 ! = iter2; )
    {   temp = iter1;++iter1;delete (*temp);}//释放组合对象中的子组件空间
void Composite::Add(Component * pChild)
{   m_ListOfComponent. push_back(pChild);   }
void Composite::Remove(Component * pChild)
{
    std::list<Component * >::iterator iter;
    iter = find(m_ListOfComponent. begin(), m_ListOfComponent. end(), pChild);//查找
指定节点
    if (m_ListOfComponent. end() ! = iter)//节点有效,则执行下面的删除节点功能
    {   m_ListOfComponent. erase(iter);   }
}
Component * Composite::GetChild(int nIndex)
{
    if (nIndex <= 0 || nIndex > m_ListOfComponent. size())    return NULL;
    std::list<Component * >::iterator iter1, iter2;
    int i;   i = 1;
    iter1 = m_ListOfComponent. begin();   iter2 = m_ListOfComponent. end();
    for (;iter1! = iter2;++iter1)//查找指定的节点,指定节点下标为 nIndex
    {   if (i == nIndex)   break; ++i; }
    return *iter1;//返回查找到的节点
}
void Composite::Operation()//组合对象的操作
{
    std::cout << "Operation by Composite\n";
    std::list<Component * >::iterator iter1, iter2;
    iter1 = m_ListOfComponent. begin();   iter2 = m_ListOfComponent. end();
    for (;iter1 ! = iter2;++iter1)//循环子组件列表,调用每一个子组件的操作
    {   (*iter1)->Operation();//具体功能实现,由每一个子组件完成   }
}
```

3) Main. cpp 文件代码如下:

```
#include "Composite. h"
void main()
{
    Component * pLeaf1 = new Leaf();//简单对象
    Component * pLeaf2 = new Leaf();//简单对象
    Component * pComposite = new Composite; //组合对象
    pComposite->Add(pLeaf1);//将一个对象添加到组合对象的子组件列表中
    pComposite->Add(pLeaf2);//将一个对象添加到组合对象的子组件列表中
```

```
pComposite->Operation();//对组合对象进行操作
pComposite->GetChild(2)->Operation();//对组合对象中指定节点进行操作
pLeaf1->Operation();//对简单对象进行操作
delete pComposite;
}
```

在后面介绍协作、效果、实现注意问题等内容时,会以上述的代码框架为例进行说明。

4.2.8 协作

组合模式各个成分之间的协作过程如下:

用户使用 Component 类接口与组合结构中的对象进行交互。如果接收者是一个叶节点,则直接处理请求。如果接收者是 Composite,它通常将请求发送给它的子部件,在转发请求之前与/或之后可能执行一些辅助操作。

4.2.9 优点和缺点(效果)

1)组合设计模式定义了包含基本对象和组合对象的类层次结构

基本对象可以被组合成更复杂的组合对象,而这个组合对象又可以被组合,这样不断地递归下去。客户代码中,任何用到基本对象的地方都可以使用组合对象。在类的结构图中,用 Leaf 类表示这些基本对象类,用 Composite 表示组合对象类。在代码框架的主程序中,声明一个组合对象 pComposite,然后使用这个组合对象 pComposite。

2)简化客户代码

客户可以用统一的方式使用组合结构和单个对象。通常用户不知道(也不关心)处理的是一个叶节点还是一个组合对象。这就简化了客户代码,因为在定义组合的类中不需要写一些充斥着选择语句的函数,在客户主程序中也没有对操作对象进行区分的语句。例如,在代码框架的主程序中,调用 Operation()之前没有对操作对象进行判断。主程序也不会关心组合对象的复杂性问题。

3)使得更容易增加新类型的组件

新定义的 Composite 或 Leaf 子类自动地与已有的结构和客户代码一起工作,客户程序不需因新的 Component 类而改变。一般情况下,会增加更多的不同 Leaf 类,只需要将新 Leaf 对象添加到组合对象的链表中保存即可。

4)使设计变得更加一般化

容易增加新组件也会产生一些问题,那就是很难限制组合中的组件。按照结构图可以看出,只要是 Component 的子类都可以实例化出对象,然后将这个对象添加到组合对象链表中。但是,有时希望一个组合对象只能由某些特定的组件构成,而另一个组合对象由其他特定的组件构成,等等。为了解决这个问题,在使用 Composite 时,不能对组件链表施加约束,因为如果添加约束,这个约束对所有组合对象都起作用,所以只能在运行时刻进行检查,即在调用 Add()函数之前先约束对象,满足条件的对象才被允许添加到组件链表中。这样的约束增加了客户应用程序的负担。

4.2.10 要注意的问题

在实现 Composite 模式时要考虑下面一些问题:

1)显式的父部件引用

前面介绍的组合设计模式结构中只是考虑从组合对象(即父部件)到子部件的遍历和管理,没有考虑从子部件到组合对象的遍历和管理。但是,保持从子部件到父部件的引用能简化组合结构的遍历和管理,在子部件中保留对父部件的引用可以简化结构的上移和组件的删除。

通常在 Component 类中定义父部件引用。Leaf 和 Composite 类可以继承这个引用以及管理这个引用的那些操作。对于父部件引用,必须维护一个不变式,即一个组合的所有子节点以这个组合为父节点,反之该组合以这些节点为子节点。保证这一点最容易的办法是,仅当在一个组合中增加或删除一个组件时,才改变这个组件的父部件。如果能在 Composite 类的 Add 和 Remove 操作中实现这种方法,那么所有的子类都可以继承这一方法,并且将自动维护这一不变式。

例如,如果每一个节点的父节点只有一个,则可以对 Component 进行如下的修改。

class Component//所有操作对象的共同父类,增加对父节点的引用

{

public:

//此处是与前面代码框架中相同的声明。

//下面是对父节点的引用

void SetParentComponent(Component * p);//给父节点赋值

Component * GetParentComponent();//获取父节点

private:

Component * ParentComponent;//父节点

}

void Component::SetParentComponent (Component * p){ ParentComponent =p;}

Component * Component::GetParentComponent ( ){ return ParentComponent ;}

2)最大化 Component 接口

Composite 模式的目的之一是使用户不知道正在使用的对象是谁,即不需要区分 Leaf 对象和 Composite 对象。为了达到这一目的,Component 类应为 Leaf 和 Composite 类尽可能多定义一些公共操作,所以将 Composite 类中的 Add、Remove、GetChild 放到 Component 类声明,这样主程序中调用 Add、Remove、GetChild 时就不需要判断 pComposite 是谁。Component 类通常为这些操作提供缺省的实现,而 Leaf 和 Composite 子类可以对它们进行重定义。

然而,这个目标有时可能会与类层次结构设计原则相冲突,该原则规定:一个类只能定义那些对它的子类有意义的操作。有许多 Component 所支持的操作对 Leaf 类似乎没有什么意义,那么 Component 怎样为它们提供一个缺省的操作呢?

把一个 Leaf 看成一个没有子节点的 Component,就可以在 Component 类中定义一个缺省的操作,用于对子节点进行访问,这个缺省的操作不返回任何一个子节点。Leaf 类可以使用缺省的实现,而 Composite 类则会重新实现这个操作以返回它们的子类。

所以 Component 类中声明哪些接口是需要认真考虑的。一般来说,父类只是为子类声明共同的成员,子类特有的成员在子类中声明。但是,如果在主程序中声明的对象都是以 Component 类为形参数据类型的话,则要保证对象的消息调用接口都要在 Component 类中声明。

3)声明管理子部件的操作

Composite 类实现 Add、Remove、GetChild 操作用于管理子部件,但在 Composite 模式中一个

重要的问题是:在 Composite 类层次结构中哪一些类声明这些操作。

应该在 Component 中声明这些操作,并使这些操作对 Leaf 类有意义呢?还是只应该在 Composite 和它的子类中声明并定义这些操作呢?这需要在安全性和透明性之间做出权衡选择。

(1)在 Component 类中声明管理子部件的操作

在类层次结构的根部定义子节点管理接口的方法具有良好的透明性,可以一致地使用所有的组件,但是这一方法是以安全性为代价的,客户有可能会做一些无意义的事情,例如在 Leaf 中增加和删除对象等,即可能会写下面的语句:

语句 1:pLeaf1-> Add(pLeaf2);

上面这条语句从语法角度看是没有问题的,但是没有实际意义,所以属于无用的语句。

(2)只在 Composite 类中声明管理子部件的操作

不在 Component 类中声明对子部件管理的操作,而在 Composite 类中定义管理子部件的方法,这样具有良好的安全性。因为在像 C++这样的静态类型语言中,在编译时任何从 Leaf 中增加或删除对象的尝试都将被发现,即从语法的角度看,上面的语句 1 是有问题的。但是这又损失了透明性,因为 Leaf 和 Composite 具有不同的接口,即在上面的代码框架中 pComposite 的形参数据类型不能是 Component 类,而必须是 Composite 类。

(3)既有安全性又有透明性的子部件管理操作

在组合设计模式中,相对于安全性,比较强调透明性。所以为了既有安全性,也有透明性,可以参考下面的解决方案。

在 Component 类中声明一个操作 Composite * GetComposite()。Component 提供了一个返回空指针的缺省操作。Composite 类重新定义这个操作并通过 this 指针返回它自身。参考代码如下:

```
class Composite;
class Component
{
public:
    //同原型代码框架中的声明,有 Add、Remove、GetChild 操作
    virtual Composite * GetComposite() { return NULL;}
};
class Composite:public Component
{
public:
    //同原型代码框架中的声明,有 Add、Remove、GetChild 操作
    virtual Composite * GetComposite() { return this ; }//返回组合对象,不是 NULL
};
class Leaf : public Component
{   //同原型代码框架中的声明   };
```

利用 GetComposite 查询一个组件看它是否是一个组合对象,可以对返回的组合对象安全地执行 Add 和 Remove 操作。参考代码如下:

```
Composite * aComposite = new Composite;//一个组合对象
Leaf * aLeaf = new Leaf;//一个叶子对象
Component * aComponent;//一个操作对象
Composite * test;//一个操作对象
aComponent = aComposite;
if ( test = aComponent->GetComposite( ) )
{
    //获取操作对象,判断对象是否为 NULL
    test->Add (new Leaf);//如果 if 条件为真,即不为 NULL,则执行此语句
}
aComponent = aLeaf;
if ( test = aComponent -> GetComposite( ) )
{
    //获取操作对象,判断对象是否为 NULL
    test-> Add( new Leaf) ; //如果 if 条件为真,即不为 NULL,则执行此语句
}
```

Component 类中 Add 等操作一定要有缺省的实现,这个实现对 Leaf 也适用,否则会产生垃圾对象。

4)Component 是否应该实现一个 Component 列表

可能希望在 Component 类中将子节点集合定义为一个实例变量,也声明一些操作对子节点进行访问和管理。但是在基类中存放子类指针,对叶节点来说会导致空间浪费,因为叶节点根本没有子节点。只有当该结构中子类数目相对较少时,才值得使用这种方法。即要考虑 Composite 类中的 m_ListOfComponent 链表是否可以放到 Component 类中声明。

5)子部件排序

许多设计需要指定 Composite 的子部件顺序。如果需要考虑子节点的顺序时,必须仔细地设计对子节点的访问和管理接口,以便管理子节点序列。

6)使用高速缓冲存储改善性能

如果需要对组合进行频繁的遍历或查找,Composite 类可以对子节点进行缓冲存储,方便进行遍历或查找相关信息。这种需要缓冲存储的现象在特定软件开发中会发生,例如地图软件中对象的操作等。

7)应该由谁删除 Component

在没有垃圾回收机制的语言中,当一个 Composite 被销毁时,通常最好由 Composite 负责删除其子节点,例如原型代码框架中的处理方法。删除对象的方式需要根据实际软件的要求。例如,如果有一个节点是很多组合对象的子部件,即这个节点会存储在不同 Composite 对象的 m_ListOfComponent 链表中,这时候就不能在 Composite 的析构函数中释放 m_ListOfComponent 链表节点,可以在上一层程序代码中释放空间。

8)存储组件最好用哪一种数据结构

Composite 可使用多种数据结构存储子节点,包括列表、树、数组和 hash 表等。数据结构的选择取决于效率。事实上,使用通用数据结构根本没有必要。有时对每个子节点,Composite 都有一个变量与之对应,这就要求 Composite 的每个子类都要实现自己的管理接口。

4.2.11　代码示例

计算机和立体声组合音响这样的设备经常被组装成"部分-整体"层次结构或者是容器层次结构。例如,底盘可包含驱动装置和平面板,总线含有多个插件,机柜包括底盘、总线等。这种结构可以用 Composite 模式进行模拟。

Equipment 类为"部分-整体"层次结构中的所有设备定义一个接口。Equipment 声明一些操作返回一个设备的属性,例如它的能量消耗和价格,子类为指定的设备实现这些操作。Equipment 还声明了一个 CreateIterator 操作,该操作为访问它的零件返回一个 Iterator,这个操作的缺省实现返回一个 NullIterator,它在空集上迭代。具体定义如下。

```
Class Equipment
{
public：
    virtual ~Equipment（ ）;//析构函数
    const char * Name（ ）｛return _name；｝//返回设备名称
    Watt Power（ ）;//计算功率
    Currency NetPrice（ ）;//计算价钱
    Currency DiscountPrice（ ）;//计算折扣
    void Add（Equipment * ）;//链表添加节点
    void Remove（Equipment * ）;//链表删除节点
    Iterator <Equipment * > * CreateIterator（ ）;//返回一个迭代器对象
protected：
    Equipment（char * ）;//构造函数,不是 public
private：
    char * _name;//设备名称
};
```

Equipment 的子类包括表示磁盘驱动器、集成电路和开关的 Leaf 类。磁盘驱动器 FloppyDisk 的具体定义如下,集成电路和开关的定义与 FloppyDisk 相似。

```
class FloppyDisk：public Equipment
{
public：
    FloppyDisk（char * ）;    ~FloppyDisk（ ）;
    Watt Power（ ）;  Currency NetPrice（ ）;  Currency DiscountPrice（ ）;
};
```

CompositeEquipment 是包含其他设备的组合类,也是 Equipment 的子类,为访问和管理子设备定义了一些操作,操作 Add 和 Remove 从存储在_equipment 成员变量中的设备列表中插入并删除设备,操作 CreateIterator 返回一个迭代器（ListIterator 的一个实例）遍历这个列表。具体定义如下。

```
class CompositeEquipment：public Equipment
{
```

```
public：
    ~ CompositeEquipment（ ）;
    Watt Power（ ）;    Currency NetPrice（ ）;    Currency DiscountPrice（ ）;
    void Add（ Equipment ＊ ）;    void Remove（ Equipment ＊ ）;
    Iterator<Equipment ＊ > ＊ CreateIterator（ ）;//返回一个用于访问_equipment 的迭代器
对象
protected：
    CompositeEquipment( char ＊ );
private：
    List <Equipment ＊ > _equipment;//子设备链表
};
```

NetPrice 的缺省实现使用 CreateIterator 来累加子设备的实际价格。具体代码如下。

```
Currency CompositeEquipment：：NetPrice( )
{
    Iterator <Equipment ＊ > ＊ i = CreateIterator（ ）;
    Currency total = 0 ;
    for（i->First（ ）; ! i->IsDone（ ）; i->Next（ ））
    {   Total += i->CurrentItem（ ）->NetPrice（ ）;   }
    delete i;
    return total;
}
```

现在将计算机的底盘表示为 CompositeEquipment 的子类 Chassis。具体定义如下。

```
Class Chassis : public CompositeEquipment
{
Public：
    Chassis（ char ＊ ）;        ~ Chassis（ ）;
    Watt Power（ ）;    Currency NetPrice( );    Currency DiscountPrice（ ）;
};
```

可用相似的方式定义其他设备容器,如 Cabinet 和 Bus。这样就得到了组装一台(非常简单)个人计算机所需的所有设备。参考代码如下：

```
Cabinet ＊ cabinet = new Cabinet（ "PC Cabinet"）;//组合对象
Chassis ＊ chassis = new Chassis（ "PC Chassis"）;//组合对象
Cabinet->Add(chassis);//chassis 被添加到 Cabinet 的子部件链表中
Bus ＊ bus = new Bus（"MCA Bus"）;//组合对象
bus->Add（ new Card（"16Mbs Token Ring"））;//往组合对象 bus 中添加一个叶子节点
chassis->Add(bus);//bus 被添加到 chassis 的子部件链表中
chassis->Add( new FloppyDisk（"3.5 in Floppy"））//往组合对象 chassis 中添加一个叶子
节点
cout<<"the net price is "<<chassis->NetPrice（ ）<<endl;//输出组合对象 chassis 的价钱
```

4.2.12 相关模式

通常"部件-父部件"连接用于 Responsibility of Chain 模式。

Decorator 模式经常与 Composite 模式一起使用。当装饰和组合一起使用时,它们通常有一个公共的父类。因此装饰必须支持具有 Add、Remove 和 GetChild 操作的 Component 接口。

Flyweight 共享组件,但不再能引用它们的父部件。

Itertor 可用来遍历 Composite 的子部件。

Visitor 将本来应该分布在 Composite 和 Leaf 类中的操作和行为局部化。

4.3 装饰模式(DECORATOR)——对象结构型模式

4.3.1 意图

装饰模式是动态地给一个对象添加一些额外的职责。装饰模式充分利用了继承和聚合的优势。就增加功能来说,装饰模式比生成子类更为灵活。

4.3.2 别名

包装器模式(Wrapper)。

4.3.3 动机

有时希望给某个对象而不是整个类添加一些功能。例如,一个图形用户界面工具箱允许对任意一个用户界面组件添加一些特性,例如加边框;或是添加一些行为,例如窗口滚动。

使用继承机制是添加功能的一种有效途径,可以在父类中定义并实现边框功能,子类从父类继承边框特性,所有子类的实例都可以使用边框特性。但这种方法不够灵活,因为继承关系是静态的,所以给子类对象添加边框特性也是静态的,用户不能控制对组件加边框的方式和时机。但是,通常情况下,用户希望在使用软件的过程中根据需要给操作对象添加边框特性。

一种较为灵活的方式是将组件嵌入另一个对象中,由这个对象添加边框,称这个对象为装饰。要求这个装饰与它所装饰的组件对象的接口一致,因此用户希望用统一的方式使用所有对象,不管这个对象是否被添加了特性。装饰对象将客户请求转发给该组件对象,并且可能在转发前后执行一些额外的动作。透明性使得可以递归的嵌入多个装饰,从而可以添加任意多的功能。

例如,假定有一个对象 TextView 可以在窗口中显示正文。缺省的 TextView 没有滚动条,因为初始时并不需要滚动条。当需要滚动条时,可以用 ScrollDecorator 添加滚动条。还可以使用 BorderDecorator 对 TextView 周围添加一个粗黑边框。ScrollDecorator、BorderDecorator 等分别实现了一个特性,即装饰。因此只要简单地将这些装饰和 TextView 组合,就可以达到预期的效果。

图 4.6 展示了如何将一个 TextView 对象与 BorderDecorator 和 ScrollDecorator 对象组装起来产生一个具有边框和滚动条的文本显示窗口。

对于用户来说,希望用统一的方式操作所有对象,不关心这个对象是否被添加了哪种特性,所以对于相同的操作接口抽象是统一的,需要用一个父类为所有子类声明统一的接口,这个父类就是 Decorator 类。BorderDecorator 和 ScrollDecorator 类是 Decorator 类的子类,负责实现各自的装饰功能。上述例子设计的结构图如图 4.7 所示。

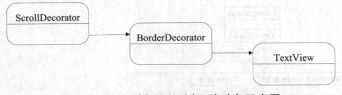

图 4.6 文本对象添加边框、滚动条示意图

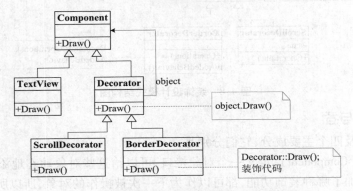

图 4.7 文本对象添加边框、滚动条设计结构图

Component 是抽象类,定义绘制和事件处理的接口。图 4.7 充分表示了 Decorator 类怎样将绘制请求简单地发送给它的组件,以及 Decorator 的子类如何扩展这个操作。Decorator 的子类为特定功能可以自由地添加一些操作,客户通常不会感觉到装饰过的组件与未装饰组件直接的差异,也不会与装饰产生任何依赖关系。

这里需要注意的问题如下:

1)有一个原始操作对象。

2)有装饰功能,一般会有多个。

3)用户只知道操作对象,不知道也不想知道被操作的对象是谁。

4)用户可以在任意时间对任意对象添加额外功能。

4.3.4 适用性

在以下情况下应当考虑使用 Decorator 模式:

1)在不影响其他对象的情况下,以动态、透明的方式给单个对象添加职责。

2)处理那些可以撤销的职责。

3)当不能采用生成子类的方法进行扩充时。一种情况是,可能有大量独立的扩展,为支持每一种组合产生大量的子类,使得子类数目呈爆炸性增长。另一种情况可能是因为类定义被隐藏,或类定义不能用于生成子类。

上述适用性的具体分析在下面的小节中进行描述。

4.3.5 结构图

此模式的结构如图 4.8 所示。

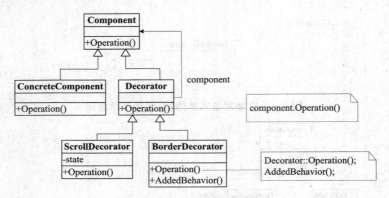

图 4.8　装饰设计模式结构图

4.3.6　参与者

装饰模式涉及四个主要成分,它们分别是:

1)组件父类(Component):定义一个对象接口,可以给这些对象动态地添加职责。所有对象不管是否被添加了哪种装饰功能,都可以作为下一次被操作的对象,所以所有对象的操作被抽象出共同的接口,这些接口必须在 Component 类中声明。

2)具体组件类(ConcreteComponent):定义一个对象,可以给这个对象添加一些职责。一般来说,这是最原始的操作对象。可以有多个不同的具体组件类。这些组件类实例化对象都可以被装饰各种功能。

3)装饰功能父类(Decorator):维持一个指向 Component 对象的指针,并定义一个与 Component 接口一致的接口。当有多个不同的装饰功能时,就需要有此类,其目的是为所有装饰子类声明共同的成员属性、成员函数,成员属性就代表那个需要被装饰的对象。

4)具体装饰功能类(ConcreteDecorator):向组件添加职责。重点关注的是装饰功能的实现,不需要关心被装饰的对象是谁。每一个装饰功能都被独立封装为一个类,例如 BorderDec-orator 和 ScrollDecorator 类。

4.3.7　原型代码框架

1)Decorator.h 文件代码如下:

class Component//组件抽象基类,定义一个对象接口,可以为这个接口动态地添加职责。

{　public:　virtual void Operation( ) = 0;//纯虚函数,由派生类实现　}

class Decorator:public Component //装饰抽象基类,维护一个指向 Component 对象的指针

{

public:

　　Decorator(Component ∗ pComponent) : m_pComponent(pComponent){}//装饰对象的值由构造函数传递

　　~Decorator( );

protected:

　　Component ∗ m_pComponent;//声明一个被装饰的对象

}

class ConcreteComponent:public Component //派生自 Component,在这里表示需要给它动态

添加职责的类

　　{ public：　 void Operation()；//最原始的对象功能 　}；

　　class ConcreteDecorator：public Decorator//派生自 Decorator，这里代表为 ConcreteComponent 动态添加职责的类

　　{

　　public：

　　　　ConcreteDecorator(Component * pComponent)：Decorator(pComponent){}

　　　　~ConcreteDecorator(){}

　　　　void Operation()；//给对象添加装饰功能

　　private：

　　　　void AddedBehavior()；//装饰功能涉及的函数

　　}；

2) Decorator. cpp 文件代码如下：

#include "Decorator. h"

Decorator：：~Decorator(){ delete m_pComponent； m_pComponent = NULL； }

void ConcreteComponent：：Operation()

{ std::cout << "Operation of ConcreteComponent\n"； }

void ConcreteDecorator：：Operation()//给对象添加装饰功能的实现

{

m_pComponent->Operation()；//被装饰的对象，负责完成自己本身的功能

AddedBehavior()；//装饰功能

}

void ConcreteDecorator：：AddedBehavior()//装饰功能

{ std::cout << "AddedBehavior of ConcreteDecorator\n"； }

3) Main. cpp 文件代码如下：

#include "Decorator. h"

void main()

{

　　//初始化一个 Component 对象

　　Component * pComponent = new ConcreteComponent()；

　　//采用这个 Component 对象去初始化一个 Decorator 对象，这样就可以为这个 Component 对象动态添加职责

　　Decorator * pDecorator = new ConcreteDecorator(pComponent)；

　　pDecorator->Operation()；//执行添加装饰的功能

　　delete pDecorator；

}

在后面介绍协作、效果、实现注意问题等内容时，会以上述的代码框架为例进行说明。

4.3.8　协作

装饰模式各个成分之间的协作过程如下：客户首先生成一个 ConcreteComponent 对象，然

后对 ConcreteComponent 对象进行各种装饰功能。在每一次添加装饰功能时,会生成 Decorator 对象,再调用对象的 Operation。Decorator 对象将请求转发给它的 Component 对象,这个对象可以是 Component 的任何子类对象,并有可能在转发请求前后增加一些附加的动作。

4.3.9 优点和缺点(效果)

Decorator 模式至少有两个主要优点和两个缺点:

1)比静态继承更灵活

继承机制要求为每个添加的职责创建一个新的子类,这会产生许多新的类,会增加系统的复杂度。例如,原始的对象类是 C,装饰功能 1 的类是 D1,装饰功能 2 的类是 D2,先有装饰 1 的功能再有装饰 2 的功能的类是 D3,先有装饰 2 的功能再有装饰 1 的功能的类是 D4,先有装饰 1 的功能再有装饰 2 的功能再有装饰 1 功的能的类是 D5,等等,所有装饰组合效果都封装为类,这里 D1、D2、D3、D4、D5 等都是 Decorator 的子类,如果有 n 种不同的装饰组合效果,就需要有 n 个装饰子类,这样就会太多的类,对系统功能的演化来说就是不灵活的。

Decorator 模式采用了对象组合的方式,实现更加灵活的向对象添加职责的方式。只需要将每一种装饰功能单独封装为类,至于装饰功能之间的任意组合要依靠 Decorator 类中的对象 component,用装饰在运行时刻增加和删除职责。所以如果有 m 种不同的装饰功能,就会有 m 个 Decorator 子类,依靠对象 component 实现在动态运行时任意添加装饰功能。同时也有利于增加第 $m+1$ 个装饰功能。

使用 Decorator 模式可以很容易地重复添加一个特性,例如在 TextView 上添加双边框时,仅需添加两个 BorderDecorator 即可。但是,两次继承 Border 类则极容易出错。

2)避免在层次结构高层的类有太多的特征

Decorator 模式提供了一种即用即付的方法来添加职责。可以定义一个简单的类,再用 Decorator 类给它逐渐地添加功能,就可以从简单的部件组合出复杂的功能。应用程序中不关心操作对象是谁,不关心如何操作对象,不关心对象被操作了几次,不关心对象被操作的顺序等问题,所以在 Component 类中只声明客户应用程序需要使用的操作接口,Decorator 类、ConcreteComponent 类实现这个接口,例如 Operation( )。操作接口声明格式统一也是为了在应用程序中利用统一的方式调用功能。ConcreteComponent 类在 Operation( )中实现具体功能。Decorator 类及子类在 Operation( )中实现装饰功能,这些类之间互相不需要关心对方,都致力于自己的工作,这样简化每一个类,降低类之间的耦合度,提高类的内聚。

利用 Decorator 类中的 component 对象实现不限次数、不限顺序的装饰功能。所以,Component 类重点是 Operation( ),Decorator 类重点是 component 及 Operation( ),ConcreteComponent 类、ConcreteDecorator 类重点是实现 Operation( )。

3)Decorator 与 Component 不一样

Component 类是所有对象的抽象描述,声明所有对象共同的、被使用的接口。客户应用程序使用这些对象时,不需要区分对象是否被添加了装饰功能等。

Decorator 类是所有装饰对象的抽象描述,要有一个装饰对象的存储,要有装饰功能。每一个子类的装饰功能不同,都有不同的实现代码。

4)有许多小对象

采用 Decorator 模式进行系统设计往往会产生许多看上去类似的小对象,这些对象仅仅在它们相互连接的方式上有所不同,而不是它们的类或是它们的属性值有所不同。尽管对于那些了解系统的人来说,很容易对它们进行定制,但是很难学习这些系统,排错也很困难。

例如,对 TextView 添加 100 个边框,至少需要生成 100 个被装饰后的对象,这个数量会随着用户的操作不断改变。

4.3.10 要注意的问题

使用 Decorator 模式时应注意以下几点:

1)接口的一致性

装饰对象的接口必须与它所装饰的 Component 的接口是一致的,所有的 ConcreteDecorator 类必须有一个公共的父类。例如上面结构图中所有类中都有 Operation( ),应用程序中采用统一的函数调用语句。

2)省略抽象的 Decorator 类

有 Decorator 类的原因是有多个不同的 ConcreteDecorator 子类,在 Decorator 中声明一个维护操作对象的指针,所有 ConcreteDecorator 子类都是对这个对象进行装饰功能。但是,当仅需要添加一个装饰职责时,没有必要定义抽象 Decorator 类,可以把 Decorator 向 Component 转发请求的职责合并到 ConcreteDecorator 中。

3)保持 Component 类的简单性

为了保证接口的一致性,组件和装饰必须有一个公共的 Component 父类。保持这个类的简单性很重要,即它应集中于定义接口而不是存储数据,对数据表示的定义应延迟到子类中。否则 Component 类会变得过于复杂和庞大,因而难以大量使用。赋予 Component 类太多的功能会使得具体的子类有一些它们并不需要的功能的可能性大大增加。

4)改变对象外壳与改变对象内核

可以将装饰设计模式中 Decorator 类看作是一个对象的外壳,用来改变这个对象的行为,是从外部改变组件,因此原始组件无须对各种装饰功能有任何了解。也就是说,这些装饰对该组件是透明的。但是,要求装饰的接口则必须与组件的接口一致。

例如,在 ConcreteDecorator::Operation( )中"m_pComponent->Operation( );"语句之前或者之后会有装饰功能代码。

但是,当 Component 类原本就很庞大,其中包含了较多的成员属性与成员函数时,使用 Decorator 模式代价太高,每次生成的对象会越来越大。

所以当 Component 类原本就很庞大时,可以采用改变对象的内核的方式进行类的分解。Strategy 模式就是一个用于改变内核的很好的模式。在 Strategy 模式中,组件将它的一些行为转发给一个独立的策略对象,可以替换 Strategy 对象,从而改变或扩充组件的功能。Component 组件本身知道可能进行哪些扩充,因此它必须引用并维护相应的策略。一个策略可以有自己特定的接口。

例如,可以将组件绘制边界的功能延迟到一个独立的 Border 对象中,这样就可以支持不同的边界风格。这个 Border 对象是一个 Strategy 对象,它封装了边界绘制策略。可以将策略的数目从一个扩充为任意多个,这样产生的效果与对装饰进行递归嵌套是一样的。

4.3.11 代码示例

以下 C++代码说明了如何实现用户接口装饰。假定已经存在一个 Component 类 Visual-Component。

```
class VisualComponent
{
public：
  VisualComponent( );
  void Draw( );//声明共同的接口
  void Resize( );//声明共同的接口
  //…
};
```

定义 VisualComponent 的一个子类 Decorator,生成 Decorator 的子类以获取不同的装饰。

```
class Decorator：public VisualComponent
{
public：
  Decorator( VisualComponent * );
  void Draw( );//声明共同的装饰接口
  void Resize( );//声明共同的装饰接口
  //…
private：
  VisualComponent * _component;//声明被装饰的对象
};
```

Decorator 装饰由_component 实例变量引用的 VisualComponent,这个实例变量在构造器中被初始化。对于 VisualComponent 接口中定义的每一个操作,Decorator 类都定义了一个缺省的实现,这一实现将请求转发给_component。

```
void Decorator：: Draw( ) { _component->Draw( ); }
void Decorator：: Resize( ) {_component->Resize( );}
```

Decorator 的子类定义特殊的装饰功能,例如,BorderDecorator 类为它所包含的组件添加一个边框。BorderDecorator 是 Decorator 的子类,它重定义 Draw 操作用于绘制边框。同时 BorderDecorator 还定义一个私有的辅助操作 DrawBorder,由它绘制边框。这些子类继承了 Decorator 类所有其他的操作。

```
class BorderDecorator : public Decorator
{
public：
  BorderDecorator( VisualComponent * , int borderWidth);
  void Draw( );//实现对象的具体装饰功能
private：
  Void DrawBorder(int );//具体装饰功能
private：
  int _width;//为了实现装饰功能需要的参数
};
void BorderDecorator：: Draw( )
```

```
{
    Decorator：：Draw( )；//引用父类中的功能代码
    DrawBorder(_width)；//具体装饰功能
}
```

类似的可以实现 ScrollDecorator 给可视组件添加滚动。组合这些类的实例以提供不同的装饰效果,以下代码展示如何使用 Decorator 创建一个具有边界的可滚动 TextView。

首先,要将一个可视组件放入窗口对象中,假设 Window 类为此已经提供了一个 SetContents 操作,代码如下：

```
void Window：：SetContents ( VisualComponent * contents)
{//…}
```

现在,可以创建一个正文视图 TextView 以及放入这个正文视图的窗口 Window。TextView 是一个 VisualComponent,它可以放入窗口中。实现这个简单功能的代码如下：

```
Window * window = new Window；//窗口对象
TextView * textView= new TextView；//原始正文视图操作对象
Window->SetContents( textView)；//将文视图操作对象放入到窗口对象中
```

下面想要一个有边界的和可以滚动的 TextView,可以在将它放入窗口之前对其进行装饰,实现可以被多次装饰的代码如下：

```
Window->SetContents( New BorderDecorator ( New ScrollDecorator( textView),1))；
```

由于 Window 通过 VisualComponet 接口访问它的内容,因此它并不知道存在该装饰。如果需要直接与正文视图交互,例如,想调用一些操作,而这些操作不是 VisualComponet 接口的一部分,此时可以跟踪正文视图。依赖于组件标识的客户也应该直接引用它。

4.3.12　相关模式

装饰设计模式不同于适配器设计模式,因为装饰仅改变对象的职责而不改变它的接口;而适配器将给对象一个全新的接口。

可以将装饰类视为一个退化的、仅有一个组件的组合类,所以装饰设计模式也可以被看作是组合设计模式中的一种。然而,装饰仅给对象添加一些额外的职责,它的目的不在于对象聚集。

装饰设计模式中用一个装饰可以改变对象的外表,而策略模式可以改变对象的内核。这是改变对象的两种途径。

4.4　结构型模式的选取

结构型模式,顾名思义讨论的是类和对象的结构,采用继承机制来组合接口或实现(类结构型模式),或者通过组合一些对象,从而实现新的功能(对象结构型模式)。这些结构型模式,在某些方面具有很大的相似性,但侧重点却各有不同。Adapter 模式通过类的继承或者对象的组合侧重于转换已有的接口。Decorator 模式采用对象组合而非继承的手法,实现在运行时动态地扩展对象功能的能力,强调的是扩展接口。Composite 模式模糊了简单元素和复杂元素的概念,强调的是一种类层次式的结构。

本章小结

本章共介绍了 3 种设计模式。这些模式各有特点,且有自己的适用范围和限制,学习这些模式必须掌握它们最核心的思想,只有在理解并进行大量实践的基础上,才有可能真正地用好它们。

第 5 章　行为型模式

　　行为型模式涉及算法和对象间的职责分配,不仅描述对象或类的模式,还描述它们之间的通信方式,刻画运行时难以跟踪的复杂控制流,它们将设计者的注意力从控制流转移到对象间的关系上来。

　　对象行为模式使用对象复合而不是继承,描述一组相互对等的对象如何相互协作,以完成其中任何一个对象都单独无法完成的任务。

　　本章中介绍的设计模式有:命令模式、迭代器模式、观察者模式、状态模式。

5.1　命令模式(COMMAND)——对象行为型模式

5.1.1　意图

　　将一个请求封装为一个对象,从而使不同的请求对客户进行参数化;对请求排队或记录请求日志,以及支持可撤销的操作。

5.1.2　别名

　　动作(Action)、事务(Transaction)。

5.1.3　动机

　　在软件系统中,如果将“行为请求”与“行为实现”称为一组行为,那么这组行为通常呈现一种“紧耦合”关系。但在某些场合,比如要对行为进行“记录、撤销/重做、事务”等处理时,这种无法抵御变化的紧耦合是不合适的。在这种情况下,如何将“行为请求者”与“行为实现者”解耦? 将一组行为抽象为对象,可以实现二者之间的松耦合。

　　例如,在绘图编辑器应用程序中,用户可以创建简单组件,可以将简单组件组合为复杂组件,也可以对已经创建好的组件进行各种装饰功能,等等。应用程序提供各种功能,用户随意操作各种功能,会撤销之前的操作、会恢复之前的操作。为了实现任意的撤销、恢复操作,就需要将操作与操作对象分别进行管理。

　　这里需要注意的问题如下:

　　1)有各种不同操作,要执行一个操作就需要发出一个执行命令。

　　2)要有发出命令的执行者与接受命令的执行者。

　　3)每一个执行命令都有一个操作对象。

　　4)每一个命令可以被执行,也可以被取消。

　　5)操作对象可以不同,也可以相同。

　　6)命令的执行、撤销无限制,即什么时候执行、执行多少次、执行顺序等无限制。

　　7)希望能记住命令的执行情况。

5.1.4 适用性

在以下情况下应当考虑使用命令模式：

1）在面向对象系统中，使用命令模式代替"CallBack"。"CallBack"便是先将一个函数登记注册在一个数据结构中，然后当需要的时候去调用此函数。

2）需要在不同的时间指定请求，并将请求排队。一个命令对象和请求发出者各自可以有不同的生命期。换言之，请求发出者可能已经不在了，而命令对象本身仍然是活动的。这时命令的接收者可以在本地，也可以在网络的另外一个地址。命令对象可以在被操作后传送到另外一台机器上去。

3）系统需要支持命令的撤销（undo）。命令对象可以把状态存储起来，等到客户端需要撤销命令所产生的效果时，调用 undo（）方法，实现把命令所产生的效果撤销掉。命令对象还可以提供 redo（）方法，以供客户端在需要时，再重新实施命令效果。

4）如果一个系统要将系统中所有的数据更新到日志里，以便在系统崩溃时，可以根据日志内容重新获取所有的数据更新命令，重新调用 Execute（）方法一条一条执行这些命令，从而恢复系统在崩溃前所做的数据更新。

5）一个系统需要支持交易（Transaction）。一个交易结构封装了一组数据更新命令。使用命令模式来实现交易结构可以使系统增加新的交易类型。

上述适用性的具体分析在下面的小节中进行描述。

5.1.5 结构图

此模式的结构如图 5.1 所示。

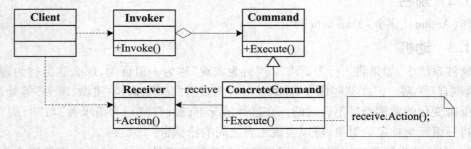

图 5.1 命令设计模式结构图

5.1.6 参与者

命令模式涉及五个主要成分，它们分别是：

1）客户类（Client）：创建一个具体命令（ConcreteCommand）对象并确定其接收者。

2）命令抽象类（Command）：声明一个给所有具体命令类的抽象接口。

3）具体命令类（ConcreteCommand）：定义一个接收者和行为之间的弱耦合的实现方法，例如结构图中的 Execute（），负责调用接收者的相应操作。可能有多个不同的命令。

4）命令请求者类（Invoker）：负责调用命令对象执行请求，相关的方法叫作行动方法。

5）命令接收者类（Receiver）：负责具体实施和执行一个请求。任何一个类都可以成为接收者，实施和执行请求的方法叫作行动方法，例如结构图中的 Action（）。可能有多个不同的命令接收者。

5.1.7　原型代码框架

1）Command. h 文件代码如下：

```
class Command//命令父类
{   public：  void Execute( ) = 0；  }；
class Receiver//命令接收者类
{   public：  void Action( )；  }；
class Invoker//命令请求者类
{
public：
   Invoker( Command * pCommand)；//利用构造函数获得命令参数
   ~Invoker( )；
   void Invoke( )；//发出命令请求功能
private：
   Command * m_pCommand；//命令对象
}；
class ConcreteComand：public Command//具体命令类
{
public：
   ConcreteComand( Receiver * pReceiver)；//利用构造函数获取接收者对象
   ~ConcreteComand( )；
   void Execute( )；//执行命令
private：
   Receiver * m_pReceiver；//命令接收者
}；
```

2）Command. cpp 文件代码如下：

```
#include "Command. h"
void Receiver：：Action( )//命令接收者的行为方法
{   std：：cout << "Receiver Action\n"；  }
Invoker：：Invoker ( Command * pCommand)：m_pCommand( pCommand)  {   }//给 m_
pCommand 赋值
Invoker：：~Invoker( )
{   delete m_pCommand；  m_pCommand = NULL；  }
void Invoker：：Invoke( )
{
   if ( NULL ！= m_pCommand) {m_pCommand->Execute( )；//执行命令}
}
ConcreteComand：：ConcreteComand( Receiver * pReceiver)：m_pReceiver( pReceiver) {   }
ConcreteComand：：~ConcreteComand( ) { delete m_pReceiver； m_pReceiver = NULL； }
void ConcreteComand：：Execute( )//执行命令
```

```
                                                                              }
    if (NULL！= m_pReceiver){m_pReceiver->Action();//命令接收者的行为方法}
    std::cout << "Execute by ConcreteComand\n";//执行命令过程中其他辅助代码
  }
```

3）Main. h 文件代码如下：

```
#include "Command. h"
Void main()
{
    Receiver * pReceiver = new Receiver();//命令接收者
    Command * pCommand = new ConcreteComand(pReceiver);//命令对象
    Invoker * pInvoker = new Invoker(pCommand);//命令请求者
    pInvoker->Invoke();//发出命令请求
    delete pInvoker;
}
```

在后面介绍协作、效果、实现注意问题等内容时，会以上述的代码框架为例进行说明。

5.1.8　协作

命令模式各个成分之间的协作过程如下：

1）client 创建一个 ConcreteCommand 对象，创建指定的 Receiver 对象，然后在命令对象与接收者对象之间建立联系，即在命令对象中存储接收者对象。

2）client 创建 Invoker 对象，在该对象中存储 ConcreteCommand 对象。

3）该 Invoker 通过 Invoke() 发出一个命令请求，这个命令请求被传递给 Command 对象的 execute 操作，来提交一个请求。若该命令是可撤销的，ConcreteCommand 在执行 execute 操作前存储当前状态以用于取消该命令即可。

4）ConcreteCommand 对象获得命令请求后，调用它的 Receiver 的操作以执行该请求。

5.1.9　优点和缺点（效果）

命令设计模式允许命令请求的一方和命令接收的一方能够独立演化，具体体现如下：

1）命令模式使新的命令很容易地被加入系统里

当有新命令时，只需要增加一个新的 Command 子类，在子类中重新实现 ConcreteComand::Execute() 的命令功能。然后在客户应用程序中增加或者修改"new ConcreteComand()"语句，就可以实现新命令功能。

2）允许命令接收者决定是否要接受请求

例如，代码框架中可以利用是否将 pReceiver 传递给哪个命令的方式，来决定 pReceiver 是否要接收命令、接收哪种命令。下面代码就没有对 pReceiver 执行命令，仅是对 pReceiver 执行了本身的行为功能。

```
Receiver * pReceiver = new Receiver();//命令接收者
pReceiver->Action();//执行命令接收者的行为
```

3）能较容易地设计一个命令队列

根据需要，可以有很多个不同命令，针对 Receiver 对象可以执行多次相同命令或者不同命令，可以创建多个不同的 Receiver 对象。所以可以利用链表等数据结构存储多个命令，同时也能够实现无限制的命令操作。

4）可以容易地实现对请求的撤销（undo）和恢复（redo）

用户执行了多次命令后，可以撤销已经执行过的命令，也可以恢复被撤销的命令。可以将所有要被恢复的命令都放到一个恢复链表中，将所有要被撤销的命令都放到一个撤销链表中。每一次命令都存储操作对象，每一个操作对象自己维护功能的实现及数据的计算。所以只需要对命令进行管理，要明确撤销或者恢复的是哪个命令。

5）在需要的情况下，可以较容易地将命令记入日志

对于命令的操作对象来说，只有自己才知道自己的数据有哪些，所以每一个操作对象需要负责存储自己的数据。每执行一个命令就将操作对象的数据等信息保存到日志中。对于应用程序来说，只需要负责发出命令，命令对象只需要负责将命令传递给操作对象，操作对象负责信息的日志保存，所以容易将命令记入日志。在将命令记入日志时要记录相关信息。

6）命令模式把请求一个操作的对象与知道怎么执行一个操作的对象分割开

在命令模式中，利用语句“pInvoker->Invoke( );”发出命令请求，在“Invoker::Invoke( )”中利用语句“m_pCommand->Execute( );”将命令传递给命令接收者，在“ConcreteComand::Execute( )”中利用语句“m_pReceiver->Action( );”执行行为。所以从静态代码结构中看，将 Invoker 类与 Receiver 类分割开，有利于两个类的单独功能演化，例如可以有不同的 Receiver 子类，也可以有不同的 Invoker 子类。

7）命令类与其他任何别的类一样，可以修改和推广

Command 类只负责获得命令后将命令传递给接收者，给接收者发出执行行为的消息，不需要知道命令是由谁发出的，也不需要知道接收者如何执行行为。Command 类重点关注的是如何传递命令，在传递命令之前或者之后可以有相应的辅助功能。当有不同的传递方式时，就需要有不同的 Command 子类。

8）由于加进新的具体命令类不影响其他类，因此很容易增加新的具体命令类

命令模式将命令的请求者、命令的传递、命令的接收者之间分割开，所以容易增加新的命令类。

9）命令模式不足之处

使用命令模式会导致某些系统有过多的具体命令类。某些系统可能需要几十个、几百个甚至几千个具体命令类，这会使命令模式在这样的系统里变得不实际。

5.1.10　要注意的问题

在实现命令设计模式时要考虑下面一些问题：

1）命令应当“重”一些还是“轻”一些

这是 Command 类中包含内容多少的问题，在不同的情况下，可以做不同的选择。如果把命令设计得“轻”，那么它只是提供了一个请求者和接收者之间的耦合而已，命令代表请求者实现请求。即，Receiver 类实现接收者的功能；Command 类起到消息传递的作用，用于建立 Invoker 类与 Receiver 类之间的关系。

相反，如果把命令设计得“重”，那么它就应当实现所有的细节，包括请求所代表的操作，

不再需要接收者。当一个系统没有接收者时，就可以采用这种做法。即，Receiver 类中的功能被合并到 Command 类中，Command 类不仅要接收命令请求者发出的请求，还要完成命令接收功能。

更常见的是处于最"轻"和最"重"的两个极端之间时的情况。命令类动态地决定调用哪一个接收者类。

2）是否支持撤销（undo）和恢复（redo）

如果一个命令类提供一个方法，比如叫 unExecute（），以恢复其操作的效果，那么命令类就可以支持 undo 和 redo。具体命令类需要存储状态信息，包括：

（1）接收者对象实际上实施请求所代表的操作。

（2）对接收者对象所做的操作所需要的参数。

（3）接收者类最初的状态。接收者必须提供适当的方法，使命令类可以通过调用这个方法，以便接收者类恢复原有状态。

如果只需要提供一次的 undo 和 redo，那么系统只需要存储最后被执行的那个命令对象。如果需要支持多次的 undo 和 redo，那么系统就需要存储曾经被执行过的命令的清单，清单能允许的最大长度便是系统所支持的 undo 和 redo 的次数。沿着清单逆着执行清单上的命令的反命令便是 undo；沿着清单顺着执行清单上的命令便是 redo。

3）避免取消操作过程中的错误积累

由于命令重复地执行、取消执行和重执行的过程可能会积累错误，以致一个应用的状态最终偏离初始值。这就有必要在 Command 中存入更多的信息以保证这些对象可被精确地复原。

5.1.11 代码示例

实现一个 OperationCommand 的例子，先做一个请求的接收者 Document（也就是结构图中的 Receiver）。

class Document//命令接收者类，实现一个只存储字符串内容的简单功能

{

public：

    string strContent；

    Document（）{strContent = " "；}

    void setstrContent（string str）{ strContent = str；}

    string getstrContent（）{return strContent ；}

}

定义一个抽象类 Command，仅确定一个接收者和执行该请求的动作，所以只声明一个 Execute 的方法。这个方法在其子类中进行具体实现。

class Command

{   public：void Execute（）；   }

接下来，就要实现各种操作（结构图中的 ConcreteCommand），代码如下。

class WriteCommand ：Command//写操作类

{

    Document doc；//命令接收者对象

    ArrayList ObjectState；//列表

```
public:
    WriteCommand(Document doc, ArrayList state)//构造函数,实现对两个变量的赋值
    {
        this.doc = doc;   ObjectState = state;
    }
    void Execute()//执行命令
    {
        doc.setstrContent(doc.getstrContent()+"Write\n");  //先获取命令接收者的内容,再
进行其他操作
        ObjectState.Add(doc.getstrContent());//将命令接收者的内容存储到列表中
    }
}
class DeleteCommand : Command//删除操作类
{
    Document doc;  //命令接收者对象
    ArrayList ObjectState;  //列表
public:
    DeleteCommand(Document doc, ArrayList state)  //构造函数,实现对两个变量的赋值
    {
        this.doc = doc;   ObjectState = state;
    }
    void Excute()//执行命令
    {
        doc.setstrContent(doc.getstrContent()+"Delete\n");  //先获取命令接收者的内容,再
进行其他操作
        ObjectState.Add(doc.getstrContent());//将命令接收者的内容存储到列表中
    }
}
class UnDoCommand : Command//撤销操作
{
    Document doc;  //命令接收者对象
    ArrayList ObjectState;  //列表
Public:
    UnDoCommand(Document doc, ArrayList state)  //构造函数,实现对两个变量赋值
    {
        this.doc = doc;  ObjectState = state;
    }
    void Excute()//执行命令
    {
```

　　　　　doc. setstrContent（（string）ObjectState[ObjectState. Count - 2]）;//获取列表倒数第2
个节点内容,命令接收者重新给变量赋值
　　　　　ObjectState. Add(doc. strContent);// //将命令接收者的内容存储到列表中
　　　　}
　　}

实现了各种操作后,编写一个客户代码进行测试,具体代码如下。

```
class Program//命令的发送者
{
  void Main( )
  {
    Document doc = new Document( );//命令接收者对象
    string strOperation = Console. ReadLine( );//从控制台获得字符串
    Command com = null;//命令对象
    ArrayList ObjectState = new ArrayList( );//列表
    int i = 0;
    while ( strOperation ! = "Exit" )//判断 strOperation 内容,不是"Exit" 的情况下,执行
下面的代码:
    {
      switch ( strOperation. ToLower( ))//判断 strOperation 内容
      {
        case "write":// 写的情况
        com = new WriteCommand( doc, ObjectState);//生成写命令对象
        com. Excute( );//执行命令
        break;
        case "del":// 删除的情况
        com = new DeleteCommand( doc, ObjectState);//生成删除命令对象
        com. Excute( );//执行命令
        break;
        case "undo":// 撤销的情况
        com = new UnDoCommand( doc, ObjectState);//生成撤销命令对象
        com. Excute( );//执行命令
        break;
        default://默认情况
        Console. WriteLine( "Wrong Operation:" );
        break;
      }
      Console. WriteLine( ObjectState[i] );//控制台显示一行内容
      strOperation = Console. ReadLine( );//从控制台获得字符串
      i++;
```

```
    }
  }
}
```

这个程序中需要有几点说明：

1) 对于 Command 类及子类，不仅接收命令，再将命令传递给接收者，也实现相关功能。

2) 命令接收者的功能简单，并且只有 1 个接收者，所有命令都使用这个接收者。

3) 命令发送者利用 while 实现连环发送命令。

4) 没有考虑对象的销毁问题。

5) 所有命令共享相同的数据空间 ObjectState。

5.1.12　相关模式

Composite 模式可被用来实现命令。命令的接收者可能有多个，但是 Command 类中的接收者的定义是静态的，所以需要利用 Composite 模式来定义及存储命令的接收者。

Memento 模式可用来保持某个状态，命令用这一状态来消除它的效果。

在实现撤销恢复操作时，需要将操作对象的信息保存，这个保存操作是在对象被放入撤销列表之前进行的，执行恢复操作时将需要保存的信息重新拷贝回来，需要使用 Prototype 模式。

5.2　迭代器模式(ITERATOR)——对象行为型模式

5.2.1　意图

提供一种方法顺序访问一个集合对象中的各个元素，而不暴露该对象的内部表示。

5.2.2　别名

游标(Cursor)。

5.2.3　动机

下面用一个简单例子说明为什么使用迭代器模式，以及在使用迭代器模式过程中需要考虑的问题。例如，现在有一个 50 个元素的数组，按照从前往后的顺序访问，并求所有元素的和，实现上述功能要求的参考代码如下。

```
int array[50] = {2,4,3,2,4,5,6,…};
main()
{
    int i = 0;   int sum = 0;
    for (i = 0;i<50;i++) {  sum = sum+array[i];  }
    printf("%d\n",sum);
}
```

之后，发生改变的第一种情况，数组元素个数改变，有 60 个元素，其他功能不变，需要对上述代码做改动，改动后的参考代码如下，改动的重点是 for 循环语句的循环终止条件。

```
int array[60] = {2,4,3,2,4,5,6,…,5,78,9,…};
main()
{
```

```
    int i=0;    int sum=0;
    for (i=0;i<60;i++) {    sum=sum+array[i];    }
    printf("%d\n",sum);
}
```

之后,发生改变的第二种情况,求下标为偶数的元素的和,其他功能不变,需要对上述代码做改动,改动后的参考代码如下,改动的重点是 for 循环语句的循环步长。

```
int array[60]={2,4,3,2,4,5,6,…,…};
main()
{
    int i=0;    int sum=0;
    for (i=0;i<60;i=i+2) {    sum=sum+array[i];    }
    printf("%d\n",sum);
}
```

之后,发生改变的第三种情况,求下标为单数的元素的和,其他功能不变,需要对上述代码做改动,改动后的参考代码如下,改动的重点是 for 循环语句的循环起始。

```
int array[60]={2,4,3,2,4,5,6,…,…};
main()
{
    int i=0;    int sum=0;
    for (i=1;i<60;i=i+2)  {    sum=sum+array[i];    }
    printf("%d\n",sum);
}
```

每次循环方式改变的时候,都需要修改代码,实现新功能要求。这种修改代码的方式违背了"开闭"原则。

针对上述的例子,在设计方案时需要考虑可变的内容是什么? 是数组的访问方式。根据"可变性封装"的原则,将 for 循环语句中涉及循环方式的语句都单独封装,形成的类称为 Iterator 类。目的是使得客户程序在访问数组等聚合数据结构时,所有的循环方式都通过 Iterator 类的方法进行使用。在以后对聚合数据的代码维护过程中,涉及对循环方式的改变,只要改变 Iterator 类就可以。

一种循环方式封装为一个类,如果有多种不同的循环方式则封装为多个类。迭代器模式可以解决上述这些问题。迭代器模式的关键思想是将对列表的访问和遍历从列表对象中分离出来并放入一个迭代器(iterator)对象中。迭代器类定义一个访问该列表元素的接口。迭代器对象负责跟踪当前的元素,即知道哪些元素已经遍历过了。

例如,一个列表(List)类可能需要一个列表迭代器(ListIterator),它们之间的关系如图 5.2 所示。

在实例化列表迭代器 ListIterator 之前,必须提供待遍历的列表 List。一旦有了该列表迭代器的实例,就可以顺序地访问列表 List 的元素。ListIterator 类封装了访问列表的方式,CurrentItem 操作返回列表中的但却元素,First 操作初始化迭代器,使当前元素指向列表的第一个元素,Next 操作将但却元素指针向前推进一步,指向下一个元素,而 IsDone 检查是否已超过最后一个元素,也就是完成了这次遍历。

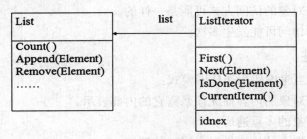

图 5.2　使用迭代器访问列表的设计类图

　　将遍历机制与列表对象分离,可以定义不同的迭代器来实现不同的遍历策略。例如,定义一个过滤列表迭代器(FilteringListIterator),只是用来访问那些满足特定过滤条件的元素。

　　在图 5.2 中,迭代器和列表是通过 List 耦合在一起的,而且客户对象必须知道遍历的是一个列表而不是其他聚合结构。最好能有一种办法,使得不需改变客户代码,就可以改变该迭代器访问的聚合数据类。

　　例如,假定还有一个列表的特殊实现,比如说 SkipList。SkipList 是一种具有类似于平衡树性质的随机数据结构。希望客户代码中统一调用迭代器类的接口对 List 和 SkipList 对象进行访问,需要做如下的工作。

　　首先,定义一个抽象列表类 AbstractList,它提供操作列表的公共接口。类似地,也需要一个抽象的迭代器类 Iterator,它定义公共的迭代接口。然后,可以为每个不同的列表实现定义具体的 Iterator 子类。这样迭代机制就与具体的聚合类无关。具体的设计结果如图 5.3 所示。

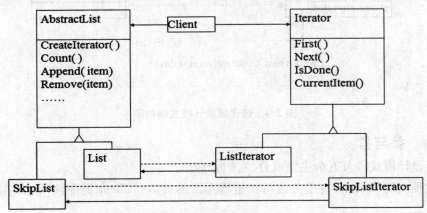

图 5.3　统一迭代器接口的设计图

　　其次,创建迭代器。既然要使这些代码不依赖于具体的列表子类,就不能仅仅简单地实例化一个特定的类,而要让列表对象负责创建相应的迭代器。这需要列表对象提供 CreateIterator 这样的操作,客户请求调用该操作以获得一个迭代器对象。

　　创建迭代器是一个 Factroy Method 模式的例子。在这里用 Factroy Method 模式,使得客户应用程序中,每一个列表对象生成一个合适的迭代器对象。

　　这里需要注意的问题如下:

　　1)有一个或者多个聚合数据对象,并且需要访问这些数据对象。

2)对每一个数据对象的访问方式会发生改变。

3)多个不同数据对象的访问方式可能是一样的。

4)对数据对象的访问可能发生多次。

5.2.4 适用性

在以下情况下应当考虑使用迭代器模式：

1)访问一个聚合对象的内容而无须暴露它的内部表示。

2)支持对聚合对象的多重遍历。

3)为遍历不同的聚合结构提供一个统一的接口。

上述适用性的具体分析将在下面的小节中进行描述。

5.2.5 结构图

此模式的结构如图 5.4 所示。

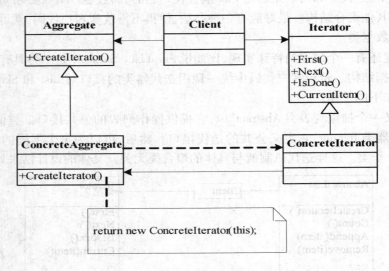

图 5.4 迭代器设计模式结构图

5.2.6 参与者

迭代器设计模式涉及五个主要成分,它们分别是：

1)迭代器父类(Iterator)：定义访问和遍历元素的接口。Client 类中调用这些接口访问聚合对象。

2)具体迭代器子类(ConcreteIterator)：实现迭代器接口,存储要访问的聚合对象,对聚合对象遍历时跟踪当前位置。会有多个这样的子类,每一个子类实现一种循环方式。这些循环方式的细节对 Client 类来说是透明的。

3)聚合父类(Aggregate)：定义创建相应迭代器对象的接口。

4)具体聚合子类(ConcreteAggregate)：实现创建相应迭代器的接口,该操作返回 ConcreteIterator 的一个适当的实例。会有多个这样的子类,每一个子类表示一种聚合数据。

5)客户类(Client)：客户应用程序类,利用 Iterator 接口访问 Aggregate 对象,不需要知道循环访问的细节。

5.2.7 原型代码框架

1) Iterator. h 文件代码如下:

```
typedef int DATA;//宏定义
class Iterater;//先说明有此类
class Aggregate//聚合的父类
{
public:
    Iterater *  CreateIterater( Aggregate  * pAggregate) =  0;//定义一个能够生成迭代器对象
的接口
    int GetSize( )= 0;//聚合的功能函数接口
    DATA GetItem( int nIndex)= 0; //聚合的功能函数接口
};
class Iterater//迭代器的父类
{
public:
    void First( )=  0;//声明循环开始的接口
    void Next( )=  0;// 声明循环步长的接口
    bool IsDone( )=  0;// 声明循环结束的接口
    DATA CurrentItem( )=  0;// 声明循环当前元素的接口
};
class ConcreteAggregate : public Aggregate//一个具体的聚合类,这里表示数组
{
public:
    ConcreteAggregate( int nSize);//利用构造函数给变量赋值
    ~ ConcreteAggregate( );
    Iterater *  CreateIterater( Aggregate  * pAggregate);//返回一个访问自己的迭代器对象
    int GetSize( );//聚合的功能函数
    DATA GetItem( int nIndex); //聚合的功能函数
private:
    int m_nSize; //聚合的参数
    DATA * m_pData; //聚合的参数
};
class ConcreteIterater: public Iterater//访问 ConcreteAggregate 容器类的迭代器类
{
public:
    ConcreteIterater( Aggregate * pAggregate);//利用构造函数接收要访问的聚合对象
    ~ ConcreteIterater( ){}
    void First( );//循环开始
    void Next( );//循环步长
```

```
    BOOL IsDone();//循环结束
    DATA CurrentItem();//循环当前元素
private：
    Aggregate * m_pConcreteAggregate;//循环的聚合对象
    int m_nIndex;//循环使用的下标
};
```

2）Iterator. cpp 文件代码如下：

```
#include "Iterator. h"
//具体聚合类的实现
ConcreteAggregate::ConcreteAggregate(int nSize):m_nSize(nSize), m_pData(NULL)//传
递参数
{
    m_pData = new DATA[m_nSize];//申请 m_nSize 个节点
    for (int i = 0; i < nSize; ++i){m_pData[i] = i;}//给每个节点赋值
}
ConcreteAggregate::~ConcreteAggregate()//析构函数
{
    delete [] m_pData;//释放空间
    m_pData = NULL;//清空指针
}
Iterater * ConcreteAggregate::CreateIterater(Aggregate * pAggregate)//生成迭代器对象的
工厂函数
{
    return new ConcreteIterater(this);//实例化具体迭代器,同时将聚合对象自己传递给迭
代器对象
}
int ConcreteAggregate::GetSize()//获取元素个数
{ return m_nSize; }
DATA ConcreteAggregate::GetItem(int nIndex)//获取节点元素
{
    if (nIndex < m_nSize)
    { return m_pData[nIndex]; }
    else
    { return -1; }
}
//具体迭代器类的实现
ConcreteIterater::ConcreteIterater(Aggregate * pAggregate): m_pConcreteAggregate(pAg-
gregate), m_nIndex(0)//传递参数
{ }
```

```
void ConcreteIterater::First()//循环开始
{
    m_nIndex = 0;//循环下标从 0 开始
}
void ConcreteIterater::Next()//循环步长
{
    if ( m_nIndex < m_pConcreteAggregate->GetSize())//如果循环下标有效
    {++m_nIndex;//步长加 1}
}
Bool ConcreteIterater::IsDone()//循环结束
{
    return m_nIndex == m_pConcreteAggregate->GetSize();//返回循环下标是否到最后的
标志
}
DATA ConcreteIterater::CurrentItem()//循环当前元素
{
    return m_pConcreteAggregate->GetItem(m_nIndex);
}
```

3）Main. cpp 文件代码如下：

```
#include "Iterator. h"
void main()//客户应用程序
{
    Aggregate * pAggregate = new ConcreteAggregate(4);//声明一个聚合对象
    Iterater * pIterater= new ConcreteIterater(pAggregate);//声明一个迭代器对象,同时建
立聚合对象与迭代器对象的关联
    for (; false==pIterater->IsDone(); pIterater->Next())//使用迭代器接口进行循环
    {
        std::cout << pIterater->CurrentItem() << std::endl;
    }
}
```

在后面介绍协作、效果、实现注意问题等内容时,会以上述的代码框架为例进行说明。

5.2.8　协作

ConcreteIterator 跟踪聚合中的当前对象,并能够计算出待遍历的后继对象。客户应用程序只是知道使用迭代器对象接口访问聚合对象,不知道具体如何访问聚合对象的细节信息。

5.2.9　优点和缺点(效果)

迭代器模式有三个重要的作用:

1）支持以不同的方式遍历一个聚合

复杂的聚合可用多种方式进行遍历。例如,遍历一棵树,可以按中序或者按前序来遍历

树。迭代器模式使得改变遍历算法变得很容易,不同的遍历方式封装为一个迭代器类,客户应用程序中仅需用一个不同的迭代器实例代替原先的实例即可改变遍历方式。也可以自己定义迭代器的子类以支持新的遍历。

现在增加一个新的迭代器类 ConcreteIterater2,是 Iterater 的子类,ConcreteIterater2 的定义可以是参数 ConcreteIterater 类,下面是 ConcreteIterater2 的实现代码。

```
ConcreteIterater2::ConcreteIterater2(Aggregate * pAggregate)
:m_pConcreteAggregate(pAggregate), m_nIndex(0){ }
void ConcreteIterater2::First(){    m_nIndex = 1000;}
void ConcreteIterater2::Next()
{
    if (m_nIndex < m_pConcreteAggregate->GetSize())
    { ++m_nIndex;    ++m_nIndex;    }
}
BOOL ConcreteIterater2::IsDone()
{
    return m_nIndex == m_pConcreteAggregate->GetSize();//遍历结束的条件
}
DATA ConcreteIterater2::CurrentItem()
{
    return m_pConcreteAggregate->GetItem(m_nIndex);
}
```

客户应用程序中只需要将下面的语句 1 修改为语句 2 即可,不需要修改对聚合对象循环访问的代码。

语句 1:Iterater * pIterater = new ConcreteIterater(pAggregate);

语句 2:Iterater * pIterater = new ConcreteIterater2(pAggregate);

相同道理,可以增加新的聚合类,通过在客户的应用程序中修改聚合对象的方式,实现同一个迭代器对象访问不同的聚合对象。

2)迭代器简化聚合的接口

使用迭代器的遍历接口,聚合本身就不需要类似的遍历接口,这样可简化聚合类的接口。

3)在同一个聚合上可以有多个遍历

每个迭代器要保持它自己的遍历状态,因此可以对同一个聚合体对象进行多个遍历。例如上面代码框架中的 ConcreteIterater 类中声明的聚合对象的数据类型是 Aggregate,当每一个具体迭代器类中的聚合对象的数据类型都是 Aggregate,那么对于一个相同聚合对象来说,就可以将自己作为参数传递给不同的迭代器的聚合对象,从而实现多种不同的访问方式。

5.2.10　实现注意问题

在实现迭代器设计模式时要考虑下面一些问题:

1)谁控制该迭代

当由客户来控制迭代时,该迭代器称为一个外部迭代器;而当由迭代器控制迭代时,该迭代器称为一个内部迭代器。使用外部迭代器的客户必须主动推进遍历的步伐,显式地向迭代器请求下一个元素。相反,若使用内部迭代器,客户只需向其提交一个待执行的操作,而迭代器对聚合中的每一个元素实施该操作。例如,原型代码框架的 main 函数的 for 循环语句就是使用了内部迭代器来控制循环,在 for 语句之前、之后、内部都没有与控制循环有关的其他语句,迭代器完全控制了循环的节奏。而下面的代码就是一个使用外部迭代器的情况,迭代器自己不能够完全控制循环,利用"if(count>=10)"也可以跳出循环。

```cpp
void main()
{
    Aggregate * pAggregate = new ConcreteAggregate2(4);//聚合对象
    Iterater * pIterater = new ConcreteIterater2(pAggregate);//迭代器对象
    int count=0;
    for(pIterater-> First(); false == pIterater->IsDone(); pIterater->Next())//使用迭
代器
    {
        count++;
        std::cout << pIterater->CurrentItem() << std::endl;
        if(count>=10) break;//循环结束的第 2 种情况
    }
}
```

外部迭代器比内部迭代器更灵活,所以当循环结束的判断条件有多个的时候,可以考虑使用外部迭代器。例如,若要比较两个集合是否相等,这个功能很容易用外部迭代器实现,使用内部迭代器则很难实现。但是,内部迭代器使用较为容易,因为它们已经定义好迭代逻辑。

2)谁定义遍历算法

遍历算法涉及的 First、Next、IsDone 等方法放在哪个类中实现,是一个值得考虑的问题。

(1)遍历算法放到聚合类中

迭代器不是唯一可定义遍历算法的地方。聚合本身也可以定义遍历算法,并在遍历过程中用迭代器来存储当前迭代的状态,称这种迭代器为一个游标,因为它仅用来指示当前位置。客户会以这个游标为一个参数调用该聚合的 Next 操作,而 Next 操作将改变这个指示器的状态。当遍历算法与聚合对象有较多关联,如遍历算法经常访问聚合中的私有成分时,可以考虑上述的实现方式。但是,如果聚合对象希望有多个不同的遍历算法时,上述的实现方法就限制了多种不同遍历算法的实现,同时也破坏了聚合类的内聚性。

(2)遍历算法放到迭代器类中

如果迭代器负责遍历算法,一种遍历算法封装为一个迭代器类,那么将易于在相同的聚合上使用不同的迭代算法,同时也易于在不同的聚合上重用相同的算法。这种实现方式要求遍历算法不要访问聚合的私有变量,否则会破坏聚合的封装性。

3)迭代器健壮程度如何

在遍历一个聚合的同时更改这个聚合是危险的。如果在遍历聚合的时候增加或删除该聚合元素,可能会导致两次访问同一个元素或者遗漏掉某个元素。一个简单的解决办法是拷贝该聚合,并对该拷贝实施遍历,但一般来说这样做代价太高。

一个健壮的迭代器要保证聚合的插入和删除操作不会干扰遍历,且不需要拷贝该聚合。

有许多方法来实现健壮的迭代器。常用的方法是向这个聚合注册该迭代器。当聚合插入或删除元素时,该聚合要么调整迭代器的内部状态,要么在内部维护额外的信息以保证正确的遍历。

下面定义了一个新的迭代器子类 ConcreteIterater3,其中可以保存聚合的元素个数 totalsize,遍历结束的条件就是下标在 totalsize 范围之外,具体参考代码如下:

```
class ConcreteIterater3 : public Iterater//访问 ConcreteAggregate 容器类的迭代器类
{
public:
    ConcreteIterater2(Aggregate * pAggregate);   ~ConcreteIterater2(){}};
    void First();   void Next();   bool IsDone();   DATA CurrentItem();
private:
    Aggregate * m_pConcreteAggregate;//聚合对象
    int m_nIndex;//遍历下标
    int totalsize;//聚合对象中元素的总个数
};
```

下面是 ConcreteIterater3 实现代码。

```
ConcreteIterater3 : : ConcreteIterater2(Aggregate * pAggregate)
: m_pConcreteAggregate(pAggregate), m_nIndex(0)
{
    totalsize = m_pConcreteAggregate->GetSize();//获取聚合对象元素总个数
}
void ConcreteIterater3 : : First()
{   m_nIndex = 1000;}
void ConcreteIterater3 : : Next()
{
    if (m_nIndex < m_pConcreteAggregate->GetSize())
    {   ++m_nIndex;   ++m_nIndex;   }
}
bool ConcreteIterater3 : : IsDone()
{
    return m_nIndex == totalsize;//遍历结束的条件
}
DATA ConcreteIterater3 : : CurrentItem()
{
    return m_pConcreteAggregate->GetItem(m_nIndex);
}
```

从遍历算法的角度来说,ConcreteIterater3 与 ConcreteIterater2 是一样的,不同之处是 ConcreteIterater3 中有个 totalsize 并对其进行使用,在类的开始就对 totalsize 赋值,以后没有改变。从健壮的角度来说 ConcreteIterater3 没有 ConcreteIterater2 健壮,具体情况可以对下面代码进行分析。

```
void main( )
{
    Aggregate * pAggregate = new ConcreteAggregate2(4);//生成聚合对象
    Iterater * pIterater = new ConcreteIterater3(pAggregate);//生成迭代器对象
    int count=0;
    for (pIterater-> First( ); false == pIterater->IsDone( ); pIterater->Next( ))//使用迭
代器
    {
        count++;
        std::cout << pIterater->CurrentItem( ) << std::endl;
        if (count==10)//删除聚合中一个节点,会导致聚合对象中元素个数改变
        {
            delete pIterater->CurrentItem( );    pIterater->CurrentItem( ) = NULL;
        }
    }
}
```

上述代码使用了"if (count==10)"语句删除聚合对象中的一个节点元素,导致聚合对象中元素个数改变,但是迭代器对象中的 totalsize 没有改变,for 语句仍然循环 totalsize 次数,所以当最后一次循环聚合对象时,程序发生错误。发生这种情况的原因是定义 ConcreteIterater3 类时,没有考虑聚合对象的改变问题,导致迭代器健壮程度不高。

4) 附加的迭代器操作

迭代器的最小接口由 First、Next、IsDone、CurrentItem 操作组成,其他一些操作可能也很有用。例如,对有序的聚合可用一个 Previous 操作将迭代器定位到前一个元素;SkipTo 操作用于已排序并做了索引的聚合中,将迭代器定位到符合指定条件的元素对象上,等等。

5) 用于复合对象的迭代器

在 Composite 模式中的那些递归聚合结构上,外部迭代器可能难以实现,因为在该结构中不同对象处于嵌套聚合的多个不同层次,因此一个外部迭代器为跟踪当前的对象必须存储一条纵观该 Composite 的路径。对于复合迭代对象来说,使用一个内部迭代器会更容易一些,迭代对象仅需递归地调用自己即可,隐式地将路径存储在调用栈中,不需显式地维护当前对象位置。

如果复合中的节点有一个接口可以从一个节点移到它的兄弟节点、父节点和子节点,那么基于游标的迭代器是一个好选择。游标只需跟踪当前的节点,可依赖这种节点接口来遍历该复合对象。

复合对象常常需要用多种方法遍历,可用不同的迭代器类来支持不同的遍历。

6) 空迭代器

一个空迭代器是一个退化的迭代器,它有助于处理边界条件。根据定义,一个 NullIterator 总是已经完成了遍历,即它的 IsDone 操作总是返回 true。

使用空迭代器更容易遍历树形结构的聚合。在遍历过程中的每一个节点,可能是叶子节

点,也可能是非叶子节点,都可以向当前的节点请求遍历其各个子节点的迭代器。这种聚合将返回一个具体的迭代器,但叶节点返回 NullIterator 的一个实例。这就可以用一种统一的方式实现在整个结构上的遍历。

5.2.11　代码示例

一个简单的 List 类,给出两个迭代器的实现:一个以从前到后的次序遍历该列表,另一个以从后到前的次序遍历该列表。首先,说明如何使用这些迭代器,以及如何避免限定于一种特定的实现。然后,将改变原来的设计以保证迭代器被正确地删除。最后示例一个内部迭代器并与其相应的外部迭代器进行比较。

1)列表和迭代器类

首先实现 List 类。

```
class List {
public:
    List(long size = DEFAULT_LIST_CAPACITY);//构造函数
    Long Count( );//获取元素个数
    Item & Get( long index);//获取节点元素
    //…
}
```

为确保对不同遍历的透明使用,定义一个迭代器父类,它定义了迭代器接口。

```
class Iterator {
public:
    void First( ) = 0;    void Next( ) = 0;    bool IsDone( ) = 0;    Item CurrentItem( ) = 0;
protected://限制了对构造函数的访问权限
    Iterator( );
}
```

2)迭代器子类的实现

```
class ListIterator: public Iterator //从前到后的次序遍历
{
public:
    ListIterator (List<Item> * aList);
    void First( ); //将迭代器置于第一个元素位置
    void Next( );//使当前元素向前推进一个元素
    bool IsDone( );//检查指向当前元素的索引是否超出了列表
    Item CurrentItem ( );
private:
    List<Item> * _list; //存储 List
    Long _current; //存储列表当前位置的索引
}
```

下面实现迭代器。其中,CurrentItem 返回当前索引指向的元素。若迭代已经终止,则抛出一个 IteratorOutOfBounds 异常。

```
ListIterator::ListIterator (List<Item> * aList):_list(aList),_current(0) { }
void ListIterator::First( ) {_current = 0;}
void ListIterator::Next( ) {_current++;}
bool ListIterator::IsDone( ){return _current >= _list->Count( );}
Item ListIterator::CurrentItem( )
{
    If ( IsDone( ) ) {Throw IteratorOutOfBounds;}
    Return _list->Get(_currrent);
}
```

从后到前的遍历(ReverseListIterator)的实现几乎是一样的,只不过它的 First 操作是将 _current 置于列表的末尾,而 Next 操作将_current 减一,向表头的方向前进一步。

3)使用迭代器

假定有一个雇员(Employee)对象的 List,打印出列表包含的所有雇员的信息。Employee 类用一个 Print 操作来打印本身的信息。为打印这个列表,定义一个 PrintEmployees 操作,以一个迭代器为参数,并使用该迭代器遍历和打印这个列表。

```
void PrintEmployees(Iterator<Employee * >& i )
{
    for ( i.First( ); ! i.IsDone( ); i.Next( ) ) {i.CurrentItem( )->Print( );}
}
```

已经定义了从后向前和从前向后两种遍历的迭代器,可用这个操作以两种次序打印雇员信息。

```
List<Employee * > * employees;//生成雇员列表
ListIterator <Employee * > forward (employees);//从前向后迭代器
ReverseListIterator <Employee * > backward (employees);//从后向前迭代器
PrintEmployees( forward );//从前向后访问雇员列表
PrintEmployees(backward ); //从后向前访问雇员列表
```

4)避免限定于一种特定的列表实现

SkipList 是 List 的子类, SkipListIterator 是 Iterator 的子类,SkipListIterator 访问 SkipList。PrintEmployee 操作能够使用 SkipListIterator 访问 SkipList 存储的雇员列表。

```
SkipList<Employee * > * employees;
SkipListIterator<Employee * > iterator (employees);
PrintEmployees(iterator);
```

上述代码中明确了迭代器类的名称、聚合类的名称,所以每一次修改聚合对象或者迭代器时,都需要修改上述代码。

为了使迭代器对象、聚合对象之间的关联关系具有通用性,可以参考下面的实现方式。为此可以引入一个 AbstractList 类,为不同的列表实现给出一个标准接口。List 类和 SkipList 类成为 AbstractList 的子类。

为支持多态迭代,AbstractList 定义一个 Factory Method,称为 CreateIterator。各个列表子类重定义这个方法以返回相应的迭代器。

```
class AbstractList
{
public：
    Iterator <Item> *  CreateIterator( ) = 0;
    //…
};
```

List 重定义 CreateIterator,返回一个 ListIterator 对象。

Iterator <Item> ＊ List:CreateIterator( ) {Return new ListIterator<Item> (this);}

可以写出不依赖于具体列表表示的打印雇员信息的代码,下面对象都是以父类为数据类型。

AbstractList<Employee ＊ > ＊ employees;

Iterator<Employee ＊ > ＊ iterator = employees->CreateIterator( );

PrintEmployees(＊ iterator);

delete iterator;

以后只需要定义新的 List 类及新的迭代器类,并在新的 List 类中重定义 CreateIterator( ) 方法。在应用程序中只需要修改"AbstractList<Employee ＊ > ＊ employees;"语句即可。

5)保证迭代器被删除

注意 CreateIterator 返回的是一个动态分配的迭代器对象。在使用完毕后,必须删除这个迭代器,否则会造成内存泄漏。可以提供一个 IteratorPtr 作为迭代器的代理,这个机制可以保证在 Iterator 对象离开作用域时清除它。

6)一个内部的 ListIterator

由内部迭代器来控制迭代,并对列表中的每一个元素施行同一个操作。问题是如何实现一个抽象的迭代器,可以支持不同的作用于列表各个元素的操作,利用子类实现具体的迭代方法。

下面是实现办法的一个大体框架,它利用了生成子类的方式来增加新的迭代。这里 List-Traverser 是内部迭代器。

```
class ListTraverser {
public：
    ListTraverser( List<Item> * aList);//利用构造函数接收聚合对象
    Bool Traverse( );//在其中利用迭代器访问聚合对象
protected：
    bool ProcessItem( Item&) = 0;//对聚合对象中某一个元素进行处理
private：
    ListIterator<Item> _iterator;//迭代器对象
}
```

ListTraverser 以一个 List 实例为参数。在内部,它使用一个 ListIterator 进行遍历。Traverse 启动并对每一个元素项调用 ProcessItem 操作。内部迭代器可在某次 ProcessItem 操作返回 false 时提前终止本次遍历。而 Traverse 返回一个布尔值指示本次遍历是否提前终止。

ListTraverser<Item>:ListTraverser(List<Item> ＊ aList):_iterator(aList){ }

```
Bool ListTraverser::Traverse( )
{
    Bool result =false;
    for ( _iterator. First( ); ! _iterator. IsDone( ); _iterator. Next( ))
    {
        result = ProcessItem( _iterator. CurrentItem( )); //获取影响迭代过程的参数
        if ( result == false) { break; } //影响迭代过程的语句
    }
    return result;
}
```

下面使用一个 ListTraverser 来打印雇员列表中的前 10 个雇员。定义一个 ListTraverser 的子类 PrintNEmployees,并重定义 ProcessItem 操作,用一个_count 实例变量对已打印的雇员进行计数。

```
class PrintNEmployees: ListTraverser
{
public:
    PrintNEmployees( List<Employee * > * aList, int n); //利用构造函数接收聚合对象及迭代参数
protected:
    Bool ProcessItem( Employee * e); //重载,用于获取新的影响迭代的参数
private:
    int _total; //聚合对象元素个数
    int _count; //用于控制迭代的参数
}
PrintNEmployees ::PrintNEmployees( List<Employee * > * aList, int n):
ListTraverser ( aList) , _total(n) ,_count(0)
{ }
Bool PrintNEmployees::ProcessItem( Employee * e)
{
    _count++; //记录当前处理的是第几个元素
    e->Print( );
    return _count<_total; //判断已经处理的元素个数是否达到要求个数
```

下面是 PrintNEmployees 怎样打印列表中的头 10 个雇员的代码:

```
List<Employee * > * employees; //聚合对象
PrintNEmployees pa( employees,10); //迭代器对象,处理聚合对象中 10 个元素
Pa. Traverse( ); //使用内部迭代器处理聚合对象,代码通用
```

ListTraverser 中的 Traverse 不需要说明如何进行迭代循环,整个迭代逻辑可以重用,这是内部迭代器的主要优点,但其实现比外部迭代器要复杂一些。下面是使用外部迭代器的例子,

可以用于与内部迭代器比较。

```
ListIterator<Employee * > i(employees);//生成一个迭代器对象
int count=0;
for (i.First( );! i.IsDone( );i.Next( ))//使用迭代器对象进行循环
{
    Count++;   i.CurrentItem( )->Print( );
    if (count>=10) break;//循环的结束会受到此语句的影响
}
```

内部迭代器可以封装不同类型的迭代,具体例子读者自己试验分析。

5.2.12　相关模式

Composite 模式:迭代器常被应用到像复合这样的递归结构上。

Factory Method 模式:多态迭代器靠 Factory Method 来实例化适当的迭代器子类。

Memento 模式:常与迭代器模式一起使用,迭代器可使用一个 Memento 来捕获一个迭代的状态。迭代器在其内部存储 Memento。

5.3　观察者模式(OBSERVER)——对象行为型模式

5.3.1　意图

定义对象间的一种一对多的依赖关系,当一个对象的状态发生改变时,所有依赖于它的对象都得到通知并被自动更新。

5.3.2　别名

依赖(Dependents),发布-订阅(Publish-Subscribe)。

5.3.3　动机

举例说明观察者设计模式。现有一个天气预报系统,利用各个感应器可以获取天气状态,然后将天气状态进行预报。现在有三个布告板,分别根据天气数据对象来更新当前状况、气象统计以及天气预报,这三个布告板有不同的显示项及显示格式。

需要创建一个应用程序 WeatherData,其中使用三个方法分别返回最近的天气测量值,包括气温、湿度和气压值。不必关心这些变量是怎么设置的,WeatherData 对象知道如何从气象站获取更新的信息,使用 getTemperature( )获取温度,使用 getHumidity( )获取湿度,使用 getPressure( )获取压力。WeatherData 的 measurementChanged ( )方法中使用上述三个方法更新当前状况、气象统计以及天气预报的三个布告板中的数值。

measurementsChanged( )方法中加入了获取数据并显示数据的代码的功能,WeatherData 定义及实现具体如下。

```
class WeatherData
{
public:
    void measurementChanged ( );   Float getTemperature( );   Float getHumidity ( );
    Float getPressure ( );
```

```
//其他方法及属性
}
WeatherData∷measurementChanged（ ）
{
    Float temp = getTemperature（ ）;
    Float humidity = getHumidity（ ）;
    Float pressure = getPressure（ ）;
    currentConditionsDisplay. update（temp, humidity, pressure）;
    statisticsDisplay. update（temp, humidity, pressure）;
    forecastDisplay. update（temp, humidity, pressure）;
    //其他方法
}
```

currentConditionsDisplay 是当前状况布告板类, statisticsDisplay 是气象统计布告板类, fore-castDisplay 是天气预报布告板类,其中 update 是根据天气数据更新布告板显示,都使用天气数据 temp、humidity、pressure 的值。

上述天气预报系统的实现代码框架存在一定问题,例如想增加一个新的布告板怎么办? 布告板想改变天气参数怎么办? 如果只有 temp 数据发生变化怎么办? 等等。如果想解决这些问题,那么很显然上述的代码框架系统的维护性很不好。

天气预报系统中有一方获取数据,有三个显示方是依赖数据的,当数据发生变化时,需要告知依赖方进行更新。为了使代码有更好的维护性能,需要有一种通用的方式记录数据方与依赖方之间的关系,并使用通用的方式告诉依赖方数据发生变化。

观察者设计模式可以很好地解决上述问题。Observer 模式描述了如何建立这种关系,关键对象是目标(subject)和观察者(observer)。一个目标可以有任意数目的依赖于它的观察者。一旦目标的状态发生改变,所有的观察者都会得到通知。作为对这个通知的响应,每个观察者都将查询目标以使其状态与目标的状态同步。

这里需要注意的问题如下:

1)有数据来源,并且当时就发生改变时,需要告诉外界。

2)有依赖数据的观察方,当数据发生改变时,需要得到通知并重新操作。

3)依赖数据的观察方会有很多个,对于数据源来说,观察者是谁、观察者的个数都是透明的。

4)观察者依赖的数据源可以有多个,数据源是谁、数据源的个数可以是透明的。

5)当数据源发生改变时,需要主动告诉所有的观察者。

5.3.4　适用性

在以下情况下应当考虑使用观察者描述:

1)当一个抽象模型有两个方面,其中一个方面依赖于另一方面。将这两者封装在独立的对象中以使它们可以各自独立地改变和复用。

2)当对一个对象的改变需要同时改变其他对象,而不知道具体有多少对象有待改变。

3)当一个对象必须通知其他对象,而它又不能假定其他对象是谁。换言之,不希望这些对象是紧密耦合的。

上述适用性的具体分析在下面的小节中进行描述。

5.3.5 结构图

此模式的结构如图 5.5 所示。

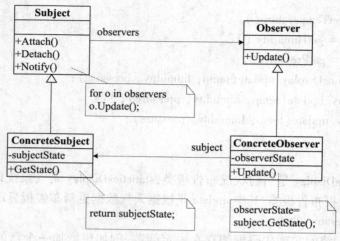

图 5.5 观察者设计模式结构图

5.3.6 参与者

观察者模式涉及四个主要成分,它们分别是:

1) 目标父类 (Subject):目标知道它的观察者,observers 用来存储所有观察者对象,可以有任意多的观察者观察同一个目标。提供注册和删除观察者对象的接口,定义一个通知观察者对象的接口。

2) 观察者父类 (Observer):为那些在目标发生改变时需获得通知的对象定义一个更新接口。

3) 具体目标类(ConcreteSubject):将有关状态存入各自 ConcreteObserver 对象。当它的状态发生改变时,向它的各个观察者发出通知。

4) 具体观察者类(ConcreteObserver):维护一个指向 ConcreteSubject 对象的引用;存储有关目标状态,这些状态应与目标的状态保持一致;实现 Observer 的更新接口以使自身状态与目标的状态保持一致。

5.3.7 原型代码框架

1) Observer.h 文件代码如下:

```
#include <list>
typedef int STATE;
class Observer;
class Subject//目标父类,只需要知道 Observer 基类的声明就可以了
{
public:
    Subject( ) : m_nSubjectState(-1){}
    ~Subject( );
```

```
    void Notify( );//通知对象改变状态
    void Attach( Observer * pObserver);//新增对象
    void Detach( Observer * pObserver);//删除对象
    void SetState(STATE nState); //设置状态
    STATE GetState( );//得到状态
protected:
    STATE m_nSubjectState;//模拟保存 Subject 状态的变量
    std::list<Observer * > m_ListObserver; //保存 Observer 指针的链表
};
class Observer// 观察者父类
{
public:
    Observer( ) : m_nObserverState( -1){}
    ~Observer( ){}
    void Update(Subject * pSubject) = 0; //用于当 Observer 状态发生变化时,通知观察者
使用的接口
protected:
    STATE m_nObserverState; //保存 Observer 状态的变量
};
class ConcreteSubject:public Subject//具体目标类,是 Subject 的子类
{
public:
    ConcreteSubject( ) : Subject( ){}
    ~ConcreteSubject( ){}
    //派生类自己实现来覆盖父类的实现
    void SetState(STATE nState); //设置状态
    virtual STATE GetState( );//得到状态
};
class ConcreteObserver:public Observer//具体观察者类,是 Observer 的子类
{
public:
    ConcreteObserver( ) : Observer( ){}
    ~ConcreteObserver( ){}
    void Update(Subject * pSubject); //实现基类提供的接口
};
```
2) Observer. cpp 文件代码如下:
```
#include "Observer. h"
//Subject 类成员函数的实现
void Subject::Attach( Observer * pObserver)
```

```
    {
      std::cout << "Attach an Observer\n";    m_ListObserver. push_back( pObserver);
    }
    void Subject::Detach( Observer * pObserver)
    {
      std::list<Observer * >::iterator iter;
      iter = std::find( m_ListObserver. begin( ), m_ListObserver. end( ), pObserver);
      if ( m_ListObserver. end( ) ! = iter) { m_ListObserver. erase( iter) ; }
      std::cout << "Detach an Observer\n";
    }
    void Subject::Notify( )//目标通知观察者
    {
      std::cout << "Notify Observers's State\n";
      std::list<Observer * >::iterator iter1, iter2;
      for ( iter1 = m_ListObserver. begin( ), iter2 = m_ListObserver. end( ); iter1 ! = iter2; +
+iter1)
      {
         ( * iter1)->Update( this) ;//通知观察者,并将目标自己作为参数传递给观察者对象
      }
    }
    void Subject::SetState( STATE nState)
    {
      std::cout << "SetState By Subject\n";    m_nSubjectState = nState;
    }
    STATE Subject::GetState( )
    {
      std::cout << "GetState By Subject\n";    return m_nSubjectState;
    }
    Subject::~Subject( )
    {
      std::list<Observer * >::iterator iter1, iter2, temp;
      for ( iter1 = m_ListObserver. begin( ), iter2 = m_ListObserver. end( ); iter1 ! = iter2;)
      {
        temp = iter1;    ++iter1;
        delete ( * temp) ;//释放观察者对象
      }
      m_ListObserver. clear( ) ;
    }
    //ConcreteSubject 类成员函数的实现
```

```
void ConcreteSubject::SetState(STATE nState)
{
    std::cout << "SetState By ConcreteSubject\n";    m_nSubjectState = nState;
}
STATE ConcreteSubject::GetState()
{
    std::cout << "GetState By ConcreteSubject\n";    return m_nSubjectState;
}
```

//ConcreteObserver 类成员函数的实现

```
void ConcreteObserver::Update(Subject * pSubject)
{
    if(NULL == pSubject) return;//防止目标对象不存在
    m_nObserverState = pSubject->GetState();//获取目标数据
    std::cout << "The ObeserverState is " << m_nObserverState << std::endl;//观察者使用
目标数据
}
```

3）Main.cpp 文件代码如下：

```
#include "Observer.h"
void main()
{
    Observer * p1 = new ConcreteObserver;//观察者对象 1
    Observer * p2 = new ConcreteObserver;//观察者对象 2
    Subject * p = new ConcreteSubject;//目标对象
    p->Attach(p1);//给目标对象添加观察者对象
    p->Attach(p2); //给目标对象添加观察者对象
    p->SetState(4);//设置目标对象的数据
    p->Notify();//通知观察者,因为数据发生改变
    p->Detach(p1);//改变目标对象的观察者对象列表
    p->SetState(10);// 设置目标对象的数据
    p->Notify();//通知观察者,因为数据发生改变
    delete p;//释放目标对象
}
```

在后面介绍协作、效果、实现注意问题等内容时,会以上述的代码框架为例进行说明。

5.3.8 协作

1）当 ConcreteSubject 发生任何可能导致其观察者与其自身状态不一致的改变时,它将通知它的各个观察者。例如代码框架中的"p->Notify();"就是目标对象通知所有观察者对象的语句。在 Subject 的 Notify 中调用所有观察者对象的 Update,使其能够接收目标对象的改变通知。在这个过程中目标对象是如何通知观察者对象、通知多少个观察者对象等,这些对于客户程序来说都是透明的。

2）在得到一个具体目标的改变通知后，ConcreteObserver 对象可向目标对象查询信息。ConcreteObserver 使用这些信息使它的状态与目标对象的状态一致。例如代码框架中 ConcreteObserver 的 Update 中代码。

在上述的协作过程中需要注意的是：观察者对象是通过目标对象的 Notify 方法来获得一个变化的通知。目标的 Notify 方法并非总是被客户调用，它也能够被观察者对象调用，或者完全被其他不同类型的对象调用。

5.3.9 优点和缺点（效果）

Observer 模式允许独立地改变目标和观察者，可以单独复用目标对象而无须同时复用其观察者；反之亦然。也可以在不改变目标和其他观察者的前提下增加观察者。

下面是观察者模式描述其他的一些优缺点：

1）目标和观察者间有较小的耦合

一个目标只是知道它有一系列观察者，每个都符合抽象的 Observer 类的简单接口。目标不知道任何一个观察者属于哪一个具体的类。这样目标和观察者之间的耦合是最小的。目标和观察者不是紧密耦合的，它们可以属于一个系统中的不同抽象层次。一个处于较低层次的目标对象可与一个处于较高层次的观察者通信并通知它，这样就保持了系统层次的完整。

例如代码框架中，Subject 中 m_ListObserver 的节点数据类型是 Observer，所有 Observer 子类都可以作为观察者对象存储到 m_ListObserver 中，所有 Subject 子类对象都可以利用 m_ListObserver 通知所有观察者对象。

2）支持广播通信

目标发送的通知不需指定它的接受者。通知被自动广播给已向该目标对象登记的有关观察者对象。目标对象并不关心到底有多少对象对自己感兴趣，它唯一的责任就是通知它的各个观察者。在任何时刻都可以任意增加和删除观察者。处理还是忽略一个通知取决于观察者。

例如代码框架中，Subject 使用 m_ListObserver 存储所有观察者对象，在 Notify 方法中利用 for 循环语句调用所有观察者对象的 Update 方法。ConcreteObserver 的 Update 方法中是如何接收目标数据、如何利用目标数据，都由观察者决定。

3）意外的更新

一般情况下，目标数据的变化由自己决定，观察者不可以修改目标对象的数据，上面代码框架就是不允许观察者修改目标数据的例子。

但是在有些情况下，可能发生观察者修改目标数据。这种情况下，因为一个观察者并不知道其他观察者的存在，它可能对改变目标的最终代价一无所知。对目标数据的修改操作可能会引起一系列对观察者以及依赖于这些观察者的那些对象的更新。此外，如果依赖准则的定义或维护不当，常常会引起错误的更新，这种错误通常很难被捕捉。

简单的数据更新协议不提供具体细节说明目标中什么被改变，这就使得上述问题更加严重。如果没有其他协议帮助观察者发现什么发生了改变，那么就尽力减少改变。

5.3.10 要注意的问题

在实现观察者设计模式时要考虑下面一些问题：

1）创建目标到其观察者之间的映射

　　一个目标对象跟踪它应该通知的观察者的最简单的方法是显式地在目标中保存对它们的引用。例如代码框架中，Subject 使用 m_ListObserver 存储所有观察者对象。

　　然而，当目标很多而观察者较少时，这样存储可能代价很高，因为每一个目标对象中都有一个 m_ListObserver，其中很多观察者对象都是相同的。一个解决办法是用时间换空间，用一个关联查找机制来维护目标到观察者的映射，这个关联查找机制可以在客户程序中实现，当每次目标数据发生改变时，就调用这个关联查找机制去找到所有与此目标有关联的所有观察者对象，然后通知这些观察者对象。这样一个没有观察者的目标就不产生存储开销，但需要在观察者类中存储自己需要的目标，这一方法增加了访问观察者的开销。

　　所以到底是在目标中存储观察者，还是在观察者中存储目标，是需要权衡的。

　　2）观察多个目标

　　在上面的代码框架中，观察者只是依赖一个目标。但是在某些情况下，一个观察者依赖于多个目标可能是有意义的。例如，一个表格对象可能依赖于多个数据源。在这种情况下，必须扩展 Update 接口以使观察者知道是哪一个目标发送来的通知。目标可以简单地将自己作为 Update 操作的一个参数，让观察者知道应去检查哪一个目标。

　　3）谁触发更新

　　目标和它的观察者依赖于通知机制来保持一致。但到底哪一个对象调用 Notify 来触发更新，有两个选择：

　　（1）由目标对象的状态设定操作在改变目标对象的状态后自动调用 Notify。这种方法的优点是客户不需要记住要在什么情况下去调用目标对象的 Notify，缺点是多个连续的操作会产生多次连续地更新，可能效率较低。上面代码框架中的 main 函数中就是每当目标数据改变就调用 Notify。

　　（2）让客户负责在适当的时候调用 Notify。这样做的优点是客户可以在一系列的状态改变完成后再一次性地触发更新，避免了不必要的中间更新。缺点是给客户增加了触发更新的责任，由于客户可能会忘记调用 Notify，这种方式较易出错。

　　4）对已删除目标的悬挂引用

　　当观察者依赖的目标被删除时，必须在观察者中遗留对该目标的悬挂引用。在代码框架 ConcreteObserver 的 Update 方法中首先就是对目标是否存在的判断语句，这个处理过程就是防止目标被删除或者还没有被生成的情况，保证 Update 方法的健壮性。

　　5）在发出通知前确保目标的状态自身是一致的

　　在发出通知前确保状态自身一致，这一点很重要，因为观察者在更新其状态的过程中需要查询目标的当前状态。当 Subject 的子类调用继承的该项操作时，很容易无意中违反自身一致的准则。例如，下面的代码序列中，子类 MySubject 在目标尚处于不一致的状态时，就发出通知，又更新了目标数据，导致目标最后的数据与观察者接收到的数据不一致。

```
void MySubject::Notify( int newValue)
{
    Subject::Notify (newValue);//调用父类中的通知功能
    _myInstVar += newValue;//但是,通知发出后,又改变了数据
}
```

　　6）避免特定于观察者的更新协议-推/拉模型

当目标数据发生改变后,需要通知所有观察者对象,然后所有观察者对象接收到消息后,就要重新获取目标数据。观察者获取的这些数据需要从目标那里传递过来,这些数据可能会较多,也可能会较少,那么目标采用什么方式传递数据?

一个极端的情况是,目标向观察者发送关于改变的详细信息,而不管它们需要与否,称之为推模型。推模型假定目标知道一些观察者的需要的信息。推模型可能使得观察者相对难以复用,因为目标对观察者的假定可能并不总是正确的。简单讲,就是目标最大可能性地将数据传递各观察者。

另一个极端情况是拉模型,目标除最小通知外什么也不送出,而在此之后由观察者显式地向目标询问细节。拉模型强调的是目标不知道它的观察者。拉模型可能效率较差,因为观察者对象需在没有目标对象帮助的情况下确定什么改变了。简单讲,就是观察者自己去目标那里获取数据。

7)封装复杂的更新语义

当目标和观察者间的依赖关系特别复杂时,可能需要一个维护这些关系的对象,称这样的对象为更改管理器(ChangeManager)。它的目的是尽量减少观察者反映其目标的状态变化所需的工作量。例如,如果一个操作涉及对几个相互依赖的目标进行改动,就必须保证仅在所有的目标都已更改完毕后,才一次性地通知它们的观察者,而不是每个目标都通知观察者。

ChangeManager 有三个责任:

(1)它将一个目标映射到它的观察者并提供一个接口来维护这个映射。这就不需要由目标来维护对其观察者的引用,反之亦然。

(2)它定义一个特定的更新策略。

(3)根据一个目标的请求,它更新所有依赖于这个目标的观察者。

5.3.11 代码示例

采用观察者设计模式解决天气预报显示系统的功能要求,设计类结构如图 5.6 所示。

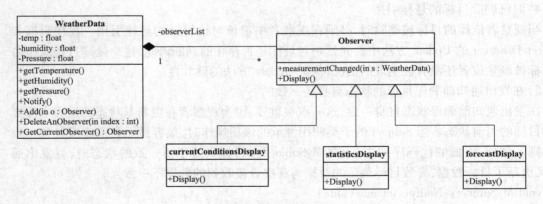

图 5.6 天气预报系统设计类图

因为目标只有一个,即 WeatherData,所有观察者都依赖这个目标,当 WeatherData 中的数据发生改变就调用 Notify 来通知所有观察者进行更新,下面是 WeatherData 的定义代码。

```
class WeatherData
{
```

124

public：

　　Float getTemperature( )；//获取温度

　　Float getHumidity( )；//获取湿度

　　Float getPressure( )；//获取压力

　　void setData(float,float,float)；//设置数据

　　void Add(Observer *)；//添加观察者对象

　　void DeleteAnObserver(Observer *)；//删除指定的观察者对象

　　Observer * GetCurrentObserver( )；//获取指定的观察者对象

　　Void Notify( )；//通知

private：

　　List<Observer * > observerList；//观察者列表

　　Float Temperature；　　Float Humidity；　　Float Pressure；

}

下面是观察者类的定义代码。

class Observer

{

public：

　　void measurementChanged( )；//更新操作

　　void Display(float,float,float)；//显示功能

}

currentConditionsDisplay 是当前状况布告板类,statisticsDisplay 是气象统计布告板类,forecastDisplay 是天气预报布告板类,定义代码分别如下。

class currentConditionsDisplay：public Observer

{public：　　void Display(float,float,float)；//显示功能}

class statisticsDisplay：public Observer

{public：　　void Display(float,float,float)；//显示功能}

class forecastDisplay：public Observer

{public：　　void Display(float,float,float)；//显示功能}

下面是 WeatherData 实现代码。

void WeatherData：：setData(float cd,float sd,float fd)

{Temperature=cd；Humidity=sd；Pressure=fd；}

void WeatherData：：getTemperature ( ){ return Temperature；}

void WeatherData：：get Humidity ( ){ return Humidity；}

void WeatherData：：get Pressure ( ){ return Pressure；}

void WeatherData：：Notify( )

{for (int i=0；i<observerList. size( )；i++) observerList. at(i). measurementChanged(this)；}

下面是 Observer 的 measurementChanged 实现代码,所有子类都有相同的获取目标数据的方式,然后观察者更新显示结果。

void Observer：：measurementChanged(WeatherData s)

```
{
    Float temp = s. getTemperature( );    Float humidity = s. getHumidity( );
    Float pressure = s. getPressure( );    Display(temp, humidity, pressure);
}
```

下面是各个具体观察者的显示操作的实现代码。

```
void currentConditionsDispaly::Display(float,float,float)
{//书写具体显示功能代码}
void statisticsDispaly::Display(float,float,float)
{//书写具体显示功能代码}
void forecastDispaly::Display(float,float,float)
{//书写具体显示功能代码}
```

客户应用程序中负责创建目标对象,及所有观察者对象,然后将观察者对象添加到目标中,当目标数据发生改变时,负责通知所有的观察者,具体代码如下。

```
void main( )
{
    WeatherData data;//目标对象
    currentConditionsDispaly *  cd = new currentConditionsDispaly( );//观察者对象
    statisticsDispaly *  sd = new statisticsDispaly ( );//观察者对象
    forecastDispaly *  fd = new forecastDispaly ( );//观察者对象
    data. Add(cd);//设置目标与观察者关联
    data. Add(sd); //设置目标与观察者关联
    data. Add(fd); //设置目标与观察者关联
    data. setData(10,20,30);//设置数据
    data. Notify( );//通知观察者
}
```

5.3.12 相关模式

Mediator:通过封装复杂的更新语义,ChangManager 充当目标和观察者之间的中介者。

Singleton:ChangeManager 可使用 Singleton 描述来保证它是唯一的并且是全局访问的。

5.4 状态模式(STATE)——对象行为型模式

5.4.1 意图

允许一个对象在其内部状态改变时改变它的询问。对象看起来似乎修改了它的类。

5.4.2 别名

状态对象(Objects for States)。

5.4.3 动机

一个表示网络连接的类 TCPConnection,其对象有三种不同状态:连接已建立(Established)、正在监听(Listening)、连接已关闭(Closed)。在 TCPConnection 中,使用 State 描述状

态,在每一种状态下表现出不同的行为。

当一个 TCPConnection 对象收到其他对象的请求时,它根据自身的状态做出不同的反应。例如一个 Open 请求,该请求的结果依赖于当前的状态,当前状态不同,Open 请求的结果反应也是不同的,对 Open 请求有实际反应的状态有:连接已关闭状态,还是连接已建立状态。

因为在不同状态下有不同的行为操作,行为操作执行完后,系统会进入下一个状态,并且当前状态下可以进行很多的操作。所以将不同的状态及当前状态下可以进行的操作封装为类,即有三个类:连接状态类 TCPEstablished、监听状态类 TCPListening、关闭状态类 TCPClosed。在每种状态下,客户都进行相同的操作,即打开操作 Open、关闭操作 Close,等等。

使用父类 TCPState 抽象表示网络的连接状态,TCPEstablished、TCPListening、TCPClosed 都是它的子类。TCPState 类为各表示不同的操作状态的子类声明公共接口。TCPState 的子类实现与特定状态相关的行为。例如,TCPEstablished 和 TCPClosed 类分别实现特定于 TCPConnection 的连接已建立状态和连接已关闭状态的行为。图 5.7 所示为网络连接例子设计结构图。

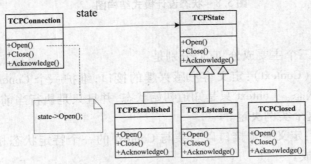

图 5.7　网络连接例子设计结构图

TCPConnection 类维护一个表示 TCP 连接当前状态的状态对象 state。TCPConnection 类将所有与状态相关的请求委托给这个状态对象。TCPConnection 使用它的 TCPState 子类实例来指向特定于连接状态的操作。一旦连接状态改变,TCPConnection 对象就会改变它所使用的状态对象。例如当连接从已建立状态转为已关闭状态时,TCPConnection 会用一个 TCPClosed 的实例来代替原来的 TCPEstablished 的实例。

这里需要注意的问题如下:

1)客户应用程序中有多个状态。多个状态之间会进行转换。

2)不同状态下有不同的操作。

3)当前状态下可以进行很多操作。

4)当前状态与下一个状态的转换最好由当前状态完成。

5)客户应用程序最好只是知道初始状态,不想知道不同状态之间的转换规则。

5.4.4　适用性

在以下情况下应当考虑使用 State 模式:

1)一个对象的行为取决于它的状态,并且它必须在运行时刻根据状态改变它的行为。

2)一个操作中含有庞大的多分支的条件语句,且这些分支依赖于该对象的状态。这个状态通常用一个或多个枚举常量表示。通常,有多个操作包含这一相同的条件结构。State 模式将每一个条件分支放入一个独立的类中。可以根据对象自身的情况将对象的状态作为一个对象,这个对象可以不依赖于其他对象而独立变化。

上述适用性的具体分析在下面的小节中进行描述。

5.4.5 结构图

此模式的结构如图 5.8 所示。

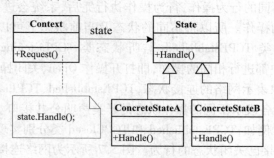

图 5.8　状态设计模式结构图

5.4.6 参与者

状态设计模式涉及三个主要成分,它们分别是:

1)客户应用程序类(Context):定义客户感兴趣的接口,维护一个 ConcreteState 子类的实例,这个实例表示当前状态。Context 只是知道初始状态,并且只是执行当前状态下的操作,至于当前状态是什么,由这个实例决定。

2)状态父类(State):定义一个接口以封装与 Context 的一个特定状态相关的行为。具体接口实现由不同子类完成。

3)具体状态子类(ConcreteStateA):每个子类实现一个与 Context 的一个状态相关的行为,并且负责完成当前状态与下一个状态的转换。会有多个具体状态子类,每个子类实现不同状态下的操作。

5.4.7 原型代码框架

1)State.h 文件代码如下:

```
class State;//先声明有这个类
class Context//客户类
{
public:
    Context(State * pState);//构造函数,并且获取初始状态
    ~Context();
    void Request();//环境请求操作
    void ChangeState(State * pState);//状态转换
private:
    State * m_pState;//状态
};
class State//状态父类
{public:void Handle(Context * pContext) = 0;//声明当前状态下要执行的操作接口};
```

```
class ConcreteStateA:public State//具体状态子类
{public:void Handle(Context * pContext);//实现当前状态下的操作};
class ConcreteStateB:public State//具体状态子类
{public:void Handle(Context * pContext);//实现当前状态下的操作};
```

2)State. cpp 文件代码如下:

```
#include "State. h"
Context::Context(State * pState):m_pState(pState){}//接收初始状态
Context::~Context(){delete m_pState; m_pState = NULL;//释放状态对象空间}
void Context::Request()//环境请求
{
    if (NULL！= m_pState)//保证状态对象存在
    {m_pState->Handle(this);//执行当前状态下的操作}
}
void Context::ChangeState(State * pState)//状态转换
{
    if (NULL！= m_pState){delete m_pState; m_pState = NULL;//释放前一个状态对象空间}
    m_pState = pState;//设置下一个状态
}
void ConcreteStateA::Handle(Context * pContext)//A 状态下的操作
{
    std::cout << "Handle by ConcreteStateA\n";//A 状态下的操作功能代码
    if (NULL！= pContext)//保证状态所在的环境对象存在
    {pContext->ChangeState(new ConcreteStateB());//最后,要转换到下一个状态}
}
void ConcreteStateB::Handle(Context * pContext) //B 状态下的操作
{
    std::cout << "Handle by ConcreteStateB\n";//B 状态下的操作功能代码
    if (NULL！= pContext) //保证状态所在的客户对象存在
    {pContext->ChangeState(new ConcreteStateA());//最后,要转换到下一个状态}
}
```

3)Main. cpp 文件代码如下:

```
#include "State. h"
void main()
{
    State * pState = new ConcreteStateA();//初始状态
    Context * pContext = new Context(pState);//环境对象
    pContext->Request();//环境请求
    pContext->Request();//环境请求
```

```
pContext->Request();//环境请求
delete pContext;//释放环境对象空间
}
```

在后面介绍协作、效果、实现注意问题等内容时,会以上述代码框架为例进行说明。

5.4.8　协作

1)当 Context 发出操作请求,会将请求委托给当前的 ConcreteState 对象处理。例如代码框架中,在 Context 的 Request()中使用"m_pState->Handle(this);"语句,让状态对象完成操作请求。对于 Context 来说,不关心 m_pState 具体是什么状态对象,只是知道 m_pState 代表当前状态。

2)Context 可将自身作为一个参数传递给处理该请求的状态对象,这使得状态对象在必要时可访问 Context。例如代码框架中,在 ConcreteStateA 的 Handle(Context * pContext)函数中就传递了环境对象,在函数代码中使用"pContext->ChangeState(new ConcreteStateB());"语句实现状态的转换,状态对象 m_pState 是在 Context 类中被声明并被维护。

3)Context 是客户使用的主要对象。客户可用初始状态对象来配置 Context 中的 m_pState,配置完毕后,客户不需要直接与状态对象 m_pState 打交道。

4)Context 或 ConcreteState 子类都可决定哪个状态是另外哪一个的后继者,以及是在何种条件下进行状态转换。例如代码框架中,就是由 ConcreteState 子类自己完成后继状态的转换,Context 没有关心状态转换。

5.4.9　优点和缺点(效果)

State 模式有下面一些效果:

1)它将与特定状态效果的行为局部化,并且将不同状态的行为分割开

State 模式将所有与一个特定的状态相关的行为都放入一个对象中。因为所有与状态相关的代码都存在于某一个 State 子类中,所以通过定义新的子类可以很容易地增加新的状态和转换。例如代码框架中只是实现了 2 个状态子类,现在增加第 3 个状态子类,可以参考如下的实现代码。首先增加状态子类 ConcreteStateC,类的声明类似于 ConcreteStateA 等。然后实现 ConcreteStateC。

```
void ConcreteStateC::Handle(Context * pContext) //C 状态下的操作
{
    std::cout << "Handle by ConcreteStateC\n"; //C 状态下的操作功能代码
    if(NULL ! = pContext) //保证状态所在的客户对象存在
    {pContext->ChangeState(new ConcreteStateA());//最后,要转换到下一个状态 A}
}
```

需要注意的是,要修改 ConcreteStateA 或者 ConcreteStateB 的 Handle,使得第三个状态可以成为其他某一个状态的后继状态。

```
void ConcreteStateB::Handle(Context * pContext) //B 状态下的操作
{
    std::cout << "Handle by ConcreteStateB\n"; //B 状态下的操作功能代码
    if(NULL ! = pContext) //保证状态所在的客户对象存在
```

　　　　｜pContext->ChangeState(new ConcreteStateC( )) ;//最后,要转换到下一个状态 C,增加一个新状态子类需要修改此处的状态转换代码

　　　　｜

　　　｝

　　对于状态转换功能来说,采用状态设计模式可以解决程序中大量条件语句或 switch 语句问题,将状态转换功能放入到各个状态子类中完成,这个过程会对状态子类造成一定的负担。

　　同时,将每个状态下要完成的功能单独封装,也会增加状态子类的数量。在每个状态下要完成的功能不是很多、不是很复杂的情况下,会导致每个状态子类不够紧凑。但是如果有许多状态时这样的分布实际上更好一些,否则需要使用巨大的条件语句。正如很长的过程语句一样,巨大的条件语句是不受欢迎的。它们形成一个整块并且使得代码不够清晰,又使得代码难以修改和扩展。

　　State 模式提供一个更好的方法来组织与特定状态相关的代码,决定状态转移的逻辑不在单块的 if 或 switch 语句中,而是分布在 State 子类之间。将某一个状态转移和动作封装到一个类中,就把着眼点从执行状态提高到整个对象的状态,使代码结构化并使其意图更加清晰。

　　2)它使得状态转换显式化

　　当一个对象仅以内部数据值来定义当前状态时,其状态仅表现为对一些变量的赋值,这种情况不能充分说明状态设计模式。当处于某一种状态下,会进行复杂行为,并且当前状态行为执行完后会进入下一个状态,所以为不同的状态引入独立的对象使得转换变得更加明确。而且,State 对象可保证 Context 不会发生内部状态不一致的情况,因为从 Context 的角度看,状态的正确转换是一个原子操作,即状态转换过程在状态对象内完成,Context 只需要维护状态初始值就可以,不需要知道有多少个状态,不需要负责状态之间的转换。上述代码框架就是这种实现方式。

　　3)State 对象可被共享

　　当有多个 Context 对象的情况下,如果 State 对象没有实例变量,即它们表示的状态不会动态改变,那么 Context 对象可以共享一个 State 对象。当状态以这种方式被共享时,它们必然是没有内部状态,只有行为的轻量级对象。

5.4.10　要注意的问题

　　在实现状态设计模式时要考虑下面一些问题:

　　1)谁定义状态转换

　　状态转换可以有下面两种实现情况:

　　(1)在 Context 中实现。有时状态转换规则是固定的,那么 State 模式可以不指定哪一个参与者定义状态转换准则,可在 Context 中实现状态转换,这样有利于对转换规则的维护。

　　(2)在 State 子类中实现。如果让 State 子类自身指定它们的后继者状态并进行转换,通常更灵活。这需要 Context 增加一个接口,在接口函数中实现状态转换,至于接口函数传递的实参则由 State 对象显式地设定,即由 State 子类来指定 Context 的当前状态。

　　用这种方法分散转换逻辑可以很容易地定义新的 State 子类来修改和扩展该逻辑。这样做的一个缺点是,一个 State 子类至少拥有一个其他子类的信息,这就在各个子类之间产生了实现依赖。

　　2)创建和销毁 State 对象

在 Context 中,需要执行当前状态下的操作,每一种状态都可能被执行,那么这些状态什么时候被创建、什么时候被销毁呢? 有两种方案:(1)仅当需要 State 对象时才创建它们并随后销毁它们;(2)提前创建它们并且始终不销毁它们,直到系统结束。

当上下文不经常改变状态时,第一种方案较为可取。但是,可能会创建一些不常被使用的状态对象,而这些状态对象又存储了大量的信息。

当状态改变很频繁时,第二种方案较好。在这种情况下最好避免销毁状态,因为可能很快会再次需要用到它们。此时可以预先一次性创建各个状态对象,并且在运行过程中根本不存在销毁状态对象的开销。但是这种方法可能不太方便,因为 Context 必须保存对所有可能会进入的那些状态的引用。

5.4.11　代码示例

下面的例子给出了在动机一节描述的 TCP 连接例子的 C++代码。这个例子是 TCP 协议的一个简化版本,它并未完整描述 TCP 连接的协议及其所有状态。

首先,定义类 TCPConnection,它提供了一个传递数据的接口并处理改变状态的请求。

```
class TCPOctetStream;//声明有这个类
class TCPState; //声明有这个类
class TCPConnection
{
public:
  TCPConnection( );
  void ActiveOpen( );   void PassiveOpen( );   void Close( ); void Send( );
  void Acknowledge( );   void Synchronize( );   void ProcessOctet( TCPOctetStream * );
private:
  friend class TCPState;//友元类,在这个类中可以访问 TCPConnection 类中的成员属性
  void ChangeState( TCPState * );//改变状态的函数,权限是 Private,目的是控制此函数
的调用
private:
  TCPState * _state;//状态对象
};
```

TCPConnection 在_state 变量中保持一个 TCPState 类的实例。类 TCPState 引用 TCPConnection 状态改变接口 ChangeState。某一个 TCPState 操作都以一个 TCPConnection 实例作为一个参数,从而让 TCPState 可以访问 TCPConnection 中的数据和改变连接的状态。

```
class TCPState
{
public:
  void Transimit( TCPConnection * , TCPOctetStream * );
  void ActiveOpen( TCPConnection * );
  void PassiveOpen( TCPConnection * );
  void Close( TCPConnection * );
  void Synchronize( TCPConnection * );
```

```
    void Acknowledge(TCPConnection *);
    void Send(TCPConnection *);
protected：
    void ChangeState(TCPConnection *, TCPState *);//状态转换
};
```

TCPConnection 将所有与状态有关的请求委托给它的 TCPState 实例_state。TCPConnection 还提供一个操作 ChangeState，用于将这个变量设为一个新的 TCPState。TCPConnection 的构造器将该状态对象初始化为 TCPClosed 状态。下面是 TCPConnection 的实现代码。

```
TCPConnection::TCPConnection() { _state=TCPClosed::Instance(); }
void TCPConnection::ChangeState(TCPState * s) { _state=s; }
void TCPConnection::ActiveOpen() { _state-> ActiveOpen(this); }
void TCPConnection::PassiveOpen() { _state-> PassiveOpen (this); }
void TCPConnection::Close() { _state-> Close (this); }
void TCPConnection::Acknowledge() { _state-> Acknowledge (this); }
void TCPConnection::Synchronize() { _state-> Synchronize (this); }
```

TCPState 为所有委托给它的请求实现缺省的行为，它也可以调用 ChangeState 操作来改变 TCPConnection 的状态。TCPState 被定义为 TCPConnection 的友元类，从而给了它访问这一操作的特权。

```
void TCPState::Transimit(TCPConnection *, TCPOctetStream *) { }
void TCPState::ActiveOpen(TCPConnection *) { }
void TCPState::PassiveOpen(TCPConnection *) { }
void TCPState::Close(TCPConnection *) { }
void TCPState::Synchronize(TCPConnection *) { }
void TCPState::ChangeState(TCPConnection * t, TCPState * s)
{ t->ChangeState(s);//使用 TCPConnection 中权限是 private 的成员 }
```

TCPState 的子类实现与状态有关的行为。一个 TCP 连接可处于多种状态：已建立、监听、关闭，对每一个状态都有一个 TCPState 子类，分别是：TCPEstablished、TCPListen、TCPClosed。下面是这三个类的声明代码。

```
class TCPEstablished: public TCPState
{
public：
    static TCPState * Instance();
    void Transmit(TCPConnection *, TCPOctetStream *);
    void Close(TCPConnection *);
};
class TCPListen: public TCPState
{
public：
    static TCPState * Instance();
```

```
        void Send( TCPConnection * );
        //...
}
class TCPClosed: public TCPState
{
public:
        static TCPState * Instance( );
        void ActiveOpen( TCPConnection * );
        void PassiveOpen( TCPConnection * );
        //...
}
```

TCPState 的子类没有局部状态,并且每个子类只需一个实例。每个 TCPState 子类的唯一实例由静态的 Instance 操作得到。每一个 TCPState 子类为该状态下的合法请求实现与特定状态相关的行为,下面是 TCPClosed 的具体实现代码。

```
void TCPClosed::ActiveOpen( TCPConnection * t)
{
// send SYN, receive SYN, ACK, etc.
ChangeState( t, TCPEstablished::Instance( ));
}
void TCPClosed::PassiveOpen ( TCPConnection * t)
{
ChangeState( t, TCPListen::Instance( ));
}
void TCPEstablished::Close ( TCPConnection * t)
{
// send FIN, receive ACK of FIN.
ChangeState( t, TCPListen::Instance( ));
}
void TCPEstablished::Transmit ( TCPConnection * t, TCPOctetStream * o)
{
t->ProcessOctet( o);
}
void TCPListen::Send( TCPConnection * t)
{
// send SYN, receive SYN, ACK, etc.
ChangeState( t, TCPEstablished::Instance( ));
}
```

在完成与状态相关的工作后,这些操作调用 ChangeState 操作来改变 TCPConnection 的状态。TCPConnection 本身对 TCP 连接协议一无所知,是由 TCPState 子类来定义 TCP 中的每一个状态转换和动作。

5.4.12　相关模式

Flyweight 描述解释了何时以及怎样共享状态对象。

状态对象通常是 Singleton。

本章小结

本章共介绍了 4 种设计模式。这些模式各有特点,有自己的适用范围和限制,学习这些模式必须掌握它们最核心思想,只有在理解并进行大量实践的基础上,才有可能真正地用好它们。

第6章　软件体系结构概述

6.1　软件体系结构的兴起和发展

20世纪60年代的软件危机使得人们开始重视对软件工程的研究。起初,人们把软件设计的重点放在数据结构和算法的选择上,随着软件系统规模越来越大、越来越复杂,整个系统的结构和规格说明显得越来越重要。软件危机的程度日益加剧,现有的软件工程方法对此显得力不从心。对于大规模的复杂软件系统来说,对总体的系统结构的设计和规格的说明比起对计算的算法和数据结构的选择重要得多。在此种背景下,人们开始认识到软件体系结构的重要性,并认为对软件体系结构系统、深入地研究将会成为提高软件生产率和解决软件维护问题的新的、最有希望的途径。

自从软件系统首次被分成许多模块,模块之间相互作用,组合起来有整体的属性,就具有了体系结构。好的开发者常常会使用一些体系结构模式作为软件系统结构设计策略,但没有规范地、明确地表达出来,这样就无法将开发者的知识与别人交流。软件体系结构是设计抽象的进一步发展,能满足更好地理解软件系统,更方便地开发更大、更复杂的软件系统的需要。

事实上,软件总是有体系结构的,不存在没有体系结构的软件。体系结构一词在英文里就是"建筑"的意思,把软件比作一座楼房,是因为从整体上讲它有基础、主体和装饰,即操作系统之上的基础设施软件、实现计算逻辑的主体应用程序、方便使用的用户界面程序。从细节上来看,每一个程序也是有结构的。早期的结构化程序就是以语句组成模块,模块的聚集和嵌套形成层层调用的程序结构,也就是体系结构。结构化程序的程序(表达)结构和(计算的)逻辑结构的一致性及自顶向下的开发方法自然而然地形成了体系结构。由于结构化程序设计时的程序规模不大,通过强调结构化程序设计方法学,自顶向下,逐步求精,并注意模块的耦合性,就可以得到相对良好的结构,所以,并未特别研究软件体系结构。

软件体系结构建立的过程是从传统的软件工程进入面向对象的软件工程,研究整个软件系统的体系结构,寻求建构最快、成本最低、质量最好的构造过程。软件体系结构虽脱胎于软件工程,但其形成同时借鉴了计算机体系结构和网络体系结构中很多宝贵的思想和方法。最近几年,软件体系结构研究已完全独立于软件工程的研究,成为计算机科学的一个最新的研究方向和独立学科分支。软件体系结构研究的主要内容涉及软件体系结构描述、软件体系结构风格、软件体系结构评价和软件体系结构的形式化方法等。解决好软件的重用、质量和维护问题,是研究软件体系结构的根本目的。

6.1.1　软件体系结构的定义

虽然软件体系结构已经在软件工程领域中有着广泛的应用,但迄今为止还没有一个被大家所公认的定义。许多专家学者从不同角度和不同侧面对软件体系结构进行了刻画,较为典型的定义有：

1) 德韦恩·佩里（Dewayne Perry）和亚历克斯·沃尔夫（Alex Wolf）曾这样定义：软件体系结构是具有一定形式的结构化元素，即构件的集合，包括处理构件、数据构件和连接构件。处理构件负责对数据进行加工，数据构件是被加工的信息，连接构件把体系结构的不同部分组组合连接起来。这一定义注重区分处理构件、数据构件和连接构件，这一方法在其他的定义和方法中基本上得到保持。

2) 马丽·肖（Mary Shaw）和大卫·盖伦（David Garlan）认为软件体系结构是软件设计过程中的一个层次，这一层次超越计算过程中的算法设计和数据结构设计。体系结构问题包括总体组织和全局控制、通信协议、同步、数据存取，给设计元素分配特定功能，设计元素的组织、规模和性能，在各设计方案间进行选择等。软件体系结构处理算法与数据结构之上关于整体系统结构设计和描述方面的一些问题，如全局组织和全局控制结构、关于通信、同步与数据存取的协议，设计构件功能定义，物理分布与合成，设计方案的选择、评估与实现等。

3) 克鲁滕（Kruchten）指出，软件体系结构有四个角度，它们从不同方面对系统进行描述：概念角度描述系统的主要构件及它们之间的关系；模块角度包含功能分解与层次结构；运行角度描述了一个系统的动态结构；代码角度描述了各种代码和库函数在开发环境中的组织。

4) 海斯·罗特（Hayes Roth）则认为软件体系结构是一个抽象的系统规范，主要包括用其行为来描述的功能构件和构件之间的相互连接、接口和关系。

5) 大卫·盖伦（David Garlan）和德韦恩·佩里（Dewne Perry）于 1995 年在 IEEE 软件工程学报上又采用如下的定义：软件体系结构是一个程序/系统各构件的结构、它们之间的相互关系以及进行设计的原则和随时间进化的指导方针。

6) 巴利·玻姆（Barry Boehm）和他的学生提出，一个软件体系结构包括一个软件和系统构件互联及约束的集合；一个系统需求说明的集合；一个基本原理用以说明这一构件，互联和约束能够满足系统需求。

7) 1997 年，贝斯（Bass）和卡兹曼（Kazman）等人在《使用软件体系结构》一书中给出如下的定义：一个程序或计算机系统的软件体系结构包括一个或一组软件构件、软件构件外部的可见特性及其相互关系。其中，"软件外部的可见特性"是指软件构件提供的服务、性能、特性、错误处理、共享资源使用等。

总之，软件体系结构的研究正在发展，软件体系结构的定义也必然随之完善。在本书中，如果不特别指出，将使用软件体系结构的下列定义：软件体系结构为软件系统提供了一个结构、行为和属性的高级抽象，由构成系统的元素的描述、这些元素的相互作用、指导元素集成的模式以及这些模式的约束组成。软件体系结构不仅指定系统的组织结构和拓扑结构，并且能显示系统需求和构成系统的元素之间的对应关系，提供一些设计决策的基本原理。

6.1.2　软件体系结构的意义

对于软件项目的开发来说，一个清晰的软件体系结构是首要的。传统的软件开发过程可以划分为从概念直到实现的若干个阶段，包括问题定义、需求分析、软件设计、软件实现及软件测试等。软件体系结构的建立应位于需求分析之后，软件设计之前。但在传统的软件工程方法中，需求和设计之间存在一条很难逾越的鸿沟，从而很难有效地将需求转换为相应的设计。而软件体系结构就是试图在软件需求与软件设计之间架起一座桥梁，着重解决软件系统的结构和需求向实现平坦地过渡的问题。

软件体系结构贯穿于软件研发的整个生命周期内,具有重要的影响,主要从以下三个方面进行考察。

1) 软件体系结构是风险承担者进行交流的手段

软件体系结构是一种常见的对系统的抽象,代码级别的系统抽象仅仅可以成为程序员的交流工具,而包括程序员在内的绝大多数系统的利益相关人员都借助软件体系结构来进行彼此理解、协商、达成共识或者相互沟通的基础。体系结构提供一种共同语言来表达各种关注和协商,进而能对大型复杂系统进行管理,这对项目最终的质量和使用有极大的影响。

2) 软件体系结构是软件系统设计的前期决策

软件体系结构是所开发的软件系统最早期设计决策的体现,而这些早期决策对软件系统的后续开发、部署和维护具有相当重要的影响,这也是能够对所开发系统进行分析的最早时间点。这些重要影响主要体现在如下几方面:(1)软件体系结构明确了对系统实现的约束条件;(2)软件体系结构决定了开发和维护组织的组织结构;(3)软件体系结构制约着系统的质量属性;(4)通过研究软件体系结构可能预测软件的质量;(5)软件体系结构使推理和控制更改更简单;(6)软件体系结构有助于循序渐进的原型设计;(7)软件体系结构可以作为培训的基础。

3) 软件体系结构是可传递和可重用的模型

软件体系结构的重用意味着体系结构的决策能在具有相似需求的多个系统中发生影响,这比代码级的重用要有更大的优势。软件体系结构是关于系统构造以及系统各个元素工作机制的相对较小却又能够突出反映问题的模型。由于软件系统具有的一些共通特性,这种模型可以在多个系统之间传递,特别是可以应用到具有相似质量属性和功能需求的系统中,并能够促进大规模软件的系统级复用。

Perry 将软件体系结构视为软件开发中第一类重要的设计对象。巴利·玻姆(Barry Boehm)也明确指出:"在没有设计出体系结构及其规则时,那么整个项目不能继续下去,而且体系结构应该看作是软件开发中可交付的中间产品。"

软件体系结构的作用可以描述为如下两个方面:

(1)软件系统的体系结构定义系统由计算构件和构件之间的相互作用组成。构件可以是客户机和服务器、数据库、过滤器或者是在一个分层系统中的层。构件之间的相互作用在这个设计层次上可以是简单和相似的,如过程调用、共享变量的访问,也可以是复杂和语义丰富的,如客户机/服务器协议、数据库存储协议、异步事件多点传送和管道数据流等。

(2)除了指定系统的结构和拓扑关系,体系结构还指出系统需求和已构建系统的元素之间的对应关系,能为设计方案的选择提供基本原则。在体系结构的层次上,相关的系统级别的问题包括容量、吞吐量、一致性、构件的兼容性等。

6.1.3 软件体系结构的发展史

软件体系结构已经作为一个明确的文档和中间产品存在于软件开发过程中,同时,软件体系结构作为一门学科逐渐得到人们的重视,并成为软件工程领域的研究热点,因而佩里(Perry)和沃尔夫(Wolf)认为"未来的年代是研究软件体系结构的时代"。

纵观软件体系结构技术的发展过程,从最初的"无结构"设计到现在的基于体系结构的软件开发,可以认为经历了四个阶段:

1)"无体系结构"设计阶段。以汇编语言进行小规模应用程序开发为特征。

2)萌芽阶段。出现了程序结构设计主题,以控制流图和数据流图构成软件结构为特征。

3)初期阶段。出现了从不同侧面描述系统的结构模型,以 UML 为典型代表。

4)高级阶段。以描述系统的高层抽象结构为中心,不在意具体的建模细节,划分了体系结构模型与传统软件结构的界限。

6.2 软件体系结构研究的现状

1)形成研究热点,仍处于非形式化水平

自 20 世纪 90 年代后期以来,软件体系结构的研究成为一个热点。广大软件工作者已经认识到软件体系结构研究的重大意义和它对软件系统设计开发的重要性,开展了很多研究和实践工作。

从软件体系结构研究的现状来看,当前的研究和对软件体系结构的描述,在很大程度上来看还停留在非形式化的基础上。软件构架师仍然缺乏必要的工具,这种工具应该是显式描述的、有独立性的形式化工具。在目前通用的软件开发方法中,其描述通常是用非形式化的图和文本,也不能描述系统期望的存在于构件之间的接口,不能描述不同的组成系统的组合关系的意义。难以被开发人员理解,更不能用来分析其一致性和完整性等特性。

当一个软件系统中的构件之间几乎以一种非形式化的方法描述时,系统的重用性也会受到影响,在设计一个系统结构过程中的工作很难移植到另一个系统中去。对系统构件和连接关系的结构化假设没有得到显式的、形式化的描述时,把这样的系统构件移植到另一个系统中去将是有风险的,甚至是不可能的。

2)软件体系结构的形式化方法研究

软件体系结构研究如果仅仅停留在非形式化的框图阶段,则难以适应进一步发展的需要。为支持基于体系结构的开发,需要有形式化建模符号、体系结构说明的分析与开发工具。从软件体系结构研究的现状来看,在这一领域近来已经有不少进展,其中比较有代表性的是美国卡耐基梅隆大学(Carnegie Mellon University)的罗伯特(Robert J. Allen)于 1997 年提出的 Wright 系统。Wright 是一种结构描述语言,该语言基于一种形式化的、抽象的系统模型,为描述和分析软件体系结构和结构化方法提供了一种实用的工具。Wright 主要侧重于描述系统的软件构件和连接的结构、配置和方法。它使用显式的、独立的连接模型来作为交互的方式,这使得该系统可以用逻辑谓词符号系统,而不依赖特定的系统实例来描述系统的抽象行为。该系统还可以通过一组静态检查来判断系统结构规格说明的一致性和完整性。从这些特性的分析来说,Wright 系统的确适用于对大型系统的描述和分析。

3)软件体系结构的建模研究

研究软件体系结构的首要问题是如何表示软件体系结构,即如何对软件体系结构建模。根据建模侧重点的不同,可以将软件体系结构的模型分为五种:结构模型、框架模型、动态模型、过程模型和功能模型。在这五个模型中,最常用的是结构模型和动态模型。

(1)结构模型。这是一个最直观、最普遍的建模方法。这种方法以体系结构的构件、连接件和其他概念来刻画结构,并力图通过结构来反映系统的重要语义内容,包括系统的配置、约束、隐含的假设条件、风格、性质。研究结构模型的核心是体系结构描述语言。

(2)框架模型。框架模型与结构模型类似,但它不太侧重描述结构的细节,而更侧重于整体的结构。框架模型主要以一些特殊的问题为目标建立只针对和适应该问题的结构。

（3）动态模型。动态模型是对结构或框架模型的补充,研究系统的"大颗粒"的行为性质。例如,描述系统的重新配置或演化。动态可能指系统总体结构的配置、建立或拆除通信通道或计算的过程,这类系统常是激励型的。

（4）过程模型。过程模型研究构造系统的步骤和过程,因而结构是遵循某些过程脚本的结果。

（5）功能模型。该模型认为体系结构是由一组功能构件按层次组成,下层向上层提供服务。它可以看作是一种特殊的框架模型。

这五种模型各有所长,也许将五种模型有机地统一在一起,形成一个完整的模型来刻画软件体系结构更合适。例如,克鲁滕（Kruchten）在 1995 年提出了一个"4+1"的视角模型。"4+1"视角模型从五个不同的视角包括逻辑视角、过程视角、物理视角、开发视角和场景视角来描述软件体系结构。每一个视角只关心系统的一个侧面,五个视角结合在一起才能够反映系统的软件体系结构的全部内容。

4）发展基于体系结构的软件开发模型

软件开发模型是跨越整个软件生存周期的系统开发、运行、维护所实施的全部工作和任务的结构框架,给出软件开发活动各阶段之间的关系。目前,常见的软件开发模型大致可分为三种类型:（1）以软件需求完全确定为前提的瀑布模型;（2）在软件开发初始阶段只能提供基本需求时采用的渐进式开发模型,如螺旋模型等;（3）以形式化开发方法为基础的变换模型。

所有开发方法都是要解决需求与实现之间的差距。但是,这三种类型的软件开发模型都存在这样或那样的缺陷,不能很好地支持基于软件体系结构的开发过程。因此,研究人员在发展基于体系结构的软件开发模型方面做了一定的工作。

5）软件产品线体系结构的研究

软件体系结构的开发是大型软件系统开发的关键环节。体系结构在软件生产线的开发中具有至关重要的作用,在这种开发生产中,基于同一个软件体系结构,可以创建具有不同功能的多个系统。在软件产品族之间共享体系结构和一组可重用的构件,可以增加软件工程量和降低开发和维护成本。

一个产品线代表着一组具有公共的系统需求集的软件系统,它们都是根据基本的用户需求对标准的产品线构架进行定制,将可重用构件与系统独有的部分集成而得到的。采用软件生产线式模式进行软件生产,将产生巨型编程企业。但目前生产的软件产品绝大部分是处于同一领域的。

6.3　软件设计模式与软件体系结构的关系

软件体系结构通常被称为软件架构,指可以预制和可重构的软件框架结构。

架构和模式在当前的软件开发中经常被提及,这两个术语非常容易混淆,而且学术界也没有一个非常统一的定义。

架构和模式应该是一个属于相互涵盖的过程,但是总体来说架构更加关注的是所谓的高层设计,而模式关注的重点在于通过经验提取的"准则或指导方案"在设计中的应用,因此在不同层面考虑问题的时候就形成了不同问题域上的模式。模式的目标是把共通问题中的不变部分和变化部分分离出来,不变的部分就构成了模式,因此,模式是一个经验提取的"准则",

并且在一次次的实践中得到验证。在不同的层次有不同的模式,小到语言实现,大到架构。在不同的层面上,模式提供不同的指导。根据处理问题的粒度不同,从高到低,软件系统结构模式分为三个层次:架构模式、设计模式、实现模式,这三种不同的模式存在于它们各自的抽象层次和具体层次。

1)架构模式是模式中的最高层次。架构模式是一个系统的多层次策略,涉及大尺度的组件以及整体性质。描述软件系统里的基本的结构组织或纲要,通常提供一组事先定义好的子系统,指定它们的责任,并给出把它们组织在一起的法则和指南。架构模式的好坏可以影响总体布局和构架结构。一个架构模式常常可以分解成很多个设计模式的联合使用。

2)设计模式是模式中的第二层次。设计模式是中等尺度的结构策略,描述普遍存在的相互通信组件中重复出现的结构,解决在一定环境中的具有一般性的设计问题,定义子系统或组件的微观结构。设计模式的好坏不会影响系统的总体布局和总体框架。例如,《设计模式——可复用面向对象软件的基础》一书中总结的 23 个基本设计模式,本书中介绍了其中的 11 个。

3)实现模式是最低也是最具体的层次。它描述怎样利用一个特定的编程语言的特点来实现一个组件的某些特定的方面或关系,处理具体到编程语言的问题,比如,类名、变量名、函数名的命名规则、异常处理的规则等。代码模式的好坏会影响一个中等尺度组件的内部、外部结构或行为的底层细节,但不会影响一个部件或子系统的中等尺度的结构,更不会影响系统的总体布局和大尺度框架。

相对于系统分析或者设计模式来说,体系结构从更高的层面去考虑问题,关注的问题就体现在"不变"因素上。比如系统部署中,更加关心应用程序的分层分级设计,而在这个基础之上提出的部署方案,才是架构考虑的重点。体系结构关心应用程序模式,更加体现在通过技术去解决这些业务差异带来的影响,关心是否是分布式应用程序、关心系统分层是如何设计、也关心性能和安全,因此在这样的情况之下,会考虑集群、负载平衡、故障迁移等一系列技术。

总之,希望通过定义的方式来区分架构和模式是不太可能的,因为它们之间交叉提供服务。

6.4　软件体系结构风格

软件体系结构设计的一个核心问题是能否使用重复的体系结构模式,即能否达到体系结构级的软件重用。也就是说,能否在不同的软件系统中,使用同一体系结构。基于这个目的,学者们开始研究和实践软件体系结构的风格和类型问题。

软件体系结构风格是描述某一特定应用领域中系统组织方式的惯用模式。它反映了领域中众多系统所共有的结构和语义特性,并指导如何将各个模块和子系统有效地组合成一个完整的系统。按这种方式理解,软件体系结构风格定义了用于描述系统的术语表和一组指导构建系统的规则。

对软件体系结构风格的研究和实践促进了对设计的复用,一些经过实践证实的解决方案也可以可靠地用于解决新的问题。体系结构风格的不变部分使不同的系统可以共享同一个实现代码。只要系统使用常用的、规范的方法来组织,就可使其他设计者很容易地理解系统的体系结构。例如,如果某人把系统描述为"客户/服务器"模式,则不必给出设计细节,其他人立刻就会明白系统是如何组织和工作的。

体系结构风格定义了一个系统,即一个体系结构定义一个词汇表和一组约束,词汇表中包含一些构件和连接器类型,约束指出系统是如何将这些构件和连接器组合起来的。一个软件体系结构风格涉及的内容常见的有以下几方面:

1)设计词汇表是什么?或者构件和连接器的类型是什么?

2)可容许的结构模式是什么?

3)基本的计算模型是什么?

4)风格的基本不变性是什么?

5)其使用的常见例子是什么?

6)使用此风格的优缺点是什么?

7)其常见特例是什么?

软件体系结构设计的一个中心问题是能否重用软件体系结构模式,或者采用某种软件体系结构风格。有原则地使用软件体系结构风格具有如下意义:

1)它促进设计的复用,使得一些经过实践证实的解决方案能够可靠地解决新问题。

2)它能够带来显著的代码复用,使得体系结构风格中的不变部分可共享同一个解决方案。

3)便于设计者之间的交流与理解。

4)通过对标准风格的使用支持互操作性,以便于相关工具的集成。

5)在限定设计空间的情况下,能够对相关风格做出分析。

6)能够对特定的风格提供可视化支持。

与此同时,人们目前尚不能准确回答的问题是:

1)系统设计的哪个要点可以用风格来描述?

2)能否用系统的特性来比较不同的风格,如何确定用不同的风格设计系统之间的互操作?

3)能否开发出通用的工具来扩展风格?

4)如何为一个给定的问题选择恰当的体系结构风格,或者如何通过组合现有的若干风格来产生一个新的风格?

下面介绍管道过滤器、数据抽象和面向对象组织、基于事件的隐式调用、分层系统、过程控制、解释器等一些常见的软件体系结构风格。

6.4.1 通用的体系结构风格

1)管道过滤器

在管道过滤器风格的软件体系结构中,由很多构件及连接构件的连接件构成。每个构件都有一组输入和输出,构件从输入的数据流中读取数据,经过内部处理,然后产生输出数据流。这个过程通常对输入流的变换及增量计算来得到输出,所以这里的构件被称为过滤器,这种风格中的连接件就像是数据流传输的管道,将一个过滤器的输出传到另一过滤器的输入。在此风格中,过滤器必须是独立的实体,它不能与其他的过滤器共享数据,而且一个过滤器不知道它上游和下游的过滤器。一个管道过滤器网络输出的正确性并不依赖于过滤器进行增量计算过程的顺序。

图 6.1 是管道过滤器风格的体系结构。一个典型的管道过滤器体系结构的例子是以 Unix shell 编写的程序。Unix 既提供一种符号,以连接各组成部分(Unix 的进程),又提供某种进程

运行机制以实现管道。另一个著名的例子是传统的编译器,传统的编译器一直被认为是一种管道系统,在该系统中,一个阶段(包括词法分析、语法分析、语义分析和代码生成)的输出是另一个阶段的输入。

图 6.1 中方框是一个过滤器,表示一个功能模块,用来对输入数据进行计算,得到输出数据。过滤器可以将一个输入参数转换为多个输出参数,也可以将多个输入参数转化为一个输出参数。每个过滤器只是对输入参数进行计算,与外界的交换只是通过接口参数进行。不同过滤器之间互相。

图 6.1 中箭头线是一个管道,表示参数,是过滤器的输入或者输出。过滤器通过管道将参数传递给上层功能模块或者从上层功能模块中获取参数。一个过滤器的输出参数要传递给哪个过滤器由上层功能模块决定。

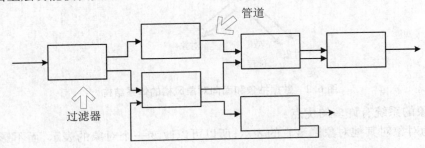

图 6.1 管道过滤器风格的体系结构

管道过滤器风格的软件体系结构具有许多很好的特点:

(1)使得软构件具有良好的隐蔽性和高内聚、低耦合的特点。

(2)允许设计者将整个系统的输入/输出行为看成是多个过滤器的行为的简单合成。

(3)支持软件重用。只要提供适合在两个过滤器之间传送的数据,任何两个过滤器都可被连接起来。

(4)系统维护和增强系统性能简单。新的过滤器可以添加到现有系统中,旧的可以被改进的过滤器替换掉。

(5)允许对一些如吞吐量、死锁等属性的分析。

(6)支持并行执行。每个过滤器是作为一个单独的任务完成,因此可与其他任务并行执行。

但是,这样的系统也存在着若干不利因素。

(1)通常导致进程成为批处理的结构。这是因为虽然过滤器可增量式地处理数据,但它们是独立的,所以设计者必须将每个过滤器看成一个完整的从输入到输出的转换。

(2)不适合处理交互的应用。当需要增量地显示改变时,这个问题尤为严重。

(3)因为在数据传输上没有通用的标准,每个过滤器都增加了解析和合成数据的工作,这样就导致系统性能下降,并增加编写过滤器的复杂性。

2)数据抽象和面向对象组织结构

抽象数据类型概念对软件系统有着重要作用,目前软件界已普遍转向使用面向对象系统。这种风格建立在数据抽象和面向对象的基础上,数据的表示方法和它们的相应操作封装在一个抽象数据类型或对象中。这种风格的构件是对象,或者说是抽象数据类型的实例。对象是一种被称作管理者的构件,因为它负责保持资源的完整性。对象是通过函数和过程的调用来交互的。

图 6.2 是数据抽象和面向对象风格的体系结构。图中对象表示实现功能模块需要的参与者,箭头线表示对象之间的消息传递,即过程调用。具有相同数据结构及操作的对象,被抽象描述,称这个抽象结果为类。对象是类的实例,实现具体功能。如果对象的成员函数功能的实现需要依赖于其他对象的功能,则使用过程调用。

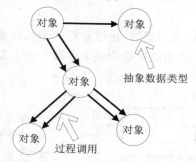

图 6.2 数据抽象和面向对象风格的体系结构

面向对象的系统有许多的优点:

(1)因为对象对其他对象隐藏它的表示,所以可以改变一个对象的表示,而不影响其他的对象。

(2)设计者可将一些数据存取操作的问题分解成一些交互的代理程序的集合。

但是,面向对象的系统也存在着某些问题:

(1)为了使一个对象和另一个对象通过过程调用等进行交互,必须知道对象的标识。只要一个对象的标识改变了,就必须修改所有其他明确调用它的对象。

(2)必须修改所有显式调用它的其他对象,并消除由此带来的一些副作用。例如,如果 A 使用了对象 B,C 也使用了对象 B,那么,C 对 B 的使用所造成的对 A 的影响可能是意想不到的。

3)事件驱动/隐式调用

基于事件的隐式调用风格的思想是构件不直接调用一个过程,而是触发或广播一个或多个事件。系统中的其他构件中的过程在一个或多个事件中注册,当一个事件被触发,系统自动调用在这个事件中注册的所有过程,这样,一个事件的触发就导致了另一模块中的过程的调用。从体系结构上说,这种风格的构件是一些模块,这些模块既可以是一些过程,又可以是一些事件的集合。过程可以用通用的方式调用,也可以在系统事件中注册一些过程,当发生这些事件时,过程被调用。

基于事件的隐式调用风格的主要特点是事件的触发者并不知道哪些构件会被这些事件影响。这样不能假定构件的处理顺序,甚至不知道哪些过程会被调用,因此,许多隐式调用的系统也包含显式调用作为构件交互的补充形式。

支持基于事件的隐式调用的应用系统很多。例如,在编程环境中用于集成各种工具,在数据库管理系统中确保数据的一致性约束,在用户界面系统中管理数据,以及在编辑器中支持语法检查。

观察者设计模式的实现就是一个隐式调用的例子。在客户应用程序中当目标数据发生改变后,可以调用目标的 Notify( )函数,目的是通知所有依赖于目标数据的观察者对象进行更新。至于在 Notify( )函数中要通知哪些观察者对象,对于客户应用程序来说,是隐式的,客户应用程序不知道。

隐式调用系统的主要优点有:

(1)为软件重用提供强大的支持。当需要将一个构件加入现存系统中时,只需将它注册到系统的事件中。

(2)为改进系统带来方便。当用一个构件代替另一个构件时,不会影响到其他构件的接口。

隐式调用系统的主要缺点有:

(1)构件放弃对系统计算的控制。一个构件触发一个事件时,不能确定其他构件是否会响应它。而且即使它知道事件注册了哪些构件,它也不能保证这些过程被调用的顺序。

(2)数据交换的问题。有时数据可被一个事件传递,但另一些情况下,基于事件的系统必须依靠一个共享的仓库进行交互。在这些情况下,全局性能和资源管理便成了问题。

(3)因过程的语义必须依赖于被触发事件的上下文约束,所以关于正确性的推理存在问题。

4)分层系统

层次系统组织成一个层次结构,每一层为上层服务,并作为下层客户。在一些层次系统中,除了一些精心挑选的输出函数外,内部层只对相邻的层可见。通过层间交互的协议来定义连接件。系统的拓扑约束也包括对相邻层间交互的约束。

这种风格支持增加抽象层的设计,允许将一个复杂问题分解成一个增量步骤序列的实现。由于每一层最多只影响两层,同时只要给相邻层提供相同的接口,允许每层用不同的方法实现,同样为软件重用提供强大的支持。

图 6.3 是层次系统风格的体系结构。图中的一个圆圈圈起来的区域代表一个构件,即一个层。有几个圆圈代表模块中有多少个层,每一个层实现一种功能。外层功能实现依赖于里面层的功能,这种功能依赖通过对里层的过程调用实现。图中圆圈线代表两个层之间的交互,即外层调用里层。最里的圈代表实现最底层功能的构件,最外的圈代表实现最上层功能的构件,上层构件要使用下次构件。对于中间层来说,它既要调用下层构件,也要被上层调用,所以它既要知道如何调用下层构件的接口,也要按照上层的使用规则定义好自己的功能接口。

层次系统最广泛的应用是分层通信协议,在这一应用领域中,每一层提供一个抽象的功能,作为上层通信的基础,较低的层次定义低层的交互,最低层通常只定义硬件的物理连接。

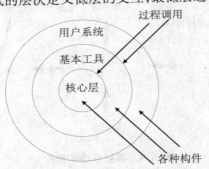

图 6.3　层次系统风格的体系结构

层次系统有许多可取的优点：

（1）支持基于抽象程度递增的系统设计，使设计者可以把一个复杂系统按递增的步骤进行分解。

（2）支持功能增强，因为每一层至多和相邻的上下层交互，因此功能的改变最多影响相邻的上下层。

（3）支持重用。只要提供的服务接口定义不变，同一层的不同实现可以交换使用。这样，就可以定义一组标准的接口，而允许各种不同的实现方法。

但是，层次系统也有其不足之处：

（1）并不是每个系统都可以很容易地划分为分层的模式，甚至即使一个系统的逻辑结构是层次化的，出于对系统性能的考虑，系统设计师不得不把一些低级或高级的功能综合起来。

（2）很难找到一个合适的、正确的层次抽象方法。

5）仓库系统及知识库

在仓库风格中，有两种不同的构件：仓库构件、独立构件。仓库构件存储中央数据，中央数据结构说明当前状态。独立构件在中央数据存储上执行。仓库构件与独立构件间的相互作用在系统中会有大的变化。根据控制进程执行的原则不同，产生两个主要的系统。若输入流中某类时间触发进程执行，则仓库是一个传统型数据库；另一方面，若中央数据结构的当前状态触发进程执行，则仓库是一个黑板系统。

黑板系统主要由三部分组成：

（1）知识源。知识源中包含独立的、与应用程序相关的知识，知识源之间不直接进行通信，它们之间的交互只通过黑板来完成。

（2）黑板数据结构。黑板数据是按照与应用程序相关的层次来组织的解决问题的数据，知识源通过不断地改变黑板数据来解决问题。

（3）控制。控制完全由黑板的状态驱动，黑板状态的改变决定使用的特定知识。

图6.4是黑板系统的组成。黑板中存储了与应用程序相关的知识规则等数据，这些数据会根据知识源不断改变。通过对知识源的计算改变知识规则或产生新的知识规则，这些知识规则会存储到黑板数据结构中。知识源只与黑板进行交互，知识源会使用黑板中的数据，也会改变黑板中的数据。通过对黑板中存储的数据进行判断，来控制外界进程的执行。

黑板系统的传统应用是信号处理领域，如语音和模式识别。另一个应用是松耦合代理数据共享存取。

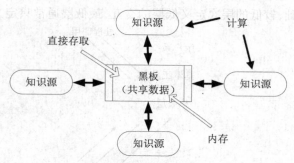

图 6.4　黑板系统的组成

6）解释器

在具有解释器风格的软件中通常有一个虚拟机。一个解释器包括正在被解释执行的伪码和解释引擎本身。伪码由需要被解释的源代码和解释引擎分析所得到的中间代码组成。解释引擎包括语法、解释器的定义和解释器当前执行状态。

一个解释器通常包括四个部分：

（1）完成解释工作的解释引擎。

（2）包含将被解释的伪码的存储区。

（3）记录解释引擎当前工作状态的数据结构。

（4）记录源代码被解释执行的进度的数据结构。

7）过程控制

过程控制体系结构风格不仅具有某类构件，还具有在构件间必须保持的特殊关系。持续的过程通过对输入和中间产物进行某些操作，将输入的材料转化为某些具有特殊属性的产物。过程控制系统的目标是将过程输出的指定属性维持在一个（充分接近的）特定的参考值，即设定点（被控变量的期望值，被控变量是一种过程变量，系统通过控制它的值来达到控制目标）。

过程控制的特点：

（1）过程定义（过程定义包括对过程变量进行操作的机制）和控制算法（控制算法决定怎样操作过程变量，包括一个能够反映过程变量怎样对真实状态产生影响的模型）这两种计算元素将功能性的问题从处理外部干扰的问题中分离出来。

（2）可以将过程和过程变量（过程变量包括指定的输入、控制和操纵变量，以及那些能够被传感器感知到的属性）绑定在一起，即可以将过程定义和过程变量以及传感器（传感器用来获得与控制相关的过程变量的值）看成一个单独的子系统，子系统的接口中输入和被控变量是可见的。将控制算法和设定点绑定在一起作为第二个子系统；控制器持续地访问设定点和被监测变量（被控变量）的当前值。

（3）主系统中有两种交互：一种是控制器从过程中获取过程变量的值；另一种是控制器对过程中的被操纵变量（操纵变量是一种过程变量，它的值能被控制器改变）的变化提供持续性的引导。

（4）控制环路范例假定了与过程变量相关的数据是持续更新的。控制环路范例建立某种关系来控制算法的运用，能收集实际的和理想的过程状态信息，并能调整过程变量使得实际状态趋向于理想状态。

（5）控制环路体系结构需要有循环的拓扑结构。

（6）控制环路在控制元素和过程元素之间具有内在的不对称性。

8）主程序/子程序组织结构

对于没有模块化支持的语言，系统通常会被组织成一个主程序和一系列子程序的集合。主程序担当子程序的驱动器，为子程序提供一个控制环路，使子程序按某一种次序执行。

9）分布式处理

分布式系统已经发展成多处理机系统的一系列通用的组织结构。有些系统具有一定的拓扑结构，如环状结构、星状结构。有些系统在内部处理协议方面具有特色，如心跳算法。常见的分布式处理系统结构：客户机/服务器结构。

6.4.2　客户机/服务器结构(Client/Server)

C/S软件体系结构是基于资源不对等,且为实现共享而提出来的,是20世纪90年代成熟起来的技术,C/S体系结构定义了工作站如何与服务器相连,以实现将数据和应用分布到多个处理机上。C/S体系结构有三个主要组成部分:数据库服务器、客户应用程序和网络,如图6.5所示。服务器代表一个进程,向其他进程(客户)提供服务,服务器一般不需要事先知道在运行时需要获得服务的客户机的标识和数量。客户机知道服务器的标识(或可通过其他服务器找到它),并通过远程过程调用来访问它。

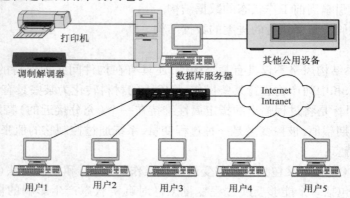

图6.5　C/S体系结构示意图

客户机/服务器结构的三个组成部件的主要作用:

1)数据库服务器:负责有效地管理系统的资源;数据库安全性的要求;数据库访问并发性的控制;数据库前端的客户应用程序的全局数据完整性规则;数据库的备份与恢复。

2)客户应用程序:提供用户与数据库交互的界面;向数据库服务器提交用户请求并接收来自数据库服务器的信息;利用客户应用程序对存在于客户端的数据执行应用逻辑要求。

3)网络通信软件:主要作用是完成数据库服务器和客户应用程序之间的数据传输。

C/S结构处理流程如图6.6所示。

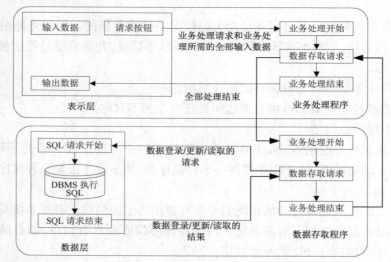

图6.6　C/S结构的一般处理流程

客户机/服务器结构的优点主要在于：

（1）C/S 体系结构具有强大的数据操作和事务处理能力，模型思想简单，易于人们理解和接受。

（2）系统的客户应用程序和服务器构件分别运行在不同的计算机上，系统中每台服务器都可以适合各构件的要求，这对于硬件和软件的变化显示出极大的适应性和灵活性，而且易于对系统进行扩充和缩小。

（3）在 C/S 体系结构中，系统中的功能构件充分隔离，客户应用程序的开发集中于数据的显示和分析，而数据库服务器的开发则集中于数据的管理，不必在每一个新的应用程序中都要对一个 DBMS 进行编码。将大的应用处理任务分布到许多通过网络连接的低成本计算机上，以节约大量费用。

但随着企业规模的日益扩大，软件的复杂程度不断提高，客户机/服务器结构逐渐暴露了以下缺点：

（1）开发成本较高。对客户端软硬件配置要求较高，尤其是软件的不断升级，对硬件要求不断提高，增加了整个系统的成本，且客户端变得越来越臃肿。

（2）客户端程序设计复杂。大部分工作放在客户端的程序设计上，客户端显得十分庞大。

（3）信息内容和形式单一。

（4）用户界面风格不一，使用繁杂，不利于推广使用。

（5）软件移植困难。

（6）软件维护和升级困难。

（7）新技术不能轻易应用。

6.4.3　三层客户/服务器结构

1）三层 C/S 结构的基本概念

传统的二层 C/S 结构存在以下几个局限：

（1）它是单一服务器且以局域网为中心的，所以难以扩展至大型企业广域网。

（2）受限于供应商。

（3）软、硬件的组合及集成能力有限。

（4）客户机的负荷太重，难以管理大量的客户机。

（5）数据安全性不好。因为客户端程序可以直接访问数据库服务器，那么，在客户端计算机上的其他程序也会想办法访问数据库服务器，从而使数据库的安全性受到威胁。

因此，三层 C/S 结构应运而生。三层 C/S 结构是将应用功能分成表示层、功能层和数据层三部分，如图 6.7 所示。其解决方案是：对这三层进行明确分割，并在逻辑上使其独立。原来的数据层作为 DBMS 已经独立出来，所以关键是要将表示层和功能层分离成各自独立的程序，并且还要使这两层间的接口简洁明了。

将上述三层功能装载到硬件的方法基本如图 6.7 所示。其中表示层配置在客户机中，而数据层配置在服务器中。一般情况是只将表示层配置在客户机中，与二层 C/S 结构相比，其程序的可维护性要好得多。客户机的负荷太重，其业务处理所需的数据要从服务器传给客户机，所以系统的性能容易变坏。

如果将功能层和数据层分别放在不同的服务器中，则服务器和服务器之间也要进行数据传送。但是，由于在这种形态中三层是分别放在各自不同的硬件系统上，所以灵活性很高，能够适应客户机数目的增加和处理负荷的变动。例如,在追加新业务处理时,可以相应增加装载功能层的服务器。因此,系统规模越大这种形态的优点就越显著。

值得注意的是,三层 C/S 结构各层间的通信效率若不高,即使分配给各层的硬件能力很强,其作为整体来说也达不到所要求的性能。此外,设计时必须慎重考虑三层间的通信方法、通信频度及数据量。这和提高各层的独立性一样是三层 C/S 结构的关键问题。

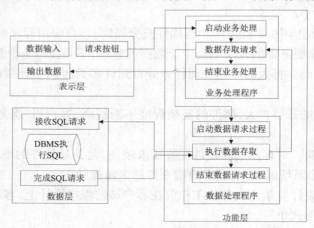

图 6.7 三层 C/S 结构的一般处理流程

2)三层 C/S 的功能

(1)表示层

表示层是应用的用户接口部分,它担负着用户与应用间的对话功能。它用于检查用户从键盘等输入的数据,显示应用输出的数据。为使用户能直观地进行操作,一般要使用图形用户接口(GUI),操作简单、易学易用。在变更用户接口时,只需改写显示控制和数据检查程序,而不影响其他两层。检查的内容也只限于数据的形式和值的范围,不包括有关业务本身的处理逻辑。

(2)功能层

功能层相当于应用的本体,它是将具体的业务处理逻辑编入程序中。例如,在制作订购合同时要计算合同金额,按照定好的格式配置数据、打印订购合同,而处理所需的数据则要从表示层或数据层取得。表示层和功能层之间的数据交往要尽可能简洁。例如,用户检索数据时,要设法将有关检索要求的信息一次传送给功能层,而由功能层处理过的检索结果数据也一次传送给表示层。在应用设计中,一定要避免进行一次业务处理,在表示层和功能层间进行多次数据交换的设计。

通常,功能层包含确认用户对应用和数据库存取权限的功能以及记录系统处理日志的功能。

(3)数据层

数据层就是 DBMS,负责管理对数据库数据的读写。DBMS 必须能迅速执行大量数据的更新和检索。现在的主流是关系数据库管理系统(RDBMS)。因此,一般从功能层传送到数据层的要求大都使用 SQL 语言。

3）三层 C/S 结构的优点及问题

优点：

（1）允许合理地划分三层结构的功能，使之在逻辑上保持相对独立性，能提高系统和软件的可维护性和可扩展性。

（2）允许更灵活有效地选用相应的平台和硬件系统，使之在处理负荷能力上与处理特性上分别适应于结构清晰的三层，并且这些平台和各个组成部分可以具有良好的可升级性和开放性。

（3）应用的各层可以并行开发，可以选择各自最适合的开发语言。

（4）利用功能层有效地隔离开表示层与数据层，未授权的用户难以绕过功能层而利用数据库工具或黑客手段非法地访问数据层，为严格的安全管理奠定了坚实的基础。

三层客户/服务器结构的问题：

（1）三层 C/S 结构各层间的通信效率若不高，即使分配给各层的硬件能力很强，其作为整体来说也达不到所要求的性能。

（2）设计时必须慎重考虑三层间的通信方法、通信频度及数据量。这和提高各层的独立性一样是三层 C/S 结构的关键问题。

6.4.4　远程过程调用（Remote Procedure Call，RPC）

远程过程调用是一种广泛使用的分布式应用程序处理方法。一个应用程序使用 RPC 来"远程"执行一个位于不同地址空间里的过程，并且从效果上看和执行本地调用相同。由于使用 RPC 的程序不必了解支持通信的网络协议的情况，因此 RPC 提高了程序的互操作性。

一个 RPC 应用分为两个部分：server 和 client。server 提供一个或多个远程过程。client 向 server 发出远程调用。server 和 client 可以位于同一台计算机，也可以位于不同的计算机，甚至运行在不同的操作系统上，它们通过网络进行同步通信。采用线程可以进行异步调用。

在 RPC 模型中，client 和 server 只要具备了相应的 RPC 接口，并且具有 RPC 运行支持，就可以完成相应的互操作，而不必限制于特定的 server。因此，RPC 为 client/server 分布式计算提供了有力的支持。同时，远程调用 RPC 所提供的是基于过程的服务访问，client 与 server 进行直接连接，没有中间机构来处理请求，因此也具有一定的局限性。比如，RPC 通常需要一些网络细节以定位 server；在 client 发出请求的同时，要求 server 必须是活动的，等等。

6.4.5　面向消息的中间件（Message-Oriented Middleware，MOM）

MOM 指的是利用高效可靠的消息传递机制进行平台无关的数据交流，并基于数据通信来进行分布式系统的集成。通过提供消息传递和消息排队模型，它可在分布环境下扩展进程间的通信，并支持多通信协议、语言、应用程序、硬件和软件平台。

目前流行的 MOM 中间件产品有 IBM 的 MQSeries、BEA 的 MessageQ 等。

消息传递和排队技术有以下三个主要特点：

1）通信程序可在不同的时间运行：程序不在网络上直接相互通话，而是间接地将消息放入消息队列，因为程序间没有直接的联系，所以它们不必同时运行。消息放入适当的队列时，目标程序甚至根本不需要正在运行，即使目标程序在运行，也不意味着要立即处理该消息。

2）对应用程序的结构没有约束：在复杂的应用场合中，通信程序之间不仅可以是一对一的关系，还可以进行一对多和多对一方式，甚至是上述多种方式的组合。多种通信方式的构造并没有增加应用程序的复杂性。

3）程序与网络复杂性相隔离：程序将消息放入消息队列或从消息队列中取出消息来进行通信，与此关联的全部活动，比如维护消息队列、维护程序和队列之间的关系、处理网络的重新启动和在网络中移动消息等是 MOM 的任务，程序不直接与其他程序通话，并且它们不涉及网络通信的复杂性。

6.4.6 对象请求代理（Object Request Brokers,ORB）

随着对象技术与分布式计算技术的发展，两者相互结合形成了分布对象计算，并发展为当今软件技术的主流方向。1990 年底，对象管理集团 OMG 首次推出对象管理结构（Object Management Architecture,OMA），对象请求代理是这个模型的核心组件。它的作用在于提供一个通信框架，透明地在异构的分布计算环境中传递对象请求。

CORBA 规范包括了 ORB 的所有标准接口。1991 年推出的 CORBA 1.1 定义了接口描述语言 OMG IDL 和支持 Client/Server 对象在具体的 ORB 上进行互操作的 API。CORBA 2.0 规范描述的是不同厂商提供的 ORB 之间的互操作。ORB 是对象总线，它在 CORBA 规范中处于核心地位，定义异构环境下对象透明地发送请求和接收响应的基本机制，是建立对象之间 client/server 关系的中间件。

ORB 使得对象可以透明地向其他对象发出请求或接受其他对象的响应，这些对象可以位于本地也可以位于远程机器。ORB 拦截请求调用，并负责找到可以实现请求的对象、传送参数、调用相应的方法、返回结果等。client 对象并不知道同 server 对象通信、激活或存储 server 对象的机制，也不必知道 server 对象位于何处、它是用何种语言实现的、使用什么操作系统或其他不属于对象接口的系统成分。

值得指出的是 client 和 server 角色只是用来协调对象之间的相互作用，根据相应的场合，ORB 上的对象可以是 client，也可以是 server，甚至兼有两者。当对象发出一个请求时，它是处于 client 角色；当它在接收请求时，它就处于 server 角色。大部分的对象都是既扮演 client 角色又扮演 server 角色。

另外由于 ORB 负责对象请求的传送和 server 的管理，client 和 server 之间并不直接连接，因此，与 RPC 所支持的单纯的 Client/Server 结构相比，ORB 可以支持更加复杂的结构。

6.4.7 事务处理监控

事务处理监控最早出现在大型机上，为其提供支持大规模事务处理的可靠运行环境。随着分布计算技术的发展，分布应用系统对大规模的事务处理提出了需求，比如商业活动中大量的关键事务处理。

事务处理监控界于 client 和 server 之间，进行事务管理与协调、负载平衡、失败恢复等，以提高系统的整体性能。它可以被看作是事务处理应用程序的"操作系统"。

总体上来说，事务处理监控有以下功能：

1）进程管理，包括启动 server 进程、为其分配任务、监控其执行并对负载进行平衡。

2）事务管理，即保证在其监控下的事务处理的原子性、一致性、独立性和持久性。

3）通信管理，为 client 和 server 之间提供了多种通信机制，包括请求响应、会话、排队、订阅发布和广播等。

事务处理监控能够为大量的 client 提供服务，比如飞机订票系统。

如果 server 为每一个 client 都分配其所需要的资源，那 server 将不堪重负。但实际上，在同一时刻并不是所有的 client 都需要请求服务，而一旦某个 client 请求了服务，它希望得到快速的响应。事务处理监控在操作系统之上提供一组服务，对 client 请求进行管理并为其分配相应的服务进程，使 server 在有限的系统资源下能够高效地为大规模的客户提供服务。

6.4.8　浏览器/服务器(Browser/Server)

B/S 结构，即 Browser/Server(浏览器/服务器)结构，是随着 Internet 技术的兴起，对 C/S 结构的一种变化或者改进的结构。在这种结构下，客户机上只要安装一个浏览器(Browser)，如 Netscape Navigator 或 Internet Explorer，服务器安装 Oracle、Sybase、Informix 或 SQL Server 等数据库。浏览器通过 Web Server 同数据库进行数据交互。用户界面完全通过 www 浏览器实现，一部分事务逻辑在前端实现，但是主要事务逻辑在服务器端实现。B/S 结构主要利用了不断成熟的 www 浏览器技术，结合浏览器的多种 Script 语言(VBScript、JavaScript——)和 ActiveX 技术，用通用浏览器就实现原来需要复杂专用软件才能实现的强大功能，并节约开发成本，是一种全新的软件系统构造技术。随着 Windows 98/Windows 2000 将浏览器技术植入操作系统内部，这种结构更成为当今应用软件的首选体系结构。

以目前的技术看，局域网建立 B/S 结构的网络应用，并通过 Internet/Intranet 模式下数据库应用，相对易于把握、成本也是较低的。它是一次性到位的开发，能实现不同的人员，从不同的地点，以不同的接入方式(比如 LAN、WAN、Internet/Intranet 等)访问和操作共同的数据库；它能有效地保护数据平台和管理访问权限，服务器数据库也很安全。特别是在 JAVA 这样的跨平台语言出现之后，B/S 架构管理软件更是方便、快捷、高效。

B/S 三层体系结构采用三层客户/服务器结构，在数据管理层(Server)和用户界面层(Client)增加了一层结构，称为中间件 (Middleware)，使整个体系结构成为三层。三层结构是伴随着中间件技术的成熟而兴起的，核心概念是利用中间件将应用分为表示层、业务逻辑层和数据存储层三个不同的处理层次。三个层次的划分是从逻辑上分的，具体的物理分法可以有多种组合。中间件作为构造三层结构应用系统的基础平台，提供以下主要功能：负责客户机与服务器、服务器与服务器间的连接和通信；实现应用与数据库的高效连接；提供一个三层结构应用的开发、运行、部署和管理的平台。这种三层结构在层与层之间相互独立，任何一层的改变不会影响其他层的功能。

B/S 风格就是上述三层应用结构的一种实现方式，其具体结构为：浏览器、Web 服务器、数据库服务器。B/S 模式结构如图 6.8 所示。

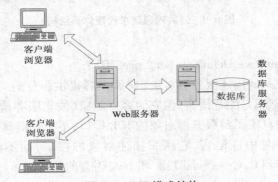

图 6.8　B/S 模式结构

在 B/S 体系结构系统中,用户通过浏览器向分布在网络上的许多服务器发出请求,服务器对浏览器的请求进行处理,将用户所需信息返回到浏览器。而其余如数据请求、加工、结果返回以及动态网页生成、对数据库的访问和应用程序的执行等工作全部由 Web Server 完成。B/S 结构应用程序相对于传统的 C/S 结构应用程序是一个非常大的进步。

B/S 体系结构的优点:

1)基于 B/S 体系结构的软件,系统安装、修改和维护全在服务器端解决。用户在使用系统时,仅仅需要一个浏览器就可运行全部的模块,真正达到了"零客户端"的功能,很容易在运行时自动升级。

2)B/S 体系结构还提供了异种机、异种网、异种应用服务的联机、联网、统一服务的最现实的开放性基础。

B/S 体系结构的缺点:

1)B/S 体系结构缺乏对动态页面的支持能力,没有集成有效的数据库处理功能。

2)B/S 体系结构的系统扩展能力差,安全性难以控制。

3)采用 B/S 体系结构的应用系统,在数据查询等响应速度上,要远远地低于 C/S 体系结构。

4)B/S 体系结构的数据提交一般以页面为单位,数据的动态交互性不强,不利于在线事务处理应用。

6.4.9 公共对象请求代理(Common Object Request Broker Architecture, CORBA)

CORBA 是由对象管理组织 OMG 制定的一个工业标准,其主要目标是提供一种机制,使得对象可以透明地发出请求和获得应答,从而建立起一个异质的分布式应用环境。

1991 年,OMG 基于面向对象技术,给出了以对象请求代理(Object Request Broker, ORB)为中心的对象管理结构。公共对象请求代理体系结构如图 6.9 所示。

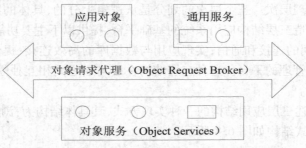

图 6.9　公共对象请求代理体系结构

CORBA 技术规范有:

1)接口定义语言(Interface Definition Language,IDL)

CORBA 利用 IDL 统一地描述服务器对象(向调用者提供服务的对象)的接口。IDL 本身也是面向对象的。它虽然不是编程语言,但它为客户对象(发出服务请求的对象)提供了语言的独立性,因为客户对象只需了解服务器对象的 IDL 接口,不必知道其编程语言。IDL 语言是 CORBA 规范中定义的一种中性语言,它用来描述对象的接口,而不涉及对象的具体实现。CORBA 定义了 IDL 语言到 C、C++、SmallTalk 和 Java 语言的映射。

2）接口池（Interface Repository，IR）

CORBA 的接口池包括分布计算环境中所有可用的服务器对象的接口表示。它使动态搜索可用服务器的接口、动态构造请求及参数成为可能。

3）动态调用接口（Dynamic Invocation Interface，DII）

CORBA 的动态调用接口提供一些标准函数以供客户对象动态创建请求、动态构造请求参数。客户对象将动态调用接口与接口池配合使用可实现服务器对象接口的动态搜索、请求及参数的动态构造与动态发送。当然，只要客户对象在编译之前能够确定服务器对象的 IDL 接口，CORBA 也允许客户对象使用静态调用机制。显然，静态机制的灵活性虽不及动态机制，但执行效率却胜过动态机制。

4）对象适配器（Object Adapter，OA）

在 CORBA 中，对象适配器用于屏蔽 ORB 内核的实现细节，为服务器对象的实现者提供抽象接口，以便使用 ORB 内部的某些功能。这些功能包括服务器对象的登录与激活、客户请求的认证等。

CORBA 定义一种面向对象的软件构件构造方法，使不同的应用可以共享由此构造出来的软件构件。每个对象都将其内部操作细节封装起来，同时又向外界提供了精确定义的接口，从而降低了应用系统的复杂性，也降低了软件开发费用。

CORBA 的平台无关性实现对象的跨平台引用，开发人员可以在更大的范围内选择最实用的对象加入自己的应用系统之中。

CORBA 的语言无关性使开发人员可以在更大的范围内相互利用别人的编程技能和成果。

6.4.10　异构体系结构

1）为什么要使用异构体结构

不同的结构有不同的处理能力，一个系统的体系结构应该根据实际需要进行选择，以解决实际问题。关于软件包、框架、通信以及其他一些体系结构上的问题，目前存在多种标准。即使在某段时间内某一种标准占统治地位，但变动最终是绝对的。实际工作中，总会遇到一些遗留下来的代码，它们仍有用，但是却与新系统有某种程度上的不协调。然而在许多场合，将技术与经济综合进行考虑时，总是决定不再重写它们。即使在某一单位中，规定了共享共同的软件包或相互关系的一些标准，仍会存在解释或表示习惯上的不同。

大多数系统都是由很多风格组合而成的。体系结构风格能以几种方式进行组合。

（1）使用层次结构组合。一个系统构件被组织成某种体系结构风格，但它的内部结构可能是另一种完全不同的风格。如，在 Unix 管道线中独立构件的内部完全可以使用任何风格，当然也包括管道过滤器风格。连接件通常也能从层次上分解。

（2）允许单一构件使用复合的连接件。如，一个构件可能通过它的接口访问知识库，但通过管道与系统中其他构件进行交互，又通过其他接口接收控制信息。

（3）用完全不同的体系结构风格来阐述体系结构描述的一个角度。

2）异构结构的实例

（1）C/S 与 B/S 混合之"内外有别"模型

"内外有别"模型的结构如图 6.10 所示。

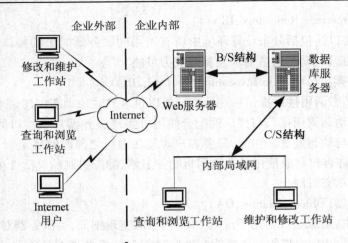

图 6.10 "内外有别"模型的结构

优点是外部用户不直接访问数据库服务器,能保证企业数据库的相对安全;企业内部用户的交互性较强,数据查询和修改的响应速度较快。

缺点是企业外部用户修改和维护数据是速度较慢、较烦琐,数据的动态交互性不强。

(2)C/S 与 B/S 混合之"查改有别"模型

"查改有别"模型的结构如图 6.11 所示。

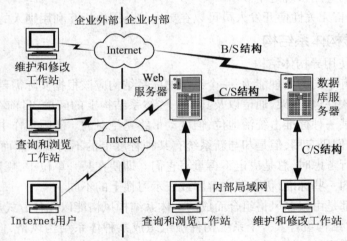

图 6.11 "查改有别"模型的结构

优点是体现了 B/S 体系结构和 C/S 体系结构的共同优点。

缺点是外部用户能直接通过 Internet 连接到数据库服务器,企业数据容易暴露给外部用户,给数据安全造成了一定的威胁。

(3)针对上述两个模型的几点说明

此处只讨论软件体系结构问题,所以在模型图中省略了有关网络安全的设备,如防火墙等,这些安全设备和措施是保证数据安全的重要手段。

在这两个模型中,只注明外部用户通过 Internet 连接到服务器,但并没有解释具体的连接方式,这种连接方式取决于系统建设的成本和企业规模等因素。例如,某集团公司的子公司要访问总公司的数据库服务器,既可以使用拨号方式、ADSL,也可以使用 DDN 方式等。

不管用户是通过什么方式(局域网或 Internet)连接到系统,凡是需要执行维护和修改数据操作的,就使用 C/S 体系结构,如果只是执行一般的查询和浏览操作,则使用 B/S 体系结构。

6.4.11 特定领域软件体系结构(Domain Specific Software Architecture,DSSA)

Hayes-Roth 对 DSSA 的定义如下:DSSA 就是专用于一类特定类型的任务(领域)的、在整个领域中能有效地使用的、为成功构造应用系统限定了标准的组合结构的软件构件的集合。

Tracz 的定义为:DSSA 就是一个特定的问题领域中支持一组应用的领域模型、参考需求、参考体系结构等组成的开发基础,其目标就是支持在一个特定领域中多个应用的生成。

DSSA 是从一个领域中所有应用系统的体系结构抽象出来的更高层次的体系结构,这个共有的体系结构是针对领域模型中的领域需求给出的解决方案。DSSA 是体现领域中各系统的结构共性的软件体系结构,它通用于领域中的各系统。

从元素与集合的角度看,DSSA 是一组能够在特定领域被复用的软件元件的集合,集合中的软件元件通过标准的结构组合从而共同完成一个成功的实际应用。它采用标准协议描述,专为解决某类特定问题,通过推广最终为整个类似的问题域而用。

DSSA 提供一种被裁剪成应用程序族的组织结构,如航空电子技术、命令和控制、汽车驾驶系统等领域。将体系结构具体应用到某一特定领域中,能够增强结构的描述能力。

DSSA 的必备特征为:

1)一个严格定义的问题域和/或解决域。

2)具有普遍性,使其可以用于领域中某个特定应用的开发。

3)对整个领域的合适程度的抽象。

4)具备该领域固定的、典型的在开发过程中可重用元素。

DSSA 和体系结构风格的比较,主要有以下关联:

1)DSSA 以问题域为出发点,体系结构风格以解决域为出发点。

2)DSSA 只对某一个领域进行设计专家知识的提取、存储和组织,但可以同时使用多种体系结构风格;而在某个体系结构风格中进行体系结构设计专家知识的组织时,可以将提取的公共结构和设计方法扩展到多个应用领域。

3)DSSA 通常选用一个或多个适合所研究领域的体系结构风格,并设计一个该领域专用的体系结构分析设计工具。

4)体系结构风格的定义和该风格应用的领域是相关的,提取的设计知识比用 DSSA 提取的设计专家知识的应用范围要广。

5)DSSA 和体系结构风格是互为补充的两种技术。

本章小结

本章介绍了软件体系结构的发展及应用现状,并介绍了软件设计模式与软件体系结构的关系,最后介绍了几种软件体系结构风格。

第7章 软件体系结构案例研究

本章介绍三个软件体系结构案例:上下文关键字、仪器软件、移动机器人。首先给出案例的需求及关键问题,然后给出案例需求的体系结构解决方案,并对每一个解决方案给出评价。本章内容有助于更好地了解软件体系结构风格的内涵及实际应用。

7.1 上下文关键字

Parnas 在 1972 年的论文中提出下述问题:

KWIC(Key Word in Context)检索系统接受有序的行集合,每一行是单词的有序集合,每一个单词又是字母的有序集合。通过重复地删除行中第一个单词并把它插入到行尾,每一行可以被"循环地移动"。KWIC 检索系统以字母表的顺序输出一个所有行循环移动的列表。

Parnas 描述了两种解决方案:

1)基于功能分解,可以共享访问数据表示。

2)基于隐藏设计决策的分解。

Parnas 认为 KWIC 系统的体系结构中变化的内容有如下两种:

1)处理算法的变更:比如,输入设备可以每读入一行就执行一次行移动,也可以读完所有行再执行行移动,或者在需要以字母表的顺序排列行集合时才执行行移动。

2)数据表示的变更:比如,行、单词和字母可以用各种各样的方式储存。类似地,移动循环情况也可以被显式地或者隐式地储存(使用索引和偏移量)。

Garlan、Karser、Notkin 等人在设计 KWIC 系统的体系结构时还考虑如下情况:

1)系统功能的扩充:比如,修改系统使其能够排除以某些干扰单词(如 a、an 等)开头的循环移动,把系统变成交互式的,允许用户从初始列表中(或者从循环移动的列表中)删除某些行。

2)性能:空间和时间性能。

3)重用:作为可重用的实体,构件重用的程度越高越好。

7.1.1 解决方案 1:使用共享数据的主程序/子程序模型

根据需求描述将问题分解为四个基本功能:输入(读取文件)、循环移动、按字母表排序、输出。其中,每一个功能名称实现的具体功能描述如下:

1)读取文件:从本地读取文件。

2)循环移位:对读取到的内容进行循环移位。

3)排序:对移位后的结果进行排序。

4)输出:输出到控制台。

在以后的其他解决方案中也会用到这四个模块,将直接使用,不会再进行功能描述。

一个功能模块就是一个子程序,所有子程序协同工作,并且由一个主程序顺序地调用这些子程序。KWIC 系统采用主程序/子程序的体系结构设计方案结构图如图 7.1 所示。

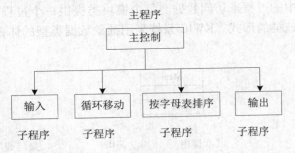

图 7.1　KWIC 主程序/子程序结构图

图 7.1 中的子程序构件通过共享存储区("核心存储区")交换数据,涉及的数据有:输入的原始字符、循环移动使用的索引、输出使用的字母表索引。因为协同工作的子程序能够保证共享数据的顺序访问,因此使子程序构件和共享数据之间基于一个不受约束的读写协议的通信成为可能,共享数据的主程序/子程序体系结构设计方案如图 7.2 所示。

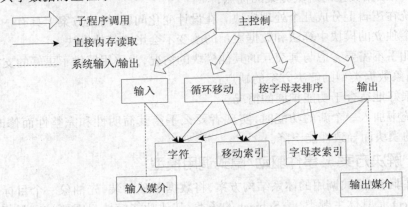

图 7.2　KWIC 共享数据的解决方案

KWIC 共享数据的解决方案的优点:

1)这种方案具有很高的数据访问效率,因为计算共享同一个存储区。

2)不同的计算功能被划分到不同的模块中。

KWIC 共享数据的解决方案的缺点:

1)在处理变更的能力上有许多严重的缺陷。

2)数据存储格式的变化会影响到所有模块。

3)整体处理算法的变更和系统功能扩充的问题也很难调和。

4)这种功能分解方案不支持重用。

7.1.2　解决方案 2:抽象数据类型模型

将系统分解成五个模块:输入(读取文件)、循环移动、按字母表排序、输出、主控制。每一个功能模块涉及的数据及操作被抽象封装在一个类中,输入功能抽象为 Input 类,循环移动功能抽象为 Shift 类,按字母表排序功能抽象为 Alphabetizer 类,输出功能抽象为 Output 类,主控制抽象为 Main 类。在这种情况下,依据面向对象技术的封装原则,数据不再直接地被功能构件共享,每一个功能类中都存储自己需要处理的数据。每个模块提供一个接口,该接口允许其他模块通过调用接口中的过程来访问数据。每个模块类提供一个过程集合,这些过程决定系统中其他模块类访问该类的形式。KWIC 系统采用抽象数据类型的体系结构设计方案结构图如图 7.3 所示。

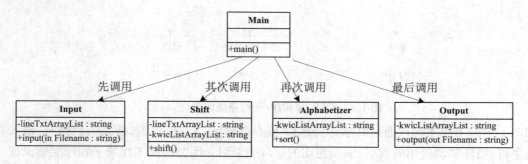

图 7.3　KWIC 抽象数据类型结构图

KWIC 抽象数据类型的解决方案的优点:

1)将系统在逻辑上分成几个处理模块。在设计变化问题时,比方案 1 具有一些优势。

2)在一个独立的模块中算法和数据表示的改变不会影响其他模块。

3)模块几乎不需要考虑与其交互的其他模块的情况,为重用提供了更好的支持。

KWIC 抽象数据类型的解决方案的缺点:

1)不能很好地适合于功能扩展的情况。

2)向系统中加入一个新的功能时,实现者要么平衡其简明性和完整性而修改现存模块,要么添加新的模块而导致性能下降。

7.1.3　解决方案 3:事件驱动/隐式调用模型

采用事件驱动/隐式调用的体系结构方案,将数据单独封装,先抽象一个目标主题 Subject 类,KWICSubject 是具体主题类、是 Subject 的子类,其他功能模块只需要访问目标数据并对目标数据进行操作,不需要知道数据的存储格式。

当数据被修改时,对数据进行计算的功能模块被隐式地调用,因而数据与计算模块之间的关系可以采用为观察者模式。例如,向行存储区添加一个新行的动作会激发一个事件,这个事件被发送到移动模块。移动模块然后进行循环移动(在一个独立的、抽象的共享数据存储区),这又会引起字母表排序程序被隐式地调用,字母表排序程序再对行进行排序。

以观察者模式为例,设计出的基于事件驱动/隐式调用体系结构解决方案的结构图如图 7.4 所示。其中,Client 是主控制类,Subject 是抽象主题类,KWICSubject 是具体主题类(即字符数据),Observer 是抽象观察者类,Input 是观察者类(即输入功能),Shift 是观察者类(即循环移动),Alphabetizer 是观察者类(即按字母表排序),Output 是观察类(即输出)。当 KWICSubject 具体主题类中数据发生改变时,调用 Notify 通知 observerList 中所有的观察者对象,让观察者对象重新运行 Update 函数,使其更新从 KWICSubject 对象中获取计算需要的数据,并重新执行功能。

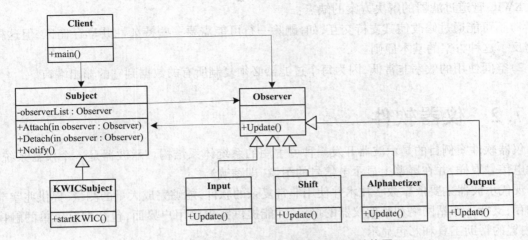

图 7.4　KWIC 基于事件驱动/隐式调用结构图

KWIC 基于事件驱动/隐式调用的解决方案的优点:

1)这种解决方案很容易支持系统功能的扩展:通过注册,添加的模块很容易和系统整合,当发生数据交换事件时,这些添加的模块就会被调用。

2)因为数据被抽象地访问,所以这种解决方案也将计算和数据表示分开。

3)由于被隐式调用的模块仅仅依赖于某些外部的触发事件,所以这种方案也支持重用。

KWIC 基于事件驱动/隐式调用的解决方案的缺点:

1)难以控制隐式调用模块的处理顺序。

2)由于隐式调用是数据驱动的,这种分解策略实现起来会比之前的方案占用更大的空间。

7.1.4　解决方案 4:管道过滤器模型

采用管道过滤器的方式,有四个过滤器:输入、移动、按字母表排序、输出,每个过滤器处理完数据并把它发送到下一个过滤器。过滤器只是将输入数据变成输出数据,所以对于过滤器来说,只要有数据通过,过滤器就会进行处理。整个系统对过滤器的控制是分布式的,过滤器间的数据共享严格地局限于管道中传输的数据。管道过滤器体系结构解决方案的结构图如图7.5 所示。

图 7.5　KWIC 管道过滤器结构图

KWIC 管道过滤器的解决方案的优点:

1)它能够维持处理的自然流动。

2)它支持重用,因为每个过滤器可以独立处理(只要上游过滤器产生的数据格式是过滤器所期望的格式)。通过在处理序列中的合适位置插入过滤器,新的功能很容易加入到系统中。

3)既然每个过滤器和其他过滤器在逻辑上是独立的,那么每个过滤器也很容易替换或修改。

KWIC 管道过滤器的解决方案的缺点：

1）不可能通过修改使其支持交互，如，删除一行可能需要一些持久性共享存储区，但这样就违反了这种方案的基本原则。

2）空间使用的效率非常低，因为每个过滤器必须复制所有的数据到它的输出端口。

7.2 仪器软件

仪器软件案例目的是示波器开发一种可重用的系统体系结构。示波器是一个仪器系统，能对电信号取样，并在屏幕上显示电信号的图像（即踪迹）。

现代示波器主要依靠数字技术并使用非常复杂的软件，能够完成大量的测量，提供兆字节的内存，支持工作站网络和其他仪器的接口，并能提供完善的用户界面，包括带有菜单的触摸屏、内置的帮助工具和彩色显示。

针对示波器，目前还没有一种可以在不同示波器上可重用的软件组织结构，原因主要有以下几方面：

1）不同的示波器由不同的产品部门生产，每个部门都有自己的开发约定、软件组织结构、编程语言和开发工具。

2）甚至在同一个部门内，每一个新的示波器通常也不得不重新设计来适应硬件性能的变化和用户界面的新需求，而硬件和界面需求变化速度越来越快也加剧了这种情况。

3）开发"特殊的市场"的需要意味着必须为特殊的用户量身定做多种用途的仪器，比如病人监护或汽车诊断等。

4）因为软件在仪器中不能被快速配置，导致软件性能不足的问题越来越严重。由于根据用户的任务需要，示波器需要在不同的模式下配置。以前的示波器只需要简单地载入处理新模式的软件就能重新配置，随着软件的规模越来越大，导致在用户的请求和仪器重新配置之间出现延迟。

工程的目标是为示波器开发一种解决上述问题的体系结构框架，工程的结果是产生一个特定领域的软件体系结构，这种体系结构将是下一代 Tektronix 示波器的基础。这个框架被扩展和修改来适应更广泛的系统种类，同时也是为了适应仪器软件的特殊需要。

7.2.1 解决方案 1：面向对象模型

为了开发一个可重用的体系结构，第一个方案是开发一种面向对象的软件模型，这个模型首先阐明在示波器中使用的对象类型：波形、信号、测量值、触发模型等。波形具体又分为：最大最小波形、XY 波形、叠加波形等，根据测量样本的频率不同得到的测量值不同，用户需求不同触发模型界面不同，对象类型的结构图如图 7.6 所示。因为有用户参数配置需求，所以软件功能模块的可以被划分为：设置采样仪器的耦合度，设置采样频率，设置显示波形，采样功能，测量值计算，波形转换，裁剪波形，等等。实现涉及的界面有：参数设置界面，波形显示界面，等等。

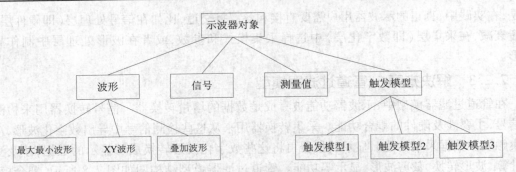

图 7.6 仪器软件面向对象模型结构图

虽然面向对象模型能够较好的封装操作对象、功能模块、参数界面等,但是在设计操作对象与功能模块、参数界面等之间关系时,没有取得预期的效果。尽管很多对象类型被确定,但是没有一个整体模型解释怎样结合这些对象类型,这将会导致功能划分的混乱。比如,下面描述的情况都会导致面向对象模型中封装、对象的高内聚、对象之间的低耦合、功能单一、接口简单等特性难以保证,严格区分对象类型、功能模块、用户界面之间的边界是比较困难的。

1)功能模块与被测量的或者被外部表示的数据类型之间的关联性?

2)用户界面应该和哪些对象类型交互?

3)用户界面应该和哪些功能模块交互? 等等。

7.2.2 解决方案 2:分层模型

仪器软件的分层模型是从硬件到软件,再到用户的层次进行模块划分,依次是硬件、数字化、波形处理、可视化、用户接口共五个层次,结构图如图 7.7 所示,每层功能描述如下:

1)硬件层,仪器软件的核心层提供信号处理功能,当信号进入示波器时使用这些功能过滤信号,这些功能通常通过硬件实现。

2)数字化层,提供波形采集功能,在这层中信号被数字化,并且被内部保存用于以后的处理。

3)波形处理层,提供波形处理功能,包括测量、波形叠加、傅里叶转换等。

4)可视化层,提供显示功能,即负责将数字化的波形和测量值直观表示出来。

5)用户界面层,这一层负责和用户进行交互,并决定在屏幕上显示哪些数据。

图 7.7 仪器软件分层模型结构图

分层模型将示波器的功能分成一些明确定义的组,所以它具有显而易见的层次结构优点。但是,对于应用领域,这种模型是不合适的,主要的问题是层次间强加的抽象边界和各功能间交互的需要是相互冲突的。比如,这种模型提出所有用户与示波器交互必须通过用户接口层。

但是,在实践中,真正的示波器用户需要直接和各层打交道,比如在信号处理层(即硬件层)中设置衰减,在采集层(即数字化层)中选择采集模式和参数,或者在波形处理层中制作导出波形。

7.2.3 解决方案3:管道过滤器模型

在管道过滤器模型中,示波器功能被看成是数据的增量转换器。信号转换器用来检测外部信号,主要涉及硬件的耦合功能。采集转换器用来从这些检测信号中导出数字化波形,涉及采集触发及数据采集功能。显示转换器再将这些数字化波形转换成可显示的数据,涉及测量值计算、波形转换、裁剪波形、显示等功能。管道过滤器模型结构图如图7.8所示,耦合模块、触发子系统、采集模块、测量模块、To-XY模块、裁剪模块都是过滤器。

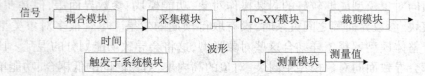

图7.8 仪器软件管道过滤器模型结构图

管道过滤器模型将各个功能模块独立起来,只是将模块的输入参数转换成输出参数,模块之间互相不干扰,管道中的数据传递目标明确。整个系统被看作是一个大的过滤器,考虑如何将输入信号转换层界面显示的波形。但是,图7.8的设计结果没有考虑用户与系统的交互。

7.2.4 解决方案4:改进后的管道过滤器模型

为了解决用户输入问题,即为每个过滤器添加一个控制界面,这个界面允许外部实体为过滤器设置操作参数。比如,采集过滤器具有某些参数用来确定采样频率和波幅,这些输入可作为示波器的配置参数。

可以将这些过滤器想象成一个具有"控制面板"的界面,可以控制在输入/输出界面上将要执行哪些功能。形式上,过滤器可以被模拟成函数,它的配置参数决定过滤器将执行什么数据转换。

对仪器软件的管道过滤器模型添加了用户交互过程,即改进后的管道过滤器模型如图7.9所示。

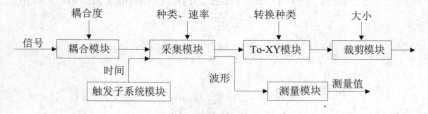

图7.9 仪器软件改进后的管道过滤器模型结构图

仪器软件改进后的管道过滤器模型解决了很大一部分用户界面的问题,具体体现如下:

1)它提供了一系列参数设置,这些设置决定了示波器的哪些方面可以被用户动态地修改;它同时也解释了用户如何通过不断地调整软件来改变示波器的功能。

2)控制界面将示波器的信号处理功能和实际的用户界面分离,信号处理软件不需要考虑用户实际设置参数的方式。反之,实际的用户界面仅仅通过控制参数来控制信号处理功能。

设计者可以在不影响用户界面实现的情况下，更改信号处理软件和硬件的实现。

仪器软件改进后的管道过滤器模型仍然存在问题如下：

1）计算性能非常差，特别是波形数据占用了很大的内存容量，过滤器每次处理波形时都复制波形数据是不切实际的。

2）模型中不同的过滤器以完全不同的速度运行。

仪器软件管道过滤器模型还有其他可以优化的地方，将模型进一步专用化，引进多种"颜色"的管道，而不只是使用一种管道。一种管道允许某些过滤器在处理数据时不必复制数据；另一种管道允许慢速过滤器在数据没有处理完时忽略新来的数据。这些附加的管道增加了风格词汇表并且可以根据产品的性能定制管道过滤器的计算模式。

7.3 移动机器人

移动机器人系统是用来操纵有人驾驶或部分的有人驾驶的交通工具，比如汽车、潜水艇、航空器。这类系统在诸如空间探索、有害垃圾处理、深水探索等领域中得到了新的应用。构建一个系统来操纵移动机器人是一个具有挑战性的难题，系统必须处理外部传感器和传动装置，能够实时响应，并且响应速度要和工作环境中的系统行为相匹配。移动机器人的软件功能主要有：

1）采集从传感器发送来的输入信号。

2）操纵车轮和其他可移动零件的运动。

3）规划未来的移动路线。

移动机器人体系结构设计的难点有：

1）障碍物可能会阻挡机器人的移动路线。

2）传感器的输入信号可能非常弱。

3）机器人的电力使用完。

4）机械的局限性会限制移动的精确性。

5）机器人可能会处理有毒材料。

6）不可预知的时间要求它具有快速响应。

改进以上描述的移动机器人的功能及难点，移动机器人体系结构设计的基本需求有：

1）这种体系结构必须能够协调有准备的行为和反应行为。即机器人必须能够协调控制为完成指定的目标（如收集岩石标本）而采取的行动和由环境（如避开障碍物）引起的反应行为。

2）这种体系结构必须能够处理不确定性。机器人的操作环境是不能完全预测的。这种体系结构必须提供一个框架，在这个框架下，机器人能够应对不完整的或不可靠的信息（比如，矛盾的传感器读数）。

3）这种体系结构必须能够应对机器人操作和环境中固有的危险。通过考虑容错度、安全性和性能，这个体系结构必须能够帮助保持机器人、操作及其环境的完整性。诸如电力供应下降、有毒气体、门被意外地打开等问题，不应该导致灾难。

4）这种体系结构必须给予设计者灵活性。移动机器人的应用开发经常需要实验和重新配置。另外，任务的改变需要定期修改。

在一个给定的环境中,对上述需求满足的程度取决于机器人设计任务的复杂性和环境的可预知性。如,当机器人用于太空任务时,容错度非常重要,当机器人用于便于维修的环境时,就不那么重要了。

7.3.1　解决方案 1:控制环路模型

大多数工业机器人的任务是预先确定的,不需要处理不可预知的事件,因此不需要考虑环境的问题。工业机器人发起一个或一串动作,并且不需要为检查结果而操心,这时候使用采样开环的体系结构就可以。对开环结构增加一个反馈功能,这样就形成了一个闭环的控制环路体系结构,可应用到移动机器人。

移动机器人至少有两个活动组件:传感器、传动装置。传感器获取外界环境参数,传动装置控制机器人的行为。控制器用来启动机器人动作并且监测它们的结果,根据从传感器那里监测到的信息来调整机器人的下一步安排。针对移动机器人的闭环控制环路解决方案如图 7.10 所示。

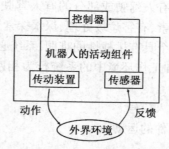

图 7.10　移动机器人的闭环解决方案

移动机器人的闭环控制环路解决方案满足的基本需求如下:

1)需求 1:这种闭环解决方案的结构简单,机器人和外界的基本交互非常清晰。然而,在不可预知的环境中这种简单性也是它的缺陷。反馈环路总是假定环境的变化是连续的,并需要连续的反应。而机器人需要经常面对完全不同的、不连续的事件,这就需要它们在不同的行为模式中转换。这种模型并没有说明怎样处理这种模式变化。对于复杂性任务,控制环路并没有给出将软件分解成几个协作构件的方法。

2)需求 2:对于不确定性,控制环路偏爱使用下述方法来解决——通过迭代来降低未知性。试探和错误处理程序通过动作和响应来消除每次循环中的可能性。但是如果需要更细致的处理,这个体系结构既没有提供一个使用基本循环来集成这些操作的框架,也没有提供委托独立实体进行操作的框架。

3)需求 3:这种闭环范例提供对容错度和安全性的支持。因为它的结构简单,使得复制操作更加容易,并能减少系统中错误发生的机率。

4)需求 4:一个机器人体系结构的主要构件(控制器、传感器、传动装置)是彼此分开的,并能够被独立地替换。微小的修改必须在模块中进行,并且改动不会在体系结构的细节层次上反映出来。

总之,闭环结构更适合简单的机器人系统,这种系统只处理很少的外部事件,并且它的任务不需要复杂的分解。

7.3.2　解决方案 2:分层体系结构模型

移动机器人分层体系结构解决方案如图 7.11 所示。从底往上的方向,各层的功能描述如下:

最底层,驻留机器人控制程序(发动机、关节等)。

第二层处理外界的输入。执行传感器解释分析,即分析来自一个传感器的数据。

第三层处理外界的输入。执行传感器集成分析,对不同传感器输入的组合分析。

第四层涉及维持机器人的外界模型。

第五层负责管理机器人导航。

第六层负责调度和安排机器人的行动。

第七层负责调度和安排机器人的行动,处理问题和重新安排。

第八层提供用户界面和全局监控功能。

图 7.11　移动机器人的分层结构解决方案

移动机器人的分层结构解决方案满足的基本需求如下。

1)需求 1:通过定义更多的执行委托任务的构件,模型避开了一些控制环路方案面临的问题。因为这个模型专用于自动控制的机器人,所以它揭示了针对这种机器人所必须解决的问题,比如,传感器集成。另外,它定义了抽象层(如机器人控制与导航)来指导设计,很好地组织了用来协调机器人操作的构件。分层模型要求请求和服务必须在相邻的两层进行,所以分层模型不适合现行的数据和控制流模式。在现实中,信息交互并不是直接的。比如,需要快速响应的数据应该直接从传感器送到位于第七层的问题处理代理那里,并且相应的命令也应该跳过好几层以便及时到达发动机。分层模型也不能区分在体系结构中实际存在的两个抽象层次:数据层、控制层。数据层,包括原始的传感器输入(第一层)、解释后和集成后的结果(第二层和第三层)、最终的外界模型(第四层)。控制层,包括发动机控制(第一层)、导航(第五层)、调度(第六层)、安排(第七层)、用户层控制(第八层)。

2)需求 2:抽象层的存在满足了处理不确定性的需要,通过在较高的一层中加入可以用到的知识,使得在最低层中不确定的事物在较高层中会变得确定。比如,外界模型中的上下文能够提供某些线索来消除相矛盾的传感器数据中的歧义。

3)需求3:抽象机制满足了容错度和被动安全性的要求,可以从不同的角度分析数据和命令,并将多个检查和平衡操作合并到系统中。性能和主动安全性可能需要缩短通信的路径。

4)需求4:层次间的依赖性使得构件的替换和添加更加困难,层次间复杂的关系也增加了每一次变化的难度。

总之,因为对不同层角色的描述是精确的,因此通过分层体系结构定义的抽象层提供了一个合理组织构件的框架。当在实现过程中牵扯到更深层次的细节,这种模型通常会失效。机器人中的通信模式不可能遵循这种体系结构所规定的层次结构。

7.3.3 解决方案3:隐式调用模型

基于隐式调用的体系结构中内嵌了许多任务,这种体系结构已经应用在众多的移动机器人上,如漫步者机器人。移动机器人从外界环境中获取信息,根据信息的不同做出不同的任务指令,并且某一个任务的执行可以触发下一个任务。图7.12是移动机器人的隐式调用解决方案,其中异常、监听是机器人与外界交互的常用功能,并通过监控器读取信息,然后去执行某些操作。

异常:特定条件会引起一个相关联的异常处理程序执行,会快速改变机器人的处理模式。这种体系结构比反馈环路或者纯粹的分层体系结构中相对长的通信路径更适合处理自发的事件(比如,出现危险的地形)。在机器人可以执行的全部操作中,异常处理程序的优先级别较高,它可以中止或重试任务。

窃听:是机器人的一个任务,用来截取消息。例如,一个安全性检查构件能够根据这种特点验证输出的移动命令。

监控器:如果数据满足某一标准,监控器就可以读取信息,然后去执行某些操作。比如,如果监控器检测到电量低于一个给定值,就会调用负责充电的动作。这个特点提供了一个处理容错度问题的简便方法。

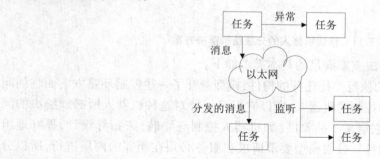

图7.12 移动机器人的隐式调用解决方案

机器人可以执行的任务有很多,任务的分解及执行顺序可以用基于任务层或者任务树的方式进行表示。如图7.13表示移动机器人的任务树,其中父任务启动子任务。软件设计者能够定义每对任务之间的时序依赖性。比如,针对任务A及任务B有一个时序约束,即任务A必须在任务B开始前完成。

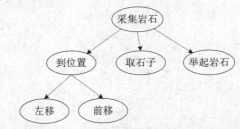

图 7.13　移动机器人的隐式调用方案的任务分解图

可以使用任务树动态重新配置操作,这些操作用来在运行期间响应机器人状态和环境状况的变化。使用隐式调用来协调任务间的交互,任务通过消息服务器的广播消息来实现通信,消息服务器将消息转发到某个任务,这个任务通过注册来声明负责这条消息的处理。

移动机器人的隐式调用结构解决方案满足的基本需求如下:

1)需求 1:一方面是任务树;另一方面是异常、窃听、监控器,这些为动作(在任务树中的行为)和响应(由外来事件或环境引起的行为)提供了清晰的划分。多个动作可以在同一时刻处理,并且这些处理或多或少是相互独立的。而控制环路模型、分层模型不能明确地处理并发操作。

2)需求 2:如何解决不确定性是不够清晰的,如果存在不可估计的情况,会创建一个试验性的任务树,如果任务树中基本假设被证明是错误的,那么异常处理程序会不断地修改它直到正确为止。

3)需求 3:异常、窃听、监控器特点考虑了性能、安全性、容错度这些问题。当为同一个信号注册多个处理者时,通过冗余来实现容错,如果一个处理者不可用,会通过将请求发送给其他处理者来继续提供服务。因为多个处理者会并发地处理针对同一个请求的多个事件,这样性能也会提高。

4)需求 4:使用隐式调用使得增量开发和构件替换更为直接。在不影响现有构件的情况下,很容易在中心服务器注册新的处理者、异常、窃听者或监控器。

总之,考虑到性能和开发的难度需求,采用任务树方式提供了对机器人的任务协调更好的支持,隐式调用模型的强大功能使其非常适合复杂的机器人项目。

7.3.4　解决方案 4:黑板体系结构模型

在黑板体系结构中,利用感知子系统从外界环境中获取各种知识,并存储在黑板数据结构中。黑板数据结构中存储的内容随着知识的变化而改变,同时黑板的当前状态也决定了机器人要执行什么操作,操作共分四种:监控、指挥、地图导航、驾驶。监视操作为获取路标而监控环境的模块。指挥操作是总监控器。地图导航操作为高层的路线规划程序。驾驶操做底层的路线规划程序和发动机控制器。感知子系统接收来自多个传感器的原始输入并将它们整合成一致的解释。

移动机器人采用黑板体系结构解决方案如图 7.14 所示。

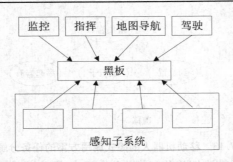

图 7.14　移动机器人的黑板结构解决方案

移动机器人的黑板结构解决方案满足基本需求的情况如下：

1）需求 1：包括感知子系统在内的所有模块通过黑板系统的共享知识库来进行通信。每个模块只对某种信息感兴趣。数据库可以立即向这些模块发送它们需要的信息，或者当其他模块向数据库插入这些信息后，再向这些模块发送它们需要的信息。比如，监控模块可以监视某种地理特征，当感知子系统存储的图像与描述相匹配，数据库会通知监控模块。这种体系结构的一个问题是所有模块都通过黑板进行交互，但是在某些情况下构件间直接交互可能会更自然，直接交互需要控制流必须符合数据库的机制。

2）需求 2：黑板也是一种解决矛盾和不确定性情况的方式。例如，监控路标探测器对使用某算法获得的距离估计值进行真实性检查。所有的数据集都保存在数据库中，负责处理不确定性的模块通过在数据库中注册来获取必需的数据。这种体系结构可以将所有传感器进行整合，感知子系统协调来自不同的传感器的输入，这样就解决了不确定性和输入的矛盾。

3）需求 3：通过数据库进行通信的方式与通过分层结构的中心消息服务器进行通信的方式非常相似，这种体系结构定义了许多独立的模块，这些模块观测数据库中意外事件或危险情况的信号，保证机器人的反应速度、安全性和可靠性。

4）需求 4：黑板体系结构风格支持并发以及发送者和接受者分离，这样有利于维护。

总之，由于基于数据库内容的隐式调用机制、黑板体系结构具有模拟任务协作的能力，满足了以灵活的方式处理协调和结局不确定性的需求。但是这种体系结构的响应能力比隐式调用体系结构弱。

本章小结

本章介绍了上下文关键字、仪器软件、移动机器人共三个体系结构案例，并分别给出了不同的解决方案，每种方案都有优缺点，需要根据实际环境及需求选择合适的解决方案。

第 8 章　软件体系结构的分析与评估

软件体系结构的设计是整个软件开发过程中的关键一步。对于当今世界上庞大而复杂的系统来说,没有一个合适的体系结构而要有一个成功的软件几乎是不可想象的。不同类型的系统需要不同的体系结构,甚至一个系统的不同子系统也需要不同的体系结构。体系结构的选择往往会成为一个系统设计成败的关键。

但是,怎样才能知道为软件系统所选用的体系结构是否恰当? 如何确保按照所选用的体系结构能顺利地开发出成功的软件产品呢? 要回答这些问题并不容易,因为它受到很多因素的影响,需要使用专门的方法来对其进行分析与评估。

8.1　软件体系结构的可靠性风险分析

风险评估过程通常是用于验证需要详细检测的复杂模型,来估计潜在的模型问题和测试效果,在不同的开发阶段都可以执行分析评估。而在体系结构级进行风险评估更有利于开发阶段的后期评估。体系结构分析方法的主要步骤如下:1)采用体系结构描述语言 ADL 对体系结构进行建模;2)通过模拟方法执行复杂性分析;3)通过 FMEA(failure mode and effect analysis)和模拟运行执行严重性分析;4)为构件和连接件计算启发式风险因子;5)建立用于风险评估的构件依赖图;6)通过图论中的算法执行风险评估和分析。

8.2　软件体系结构评估

体系结构评估是一种避免灾难的低成本手段。体系结构评估的时机一般是在明确了体系结构之后,具体实现开始之前。实践原则是:应该在开发小组开始制定依赖于体系结构的决策时、修改这些决策的代价超过体系结构评估的代价时,实施体系结构评估。

8.2.1　体系结构评估概述

体系结构评估可以只针对一个体系结构,也可以针对一组体系结构。

1)体系结构评估的参与者

体系结构评估的参与者有评估小组、风险承担者。评估小组负责组织评估,并对评估结果进行分析,组成人员通常为评估小组负责人、评估负责人、场景书记员、进展书记员、计时员、过程观察员、过程监督者、提问者。风险承担者在该体系结构及根据该体系结构开发的系统中有既得利益的人,有些也将是开发小组成员,如编程人员、集成人员、测试人员和维护人员,比较特殊的是项目决策者,包括体系结构设计师、组件设计人员和项目管理人员。

2)质量属性

在体系结构评估过程中,评估人员所关注的是系统的质量属性,包括性能、可靠性、可用性、安全性、可修改性、功能性、可变性、可集成性、互操作性。

（1）性能（Performance）

性能是指系统的响应能力，即要经过多长时间才能对某个事件做出响应，或者在某段事件内系统所能处理的事件的个数。经常用单位事件内所处理事务的数量或系统完成某个事务处理所需的时间来对性能进行定量的表示。性能测试经常要使用基准测试程序，用以测量性能指标的特定事务集或工作量环境。

（2）可靠性（Reliability）

可靠性是软件系统在应用或系统错误面前，在意外或错误使用的情况下维持软件系统的功能特性的基本能力。可靠性通常用平均失效等待时间（MTTF）和平均失效间隔时间（MTBF）来衡量。在失效率为常数和修复时间很短的情况下，MTTF 和 MTBF 几乎相等。可靠性可以分为两个方面。

容错：在错误发生时确保系统正确的行为，并进行内部修复。如在一个分布式软件系统中失去了一个与远程构件的连接，接着恢复了连接，在修复这样的错误后，系统可以重新或重复执行进程间的操作。

健壮性：保护应用程序不受错误使用和错误输入的影响，在遇到意外错误事件时确保应用系统处于已经定义好的状态。

（3）可用性（Availability）

可用性是系统能够正常运行的时间比例。经常用两次故障之间的时间长度或在出现故障时系统能够恢复正常的速度来表示。

（4）安全性（Security）

安全性是指系统在向合法用户提供服务的同时能够阻止非授权用户使用的企图或拒绝服务的能力。安全性是根据系统可能受到的安全威胁的类型来分类的，可划分为机密性、完整性、不可否认性及可控性等特性。其中，机密性保证信息不泄露给未授权的用户、实体或过程；完整性保证信息的完整和准确，防止信息被非法修改；可控性保证对信息的传播及内容具有控制的能力，防止为非法者所用。

（5）可修改性（Modifiability）

可修改性指能够快速地以较高的性能价格比对系统变更的能力。通常以某些具体的变更为基准，通过考察这些变更的代价衡量可修改性。可修改性包含四个方面。

可维护性（Maintainability）：主要体现在问题的修复上，在错误发生后"修复"软件系统。

可扩展性（Extendibility）：使用新特性来扩展软件系统，以及使用改进版本来替换构件并删除不需要或不必要的特性和构件。为实现可扩展性，需要松散耦合的构件。

结构重组（Reassemble）：重新组织软件系统的构件及构件间的关系。

可移植性（Portability）：使软件系统适用于多种硬件平台、用户界面、操作系统、编程语言或编译器，是系统能够在不同计算环境（硬件或软件）下运行的能力。

（6）功能性（Functionality）

功能性是系统所能完成所期望的工作的能力。一项任务的完成需要系统中许多或大多数构件的相互协作。

（7）可变性（Changeability）

可变性是指体系结构经扩充或变更而成为新体系结构的能力。这种新体系结构应该符合预先定义的规则,在某些具体方面不同于原有的体系结构。当要将某个体系结构作为一系列相关产品的基础时,可变性是很重要的。

（8）可集成性（Integrability）

可集成性是指系统能与其他系统协作的程度。

（9）互操作性（Interoperation）

作为系统组成部分的软件不是独立存在的,经常与其他系统或自身环境相互作用。为了支持互操作性,软件体系结构必须为外部可视的功能特性和数据结构提供精心设计的软件入口。程序和用其他编程语言编写的软件系统的交互作用就是互操作性的问题,这种互操作性也影响应用的软件体系结构。

3）基本概念

为了后面讨论的需要,先介绍几个概念。

（1）敏感点和权衡点

敏感点和权衡点是关键的体系结构决策。敏感点是一个或多个构件,或构件之间的关系的特性。研究敏感点可使设计人员或分析员明确在搞清楚如何实现质量目标时应注意什么。

权衡点是影响多个质量属性的特性,是多个质量属性的敏感点。例如,改变加密级别可能会对安全性和性能产生非常重要的影响。提高加密级别可以提高安全性,但可能要耗费更多的处理时间,影响系统性能。如果某个机密消息的处理有严格的时间延迟要求,则加密级别可能就会成为一个权衡点。

（2）场景

在进行体系结构评估时,一般首先要精确地得出具体的质量目标,并以之作为判定该体系结构优劣的标准。把为得出这些目标而采用的机制叫作场景。场景是从风险承担者的角度对与系统交互的简短描述。在体系结构评估中,一般采用刺激、环境和响应三方面来对场景进行描述。

刺激是场景中解释或描述风险承担者怎样引发与系统的交互部分。例如,用户可能会激发某个功能,维护人员可能会做某个更改,测试人员可能会执行某种测试等,这些都属于对场景的刺激。

环境描述的是刺激发生时的情况。例如,当前系统处于什么状态? 有什么特殊的约束条件? 系统的负载是否很大? 某个网络通道是否出现了阻塞等。

响应是指系统是如何通过体系结构对刺激做出反应的。例如,用户所要求的功能是否得到满足? 维护人员的修改是否成功? 测试人员的测试是否成功等。

（3）风险承担者

系统的体系结构涉及很多人的利益,这些人都对体系结构施加各种影响,以保证自己的目标能够实现。

4）体系结构评估的结果

体系结构评估的结果提交一份报告,提供若干信息:

（1）该体系结构是否与所要开发的系统相适应。

（2）针对所要开发的系统,在备选的两个或多个体系结构中,哪一个是最合适的。

（3）适宜性:根据体系结构开发出来的系统能够满足其质量要求,即系统将会满足预期的性能要求、安全性要求、功能需求等。可以利用现有的资源实现系统的开发,这些资源包括人力、资金、旧的软件和所规定的系统交付的时间。

（4）划分了优先级的质量属性需求。获取作为评估依据的质量属性需求是体系结构评估中的一项重要工作。任何一个构架都不可能满足很多的质量属性需求，所以这些评估方法都使用某种广泛认同的优先级排列。

（5）方法与质量属性的映射。对所分析问题的解答可以得出一种映射，这种映射表明了如何用体系结构方法实现所期望的质量属性，这种映射构成了体系结构的基本机理。

（6）有风险决策和无风险决策。有风险决策是那些可能带来问题的构架决策。无风险决策是指依赖于经常含在体系结构中的假设好的决策。

5）体系结构评估的好处

体系结构评估的好处主要有以下几方面：（1）把各个风险承担者召集到一起；（2）迫使对具体质量目标做出清楚的表述；（3）为相互冲突的目标划分优先级；（4）迫使对体系结构作出清楚的解释；（5）提高体系结构文档的质量；（6）发现项目之间交叉重用的可能性；（7）提高体系结构设计水平。

8.2.2　主要的评估方式

软件体系结构评估有三类主要的评估方式：基于调查问卷或检查表的评估方式、基于场景的方式和基于度量的方式。

1）基于调查问卷或检查表的评估方式

调查问卷是一系列可以应用到各种体系结构评估的相关问题，其中有些问题可能涉及体系结构的设计决策、有些问题涉及体系结构的文档。检查表中也包含一系列比调查问卷更细节和具体的问题，它们更趋向于考察某些关心的质量属性。例如，对实时信息系统的性能进行考察时，很可能问系统是否反复多次地将同样的数据写入磁盘中。

这一评估方式比较自由灵活，可评估多种质量属性，也可以在软件体系结构设计的多个阶段进行。但是由于评估的结果很大程度上来自评估人员的主观推断，因此不同的评估人员可能会产生不同甚至截然相反的结果，而且评估人员对领域的熟悉程度、是否具有丰富的相关经验也成为评估结果是否正确的重要因素。尽管基于调查问卷与检查表的评估方式相对比较主观，但由于系统相关人员的经验和知识是评估软件体系结构的重要信息来源，因而它仍然是进行软件体系结构评估的重要途径之一。

2）基于场景的评估方式

场景是一系列有序的使用或修改系统的步骤。基于场景的方式由 SEI 首先提出并应用在体系结构权衡分析方式（ATAM，Architecture Tradeoff Analysis Method）和软件体系结构分析方法（SAAM，Software Architecture Analysis Method）中。这种软件体系结构评估方式分析软件体系结构对场景也就是对系统的使用或修改活动的支持程序，从而判断该体系结构对这一场景所代表的质量需求的满足程度。例如，用一系列对软件的修改来反映易修改性方面的需求，用一系列攻击性操作来代表安全性方面的需求等。

这一评估方式考虑了包括系统的开发人员、维护人员、最终用户、管理人员、测试人员等在内的所有与系统相关的人员对质量的要求。基于场景的评估方式涉及的基本活动包括确定应用领域的功能和软件体系结构的结构之间的映射，设计用于体现待评估质量属性的场景，以及分析软件系统结构对场景的支持程度。

不同的应用系统对同一质量属性的理解可能不同，例如，对操作系统来说，可移植性被理解为系统可在不同的硬件平台上运行,而对于普通的应用系统而言,可移植性往往是指该系统可在不同的操作系统上运行。由于存在这种不一致性,对一个领域适合的场景设计在另一个领域内未必合适,因此基于场景的评估方式是特定于领域的。这一评估方式的实施者一方面需要有丰富的领域知识,并对质量需求设计出合理的场景;另一方面,必须对待评估的软件体系结构有一定的了解以准确判断它是否支持场景描述的一系列活动。

3)基于度量的评估方式

度量是指为软件产品的某一属性所赋予的数值,如代码行数、方法调用层数、构件个数等。传统的度量研究主要针对代码,但近年来也出现了一些针对高层设计的度量,软件体系结构度量即是其中之一。代码度量和代码质量之间存在着重要的联系,类似地,软件体系结构度量也能够作为评判质量的重要依据。此评估方式涉及三个基本活动:首先需要建立质量属性和度量之间的映射原则,即确定怎样从度量结果推出系统具有什么样的质量属性;然后从软件体系结构文档中获取度量信息;最后根据映射原则分析推导出系统的某些质量属性。

基于度量的评估方式提供更为客观和量化的质量评估。这一评估方式需要在软件体系结构的设计基本完成以后才能进行,而且需要评估人员对待评估的体系结构十分了解,否则不能获取准确的度量。自动的软件体系结构度量获取工具能在一定程度上简化评估的难度。

8.2.3　体系结构评估方法

软件体系结构评估方法主要有 ATAM、SAAM,下面介绍这两种方法。

1)ATAM(体系结构权衡分析方法)

ATAM 评估方法可以揭示出体系结构对特定目标质量的满足情况,而且可以更有效地权衡诸多质量目标,是一种结构化的评估方法,分析过程是可重复的,可以在系统需求确定阶段或系统设计阶段保证所提出的问题是恰当的,并且以相对较低的代价解决所发现的问题。可以对需要做较大更改或与其他系统集成的旧系统进行分析,有助于更深刻地认识系统的质量属性。

整个 ATAM 评估过程包括九个步骤,分别是描述 ATAM 方法、描述商业动机、描述体系结构、确定体系结构方法、生成质量属性效用树、分析体系结构方法、讨论和分级场景、分析体系结构方法(是第六步的重复)、描述评估结果。下面分别介绍这几个步骤。

第一步,描述 ATAM 方法。ATAM 评估的第一步要求评估小组负责人向参加会议的风险承担者介绍 ATAM 评估方法。在这一步,要解释每个人将要参与的过程,并预留出解答疑问的时间,设置好其他活动的环境和预期结果。关键是要使每个人都知道要收集哪些信息、如何描述这些信息、将要向谁报告等。特别是要描述以下事项:(1)ATAM 方法步骤简介;(2)获取信息和进行分析的技术:生成效用树,基于体系结构方法的获取/分析,对场景的集体讨论及优先级的划分等;(3)评估结果:所得出的场景及其优先级,用户理解/评估体系结构的问题,描述驱动体系结构的需求并对这些需求进行分类,所确定的一组体系结构方法和风格,一组所发现的风险点和无风险点、敏感点和权衡点。

第二步,描述商业动机。参加评估的所有人员必须理解待评估的系统,项目经理要从商业角度介绍系统的概况。除了初步从高级抽象层介绍系统本身外,一般来说,还要描述如下方面的内容:(1)系统最重要的功能;(2)技术、管理、经济和政治方面的任何相关限制;(3)与该项目相关的商业目标和上下文;(4)主要的风险承担者;(5)体系结构的驱动因素,即促使形成该架构的主要质量属性目标。

第三步,描述体系结构。首席设计师或设计小组要对体系结构进行详略适当的介绍,这里的"详略适当"取决于多个因素,例如有多少信息已经决定了下来并形成了文档、可用时间是多少、系统面临的风险有哪些等。这一步很重要,将直接影响到可能要做的分析及分析的质量。在进行更详细的分析之前,评估小组通常需要收集和记录一些额外的体系结构信息。在体系结构描述中,至少应该包括如下方面的内容:(1)要求使用的操作系统、硬件、中间件之类的技术约束条件;(2)该系统必须要与之交互的其他系统;(3)用以满足质量属性需求的体系结构方法。

第四步,确定体系结构方法。ATAM 评估方法主要通过理解体系结构方法来分析体系结构,在这一步,由设计师确定体系结构方法,由分析小组捕获,但不进行分析。评估小组要求设计师清楚地说明所使用的体系结构方法,这些架构方法确定了系统的重要结构,描述了系统扩展的方式、对更改的响应、对攻击的防范以及与其他系统的集成等内容。

第五步,生成质量属性效用树。评估小组、设计小组、管理人员和客户代表一起确定系统最重要的质量属性目标,并对这些质量目标设置优先级和细化,进一步优化。这一步对以后的分析工作起指导作用。即使是体系结构级的分析,也并不一定是全局的,所以,评估人员需要集中所有相关人员的精力,注意体系结构的各个方面,这对系统的成败起关键作用。这通常是通过构建效用树的方式来实现。

效用树的输出结果是对具体质量属性需求(以场景形式出现)的优先级的确定,这种优先级列表为 ATAM 评估方法的后面几步提供了指导,它告诉了评估小组该把有限的时间花在哪里,特别是该在哪里去考察体系结构方法与相应的风险、敏感点和权衡点。

根据以下标准为效用树设置优先级:(1)每个场景对系统成功的重要影响程度;(2)体系结构设计师所估计实现这种场景的难度。

图 8.1 是效用树样例。"效用"代表系统的整体质量,二级节点构成质量属性,质量属性的优先级分:高(H)、中(M)、低(L)。

第六步,分析体系结构方法。一旦有了效用树的结果,评估小组可以对实现重要质量属性的体系结构方法进行考察。在这一步中,评估小组要对每一种体系结构方法都考察足够的信息,完成与该方法有关的质量属性的初步分析。评估小组的目标是确定该体系结构方法在所评估体系结构中的实例化是否能够满足质量属性需求。

分析体系结构方法的结果内容包括:

(1)与效用树中每个高优先级的场景相关的体系结构方法或决策。

(2)与每个体系结构方法相联系的待分析问题。

(3)体系结构设计师对问题的解答。

(4)有风险点、无风险点、敏感点、权衡点的确认。

第七步,集体讨论并确定场景优先级。场景包括:用例场景、成长场景、考察场景。根据所有风险承担者的意见形成更大的场景集合,由所有风险承担者通过表决决定这些场景的优先级。

用例场景:描述风险承担者对系统使用情况的期望。在用例场景中,风险承担者是最终用户,使用所评估系统执行一些功能。

成长场景:描述的是体系结构在中短期的改变,包括期望的修改、性能或可用性的变更、移植性、与其他软件系统的集成等。

考察场景:描述的是系统成长的一个极端情形,即体系结构由下列情况所引起的改变:根本性的性能或可用性需求(例如数量级的改变)、系统基础结构或任务的重大变更等。成长场景能够使评估人员看清在预期因素影响系统时,体系结构所表现出来的优缺点,而考察场景则试图找出敏感点和权衡点,这些点的确定有助于评估者评估系统质量属性的限制。

一旦收集了若干个场景后,就必须要设置优先级。评估人员可通过投票表决的方式来完成,每个风险承担者分配相当于总场景数的30%的选票,且此数值只入不舍。例如,如果共有17个场景,则每个风险承担者将拿到6张选票,这6张选票的具体使用则取决于风险承担者,可以把这6张票全部投给某一个场景,或者每个场景投2~3张票,还可以一个场景一张票等。一旦投票结果确定,所有场景就可设置优先级。设置优先级和投票的过程既可公开也可保密。例如,表8.1是对某车辆调度系统进行评估时所得到的几个场景及其得票情况。

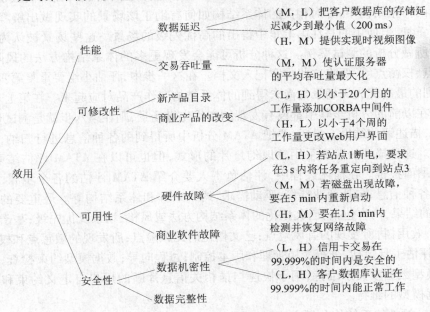

图 8.1　效用树样例

表 8.1　场景得票表

场景编号	场景描述	得票数量
4	在 10 min 内动态地对某次任务的重新安排	28
27	把对一组车辆的管理分配给多个控制站点	26
10	在不重新启动系统的情况下,改变已开始任务的分析工具	23
12	在发出指令后 10 s 内,完成对不同车辆的重新分配,以处理紧急情况	13
14	在 6 个月内将数据分配机制从 CORBA 改变为新兴的标准	12

表 8.2 不仅给出表 8.1 中列出的高优先级的场景,而且还给出每个场景影响最大的一个或多个质量属性。

表 8.2　场景与质量属性

场景编号	得票数量	质量属性
4	28	性能
27	26	性能、可修改性、可用性
10	23	可修改性
12	13	性能
14	12	可修改性

第八步,分析体系结构方法。在收集并分析了场景之后,设计师就可把最高级别的场景映射到所描述的体系结构中,并对相关的体系结构如何有助于该场景的实现做出解释。这一步是第六步的重复,但使用的是在第七步中得出的高优先级的场景。这些场景被认为是用来确认迄今为止所做分析的测试案例。这种分析可能会发现更多的体系结构方法的风险点、无风险点、敏感点、权衡点等,要将这些内容记入文档。在这一步中,评估小组要重复第六步中的工作,把新得到的最高优先级场景与尚未得到的体系结构工作产品对应起来。在第七步中,如果未产生任何在以前的分析步骤中都没有发现的高优先级场景,则在第八步就是测试步骤。

第九步,描述评估结果。最后,要把 ATAM 分析中所得到的各种信息进行归纳,并反馈给风险承担者。这种描述一般要采用辅以幻灯片的形式,但也可以在 ATAM 评估结束之后,提交更完整的书面报告。在描述过程中,评估负责人要介绍 ATAM 评估的各个步骤,以及各步骤中得到的各种信息,包括商业环境、驱动需求、约束条件和体系结构等。最重要的是要介绍 ATAM 评估的结果,内容包括:已文档化的体系结构方法或风格;场景及优先级;基于质量属性的若干问题;效用树;所发现的有风险点;已文档化的无风险点;所发现的敏感点和权衡点。

ATAM 评估工具包括:分析文档管理和版本控制;过程向导;数据模型约束检查;体系结构转换支持;模型数据项关系维持;用于快速扫描相关信息片断的用户自定义约束和模版的支持;协调数据模型的维持。

2)SAAM(软件体系结构分析方法)

SAAM 是最早形成文档并得到广泛应用的体系结构分析方法,最初是用来分析体系结构的可修改性的。软件开发人员经常对一些质量属性(可维护性、可修改性、强健性等)进行空洞的描述,使得测试工作无法进行,SAAM 方法用场景代替这些对质量的空洞描述,使得测试成为可能。

SAAM 通过构造一组领域驱动的场景来反映最终软件产品的质量,为评估系统的体系结构提供一个基于应用环境的评估方法。场景分为直接场景、间接场景。直接场景主要用于检查软件的功能。间接场景主要用于检查非功能特性。场景涉及的参与者包括用户、开发人员、管理人员、维护人员等。

SAAM 评估包括六个步骤:体系结构的描述、场景的形成、场景的分类和优先级的确定、对间接场景的单个评估、场景相互作用的评估、形成总体评估。

第一步,体系结构的描述。是体系结构评估的前提和基础。体系结构描述应能体现系统的计算构件、数据构件以及构件之间的关系(数据和控制)。应采用某种参评各方都能理解的形式对待评估的一个或多个体系结构进行描述。

　　第二步,场景的形成。主要开发一些任务场景,这些场景应表明系统必须支持的活动类型,还应表明客户希望对该系统所做出的更改。在形成这些场景的过程中,要注意全面捕捉系统的主要用途、系统的用户、预期将对系统做的更改、系统在当前及可预见的未来必须满足的质量属性等信息。

　　第三步,场景的分类和优先级的确定。场景就是对所预计或期望的系统某个使用情况的简短表述。首先进行场景分类,即将其分为直接场景和间接场景。直接场景是开发的系统已能满足的场景。间接场景要对现有的体系结构中的构件和连接件适当地变化才能满足的场景。如果所评估的体系结构不能直接支持某一场景,就必须对所描述的体系结构做些修改。评估关心的是可修改性等质量属性,因此在划分优先级之前要对场景进行分类。

　　第四步,对间接场景的单个评估。一旦确定了要考虑的一组场景,就要把这些场景与体系结构描述对应起来。对于直接场景,体系结构设计师需要讲清所评估的体系结构将如何执行这些场景。对于间接场景,架构设计师应说明对体系结构做哪些修改才能适应间接场景的要求。

　　第五步,场景相互作用的评估。当两个或多个间接场景要求更改体系结构的同一个组件时,就称这些场景在这一组件上相互作用。强调场景相互作用的原因有两个:一是相互作用暴露了该设计方案中的功能分配;二是相互作用暴露了体系结构文档未能充分说明的结构分解。

　　第六步,形成总体评估。对场景和场景间的交互做一个总体的权衡和评价,即按照重要性为每个场景及场景交互分派权重,并将这些权重加起来确定总的级别。这种权值的确定通常要与每个场景所支持的商业目标联系起来。

本章小结

　　软件体系结构的设计是整个软件开发过程中关键的一步。不同类型的系统需要不同的体系结构,甚至一个系统的不同子系统也需要不同的体系结构。体系结构的选择往往会成为一个系统设计成败的关键。体系结构评估的时机一般是在明确了体系结构之后、具体实现开始之前。体系结构评估可以只针对一个体系结构,也可以针对一组体系结构。软件体系结构评估有三类主要的评估方式:基于调查问卷或检查表的方式、基于场景的方式和基于度量的方式。基于场景的方式由 SEI 首先提出并应用在体系结构权衡分析方式和软件体系结构分析方法中。

第 9 章 流行的软件体系结构

随着计算机硬件技术和网络通信技术的发展,网络计算经历了从集中式计算到分布式计算的重大演变,新的分布式网络计算要求软件实现跨空间、跨时间、跨设备、跨用户的共享,导致软件在规模、复杂度、功能上极大增长,迫使软件向异构协同工作、各层次上集成、可反复使用的工业化道路上前进。

新的软件开发模式必须支持分布式计算、浏览器/服务器结构、模块化和构件化集成,可用不同的标准构件组装而成。

9.1 概述

为了提供一种手段,使应用软件可用预先编好的、功能明确的产品部件定制而成,并可用不同版本的部件实现应用的扩展和更新。利用模块化方法,将复杂的难以维护的系统分解为互相独立、协同工作的部件,并努力使这些部件可反复使用,突破时间、空间及不同硬件设备的限制,利用客户和软件之间统一的接口实现跨平台的互操作。

为满足上述要求,构件技术应运而生。构件技术被认为是未来几年软件发展的基础。目标是达到需求、体系结构、设计、实现的重用,并使系统具有更好的适应性、伸缩性和可维护性。借鉴汽车制造业和建筑业的思想,采用流水线生产方式的预制件装配方式预制件要求并不苛刻,只要能重用就可以。

通过使用购买或定制构件这一新的解决方案可以有效地提高产品的质量,加快产品开发速度,这种开发技术称为"基于构件的开发技术"。软件过程的复用,即基于构件的复用,包括构件的开发、构件的管理、基于构件组装的系统开发、构件必须遵循某一特定的构建模型,并且针对某一特定的构件平台。

面向对象技术已达到类级重用(代码重用),以类为封装的单位。重用粒度太小,不足以解决异构互操作和效率更高的重用。构件更推广了对象封装的内涵,对一组类的组合进行封装(也可以不包括类,比如包括传统的过程),并代表完成一个或多个功能的特定服务,也为用户提供了多个接口。在不同层次上,构件均可以将底层的多个逻辑组合成高层次上粒度更大的新构件,甚至直接封装到一个系统,使模块的重用从代码级、对象级、架构级到系统级都可能实现。

构件是可独立配置的单元。构件必须具有原子性,本身不可拆分;必须与其所部属的环境以及其他构件很好地分离;必须很好地封装自己的构成部件。可以作为第三方的组装单元被复合使用,不但具备良好的内聚性,还必须具有清晰的规格说明来描述其依赖条件和所提供的服务。这样,第三方厂商能够将一个构件与其他构件组装在一起。即构件只通过定义良好的接口与外部环境交互。构件没有外部可见的状态,不应当与自身备份有所区别,在任何环境中,最多仅有特定构件的一个备份。

像 CORBA 规范、Sun 的 Java 平台、Microsoft 的 . NET 平台等都是分布式构件技术。像 J2EE、. NET 等都是分布式构件体系结构,提供事物完整性、消息传递、目录服务、安全、异常处理、远程访问等。

9.2　基于 CORBA 的分布式构件技术

对象管理学会(OMG)是一个由业界 760 多个公司组成的工业协会,目的是共同制定一个大家都遵循的分布式对象计算标准,将对象和分布式系统技术集成为一个可相互操作的统一结构,既支持现有的平台也将支持未来的平台集成。

对象管理体系(OMA)基础是对象请求中介(ORB)标准,不仅提供 CORBA 基础架构说明,还提供一系列服务,如安全、交易和消息传递等。OMA 对象管理体系结构如图 9.1 所示。

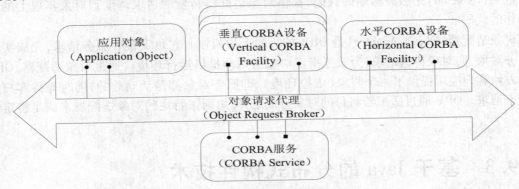

图 9.1　OMA 对象管理体系结构

针对 ORB,OMG 制定了 CORBA 规范。CORBA 服务提供适用于实现对象的一些基本功能,如对象的命名服务、对象交易服务(对象并行、对象存储、对象产生和消亡、事件消息响应以及事务交易的一致性保证)和持久状态服务等,是发布对象系统必不可少的公共服务,是底层支持的必需服务。

CORBA 设备有水平 CORBA 设备、垂直 CORBA 设备。水平 CORBA 设备:在各种工业部门中针对所有类型 CORBA 应用的元素,包括用户接口和系统管理设备,针对大多数类型的应用,不考虑设备被使用的领域。垂直 CORBA 设备:只在特殊垂直市场和工业中针对某些应用的功能,也称领域 CORBA 设备,包括某些特殊领域的应用,比如在会计业中的总账和分期偿付,制造业的自动化底层控制设备。

应用对象位于 OMA 层次结构的最顶层,可以是分布系统中的任何成分,如程序、进程、类实例。通常会根据独立的应用被定制,并不需要标准化,所以这一类的对象并不受 OMG 标准的影响。必须符合 OMA 的标准接口。OMA 中的对象作为服务者被动态地引用,并且以唯一的标识提供服务。对象间的交互通过 ORB 实现。

对象请求代理是 OMA 的核心部分。当应用对象在分布对象系统中请求服务时,就是以系统客户的身份,通过 ORB 与系统中其他对象完成交互。

CORBA 体系结构规范包括 ORB、接口定义语言(IDL)、存根(Stub)、框架(Skeleton)、对象适配器、动态调用接口,具体如图9.2所示。

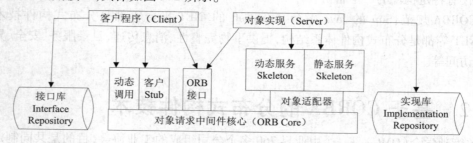

图 9.2　CORBA 体系结构

ORB 的任务就是把客户发出的请求传送给目标对象,并把目标对象的执行结果返回给请求客户。它屏蔽了对象位置、对象实现、对象执行状态、对象通信机制和数据表示。

存根(Stub)是客户端的代码,客户应用程序通过存根向服务器应用程序发送请求。

框架(Skeleton)是服务器端的代码,提供对象适配器转发的请求调度到对象实现上的适当操作的代码。

对象适配器(Object Adapter)是 ORB 核心的上层机制。它负责接收服务请求,完成实例化服务对象,向对象传送请求,为服务指定对象引用和提供运行环境。通过对象适配器,ORB 服务方给客户应用提供了一个假象(虚拟环境),即服务对象都是活动着的,随时等待客户应用发来请求。ORB 通过适配器将目的对象分成组,每组通过特定的对象适配器来满足特定的需求。

9.3　基于 Java 的分布式构件技术

1996 年 1 月,Sun 公司正式发布了 Java 1.0。1998 年夏末又推出了 Java 2.0。1999 年 Sun 公司推出三个版本的 Java 2 平台:J2ME、J2SE、J2EE。J2ME 是 Java 2 Platform Micro Edition 的缩写,即 Java 2 平台微型版,适用于开发小型设备和智能卡上的应用系统,如手机和掌上电脑的操作系统等。J2SE 是 Java 2 Platform Standard Edition 的缩写,即 Java2 平台标准版,适用于创建普通台式电脑上的应用系统,如 PC 机、小型工作站的应用软件等。J2EE 是 Java 2 Platform Enterprise Edition 的缩写,即 Java 2 平台企业版,适用于创建服务器端的大型应用软件和服务系统。

J2EE 平台使用多层分布式应用模型,根据功能划分成各个构件,这些构件根据其在多层 J2EE 环境中所处的层被安装在不同的机器上。图 9.3 是 J2EE 应用。

最基本的 Java 构件是在 J2ME 中的 JavaBean,它是按照特定格式编写的 Java 类。JavaBean 包括实例变量和 get( )、set( )方法来访问实例变量的数据。这种格式大大简化了程序设计。J2EE 的构件在 JavaBeans 基础上进行了拓展。J2EE 构件有三种:客户端构件、Web 构件、业务逻辑构件。客户端构件:Java 应用程序和 Applet。Web 构件:JavaServer Pages(JSP)和 Java Servlet。业务逻辑构件:Enterprise JavaBeans(EJB)。这些构件在开发完成后,部署到相应的容器中。

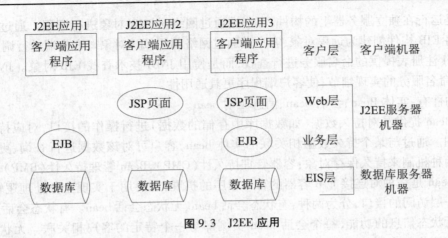

图 9.3　J2EE 应用

1）客户层

Java 应用程序是运行在应用客户容器内部的单个程序,应用客户容器提供了支持消息、远程调用、数据库连接和查询服务的 API,容器所需的 API 主要有:J2SE、JME、JNDI、RMI-IIOP 和 JDBC,这些容器由应用服务器供货商提供。

2）Web 层

JSP 和 Servlet 是运行在 Web 容器中基于 Web 的构件。Web 容器由 Web 服务器所支持。是 JSP 和 Servlet 在运行时的执行环境,容器所需的 API 主要有:J2SE、JMS、JNDI、JTA、Java-Mail、JAF、RMI-IIOP 和 JDBC。JSP 和 Servlet 提供了动态内容显示、处理以及与显示相关的格式的机制。

JSP 技术为 Web 客户端产生动态内容提供了一种可扩展的方式。目的在于生成能够处理动态内容的 Web 页面,这些页面处理的数据会发生变化,因此业务处理逻辑也会相应发生变化。一个 JSP 页面是一个基于文本的文档,它的写法很像网页,用来描述怎样处理 Request 和产生 Response。通常由 JSP 标记、HTML 标记和嵌入其中的 Java 代码组成。服务器在页面被客户端请求后对这些 Java 代码进行处理,然后生成 HTML 页面返回给客户端浏览器。随着 JSP 技术的发展,JSP 页面中嵌入的 Java 代码已经越来越少了,取代这些代码的是一些用户自定义的标记和 JSP 的标准标记(JSTL,JSP 标准标签库)。扩展标记的使用令 JSP 页面变得越来越清晰,结构越来越完整。

Servlet 是运行在服务器上的小程序,可被看作是服务器端的 Applet,实际上一个 Servlet 就是扩展 Web 服务器功能的一个 Java 类,具有可移植性、灵活性以及易编写等优点。接收客户端发来的请求并对它们进行处理,然后生成响应,并将它们发送给客户端。

Servlet 技术是 JSP 的基础,JSP 页面在运行前都必须转化及编译成 Servlet 形式。Servlet 是 Web 构件,所以必须要运行在 Web 服务器上。

3）业务层

EJB 构件是 J2EE 的核心,是实现企业级应用中业务逻辑的 Java 构件。EJB 构件驻留在 EJB 容器中。EJB 容器为 EJB 构件提供了一组标准的系统服务,其中包括事务管理、持久性、安全性和并发控制等。通过 EJB 容器以及使用 XML 对构件的部署进行说明,构件开发者便可以从实现上述系统服务中解脱出来。EJB 容器降低了 EJB 构件开发的复杂程度,提高了构件开发的效率,保证了构件的可移植性。EJB 规范定义了 EJB 构件与 EJB 容器之间的交互机制。

EJB 是运行在独立服务器上的构件,客户端通过网络对 EJB 对象进行调用。通过 RMI 技术,J2EE 将 EJB 构件创建为远程对象,客户端通过网络调用 EJB 对象。客户端进行调用时,不是采用 RMI 注册表提供的命名服务进行查找,而是使用 JNDI 技术查找 EJB 对象。JNDI 屏蔽掉了 RMI 命名服务的实现细节,使客户端程序更具通用性。

EJB 构件有:实体 Bean、会话 bean、消息驱动 bean。

实体 Bean 提供了对持久数据(如数据库中存储的数据)进行操作的接口,对应持久数据的对象视图。通过与某个持久数据相关联的实体 bean,客户可对该数据进行查询、更新等操作。通过两种机制来持久保存对象:容器管理持久性(CMP)、Bean 管理持久性(BMP)。

会话 bean 是一种对连接 EJB 容器的客户程序的扩展,主要用于实现业务处理逻辑,以及提供对业务层访问的接口,分为两种:有状态会话 bean、无状态会话 bean。有状态会话 bean 提供保存会话状态信息的功能,每个会话 bean 实例都与一个特定的客户相关联。无状态会话 bean 不保存客户的会话状态信息,每次服务同一个客户不一定对应同一个会话 bean 实例。

消息驱动 bean 是 JMS(Java Message Service,Java 消息服务)与 EJB 集成的结果。没有向客户端公开接口,消息驱动 EJB 构件不能由客户直接获得其引用而进行调用,客户只能通过消息系统进行间接的调用。为客户和 EJB 构件之间提供了一种异步的通信能力。

大多数 EJB 构件(不包括消息驱动 bean)由远程接口、本地接口和 Bean 类组成。远程接口声明了相应 Bean 类公开的所有业务方法,必须遵循 EJB 规范,必须由 javax. ejb. EJBObject 派生。本地接口声明了与 EJB 构件生命周期有关的方法,客户可以使用本地接口中提供的方法创建、查找和删除 EJB 构件,方法的实现由 EJB 容器负责,EJB 开发人员只需要提供方法的原型,必须由 javax. ejb. EJBHome 派生。Bean 类实现 EJB 构件的业务逻辑方法,用户通过远程接口调用这些方法,所有 Bean 类都必须实现的最基本的接口是 javax. ejb. EnterpriseBean,一般不直接实现 javax. ejb. EnterpriseBean 接口,而是实现相应的 Bean 类型的接口。

消息驱动 EJB 构件没有本地接口和远程接口。

EJB 构件运行在 EJB 容器中,EJB 容器为 EJB 构件提供事务管理、持久性、安全性和并发控制等系统服务。当 EJB 构件被装入到容器中时,需要向容器说明 EJB 构件将如何部署到容器中去,以及希望容器提供哪些服务。通过一个 XML 格式的部署描述文件说明。部署描述文件中描述如下信息:

EJB 基本信息:指明 EJB 的名称、远程接口、本地接口及 Bean 类。

EJB 管理要求:指明 EJB 容器应该如何管理 Bean。

EJB 持久性要求:指明实体 Bean 是由自己管理持久性,还是由容器管理持久性。

EJB 事务处理要求:指明容器的安全策略。

J2EE 包括 Java 应用程序、Applet、JSP、Servlet、EJB。可以打包成模块并以 Java Archive(JAR)文件的形式发布。一个模块通常包含了相关的构件、相关文件和用来描述怎样部署构件的部署描述文件(XML 文件)。通过模块可以用一些相同构件来组装不同的 J2EE 应用,实现了构件技术的目标-重用。

9.4　基于.NET 平台的分布式构件技术

COM(Component Object Model,组件对象模型)是从 Windows 3.1 中最初为支持复合文档

而使用 OLE 技术发展而来的,经历了 OLE2/COM、ActiveX、DCOM 和 COM+等几个阶段。

COM 优点:

1) 为代码的重用提供了一种模块化、面向对象的方式。

2) 定义了定位和识别其他组件功能的标准方式,组件可用各种语言编写和使用。

3) 是微软平台上所有构件的基石。

不足之处:

1) COM 组件不容易编写。

2) 提供的功能取决于编写所用的语言。

3) 很难部署。

4) COM 服务器组件的开发人员必须确保组件的新版本与旧版本兼容,但有时新旧版本不兼容,被称为"DLL Hell"。

. NET 框架和 NET 组件可以避开 COM 设计的复杂性,使程序员更容易得到组件化的体系结构,是用于构建和运行下一代 Internet 应用程序和 XML Web 服务的平台,提供了一个高效并标准的环境,用于将现有资源与下一代应用程序和服务进行集成,以便灵活地解决企业级应用程序部署和操作的难题。

. NET 框架的体系结构如图 9.4 所示。

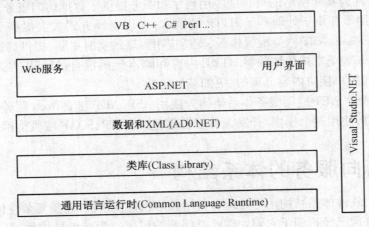

图 9.4　NET 框架的体系结构

. NET 框架主要包括公共语言运行时(CLR)和. NET 基类库(FCL)。在开发技术方面,提供了全新的数据库访问技术 ADO. NET、Web 应用开发技术 ASP. NET 和 Windows 编程技术。在开发语言方面,提供了对 VB、C++、C#等多种语言的支持。Visual Studio . NET 为. NET 框架集成了大多数工具。

CLR 位于操作系统之上,位于. NET 框架的最低一层,是框架的基础。为宿主托管应用程序提供虚拟环境。提供更多的功能和特性:

1) 统一和简化的编程模型,使用户不必迷惑于 Win32 API 和 COM,避免了 DLL 版本和更新问题,简化了应用程序的发布和升级。

2) 多种语言之间的交互。

3) 自动的内存和资源管理。

基于 CLR 的代码称为托管代码。当运行托管代码时,通过针对公共语言运行时的编译器生成微软中间语言,同时生成所需的元数据,在代码运行时再使用即时编译器生成相应的机器代码来执行。大部分情况下,代码只在第一次被调用时被即时编译,其后便被缓存在内存中以便下次执行时没有延迟。未调用的代码决不会被即时编译。即时编译会影响系统性能,但是即时编译器能优化所产生的本机代码,以适应它所运行的主机处理器,因此即时编译器运行效率优于普通代码。

托管环境中运行代码的好处,即时编译器将通用中间语言指令转换为本机代码,扮演了代码验证的角色,可以确保代码是类型安全的,避免了不同组件之间可能存在的类型不匹配的问题。托管代码占用的资源可以被回收。CLR 包含一个复杂的垃圾回收器,垃圾回收器自动跟踪代码创建的对象的应用,当别的进程需要使用对象占用的内存时,它可销毁这些对象。

CLR 负责处理对象的内存布局、管理对象的应用、自动垃圾收集,从根本上解决了内存泄露和无效内存应用的问题,大大减轻了开发人员的负担,提高程序的健壮性。

.NET 基类库为系统提供如下的框架服务:

1)一套在标准语言库中使用的基本类库,如集合、输入/输出、字符串及数据类。

2)提供了访问操作系统和其他服务的类,如网络、线程、全球化和加密的类。

3)包括数据访问类库及开发工具,如调试和剖析服务使用的类。

ADO.NET 组件为基于网络的可扩展应用程序和服务提供了数据访问服务。

ASP.NET 应用服务用于处理基于 HTTP 的请求,采用编译方式大大提高了它的性能,使用基于构件的 Microsoft.NET 框架配置模板,支持应用程序的实时更新,提供高速缓存服务。

ASP.NET Web 表单支持传统的将 HTML 内容和脚本代码混合的 ASP 方式,提供了一种将应用程序代码和用户接口内容分离的、更加结构化的方法。

Web 服务是 ASP.NET 应用服务体系架构为使用 ASP.NET 建立 Web 服务提供了一个高级的可编程的模型,使用这个模型,开发人员不需要理解 HTTP、SOAP 或其他网络服务规范。

9.5 面向服务的体系结构

过去 40 年里,软件体系结构用于处理日益增长的软件复杂性,但是复杂性仍在继续增加,传统的体系结构好像已经达到了它们处理此类问题的极限。为减少异构性、互操作性和不断变化的需求所带来的问题,需要一种新的、不受技术约束的软件体系结构,它应该具有松散耦合、位置透明、协议独立的特征。

面向服务的体系结构(Service-Oriented Architecture,SOA)可解决上述问题。面向服务的体系结构支持跨企业和业务合作伙伴之间的端到端集成,提供了一种灵活的业务流程模型,使得客户可以迅速地响应新的顾客需求、新的业务机会以及竞争的威胁。

9.5.1 什么是面向服务的体系结构

SOA 是继面向对象、基于构件的软件架构方法之后被提出的一种新的体系结构。来源于早期的基于构件的分布式计算方式,用以解决复杂环境下的分布式应用,即解决"异构集成"和"系统演化"两个问题。所有功能都定义为独立的服务,这些服务带有定义明确的可调用接口,可以以定义好的顺序调用这些服务来形成业务流程。服务、对象和构件之间的关系如图9.5 所示。

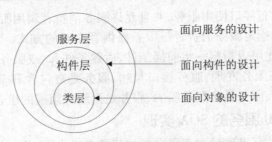

图 9.5　服务、对象和构件之间的关系

基于 SOA 的系统可使用构件组装服务,也可使用面向对象的设计来构建单个服务。服务是封装成用于业务流程的可重用构件的应用程序功能。服务是细粒度的,也可以是粗粒度的,取决于业务流程。每个服务都有良好的接口,通过该接口就可以发现、发布和调用服务。企业可以选择将自己的服务向外发布到业务合作伙伴,也可以选择在组织内部发布服务。服务还可以由其他服务组合而成。

SOA 中的角色有:服务消费者、服务提供者、服务注册中心。

服务消费者(Service Consumer):是一个应用程序、一个软件模块或需要一个服务的另一个服务。它发起对注册中心的服务的查询,通过传输绑定服务,并且执行服务功能。服务消费者根据接口契约来执行服务。

服务提供者(Service Provider):是一个可通过网络寻址的实体,它接收和执行来自消费者的请求。它将自己的服务和接口契约发布到服务注册中心,以便服务消费者可以发现和访问该服务。

服务注册中心(Service Registry):是服务发现的支持者,包含一个可用服务的存储库,并允许感兴趣的服务消费者查找服务提供者接口。

SOA 中各个角色的协作如图 9.6 所示。

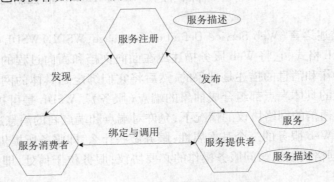

图 9.6　SOA 中各个角色的协作

SOA 中的操作有:发布、发现、绑定与调用。

发布:为了使服务可访问,需要发布服务描述以使服务消费者可以发现和调用它。

发现:服务请求者定位服务,方法是查询服务注册中心来找到满足其标准的服务。

绑定与调用:在检索完服务描述之后,服务消费者继续根据服务描述中的信息来调用服务。

SOA 中的构件有:服务、服务描述。

服务：可以通过已发布接口使用服务，并且允许服务消费者调用服务。

服务描述：服务描述指定服务消费者与服务提供者交互的方式。它指定来自服务的请求和响应的格式。服务描述可以指定一组前提条件、后置条件和/或服务质量(QoS)级别。

SOA 的特征有：动态服务发现、服务接口契约、服务是自包含和模块化的、服务支持互操作性、服务是松散耦合的、服务是位置透明的、服务是由组件组成的组合模块。

9.5.2　基于 Web 服务的 SOA 实现

Web 服务建立在开放标准和独立于平台的协议的基础之上，是包括 XML、SOAP、WSDL 和 UDDI 在内的技术集合。Web 服务通过 HTTP 使用 SOAP，以便在服务提供者和消费者之间进行通信。通过 WSDL 定义的接口公布服务，WSDL 的语义用 XML 定义。UDDI 是一种语言无关的协议，用于与注册中心进行交互以及查找服务。

Web 服务核心技术有：

1) XML：由 W3C(World Wide Web Consortium，万维网联盟)发布的 XML(eXtensible Markup Language，可扩展标记语言)是 Web 服务规范的基石。使用标记来界定内容，具有良好的扩展性和平台无关性，已成为业界数据交换的标准语言，也是 Web 服务架构中信息描述和交换的标准方法。

2) 简单对象访问协议(Simple Object Access Protocol，SOAP)是分布式环境中进行信息交换采用的一个轻量级、可扩展的和基于 XML 的协议。SOAP 规范为服务消息者和服务提供者之间的通信定义了基于 XML 格式的消息使用方式。应用程序请求(封装在 XML 中)被放入 SOAP 信封中(也是 XML)，并从消费者发送到提供者，由提供者发回的响应也采用相同的格式。

SOAP 由四部分组成：SOAP Envelope(SOAP 信封)、SOAP Encoding Rules(SOAP 编码规则)、SOAP RPC Representation(SOAP RPC 表示)、SOAP Binding(SOAP 绑定)。

SOAP 消息是由强制的 SOAP Envelope、可选的 SOAP Header 和强制的 SOAP Body 组成的 XML 文档。

3) Web 服务描述语言(Web Service Definition Language，WSDL) WSDL 标准是一种用于描述 Web 服务的 XML 格式，它将 Web 服务描述成在面向文档和面向过程的信息上进行操作的端点集合。这些操作和消息的描述是抽象的，然后将它们绑定到具体的网络协议和消息格式以定义端点。相关的具体端点都组合成抽象的端点(服务)。WSDL 是可扩展的，在不考虑具体消息格式或用于通信的网络协议的情况下，允许对端点和端点间的消息进行描述。

WSDL 描述了 Web 服务的三个基本属性：服务做些什么，即服务所提供的操作(方法)；如何访问服务，即数据格式以及访问服务操作的必要协议；服务位于何处，即由特定协议决定的网络地址，如 URL。

WSDL 的信息形式，充分利用了抽象规范与具体实现的分离，即服务接口定义与服务实现的分离。WSDL 不包括服务实现的任何细节。服务请求者不知道也不关心服务究竟是由 Java、C#，还是其他程序设计语言编写的。

4) 统一描述、发现和集成协议(Universal Description Discovery and Intergration，UDDI)。UDDI 提供了在 Web 上描述并发现服务的框架，为发布服务和发现所需服务定义了一个标准接口(基于 SOAP 消息)。为了发布和发现其他 Web 服务，UDDI 通过定义标准的 SOAP 消息来实现服务注册。

注册中心是一种服务代理,所有 UDDI 服务注册信息都储存在注册中心,它是在 UDDI 上需要发现服务的请求者和发布服务的提供者之间的中介。注册中心维护提供 Web 服务的目录,其中的信息描述格式基于通用的 XML 格式。

UDDI 注册中心提供两种注册方式:Public UDDI Registry(公共 UDDI 注册中心)、Private UDDI Registry(私有 UDDI 注册中心)。如果是企业内部的应用环境、跨国企业的应用环境或是行业内多个企业组成的联合行业应用环境,那么应当使用 Private UDDI Registry(私有 UDDI 注册中心),如果是 Internet 应用环境的话,则可以考虑使用 Public UDDI Registry(公共 UDDI 注册中心)。

本章小结

本章简单介绍基于 CORBA 的分布式构件技术、基于 Java 的分布式构件技术、基于 . NET 平台的分布式构件技术、面向服务的体系结构。

参考文献

[1] 郑人杰,马素霞,殷人昆,等.软件工程概论.北京:机械工业出版社,2010.

[2] 张友生.软件体系结构.2版.北京:清华大学出版社,2006.

[3] 刁成嘉.UML系统建模与分析设计.北京:机械工业出版社,2007.

[4] 徐宏喆,李文,董丽丽.C++面向对象程序设计.西安:西安交通大学出版社,2007.

[5] Erich Gamma, Richard Helm, Ralph Johnson,等.设计模式:可复用面向对象软件的基础.北京:机械工业出版社,2007.

[6] 刘伟.设计模式的艺术:软件开发人员内功修炼之道.北京:清华大学出版社,2007.

《科学美国人》精选系列

现代医学脉动

《环球科学》杂志社
外研社科学出版工作室 | 编

畅销全球170年
《科学美国人》
精选

外语教学与研究出版社
FOREIGN LANGUAGE TEACHING AND RESEARCH PRESS
北京 BEIJING

图书在版编目（CIP）数据

现代医学脉动／《环球科学》杂志社，外研社科学出版工作室编. —— 北京：外语教学与研究出版社，2020.9
（《科学美国人》精选系列）
ISBN 978-7-5135-7582-9

Ⅰ．①现… Ⅱ．①环… ②外… Ⅲ．①医学－普及读物 Ⅳ．①R-49

中国版本图书馆 CIP 数据核字（2020）第 178381 号

出 版 人　徐建忠
责任编辑　蔡　迪
责任校对　郭思彤　刘雨佳
装帧设计　水长流文化
出版发行　外语教学与研究出版社
社　　址　北京市西三环北路 19 号（100089）
网　　址　http://www.fltrp.com
印　　刷　北京华联印刷有限公司
开　　本　710×1000　1/16
印　　张　12.5
版　　次　2021 年 3 月第 1 版 2021 年 3 月第 1 次印刷
书　　号　ISBN 978-7-5135-7582-9
定　　价　59.80 元

购书咨询：（010）88819926　电子邮箱：club@fltrp.com
外研书店：https://waiyants.tmall.com
凡印刷、装订质量问题，请联系我社印制部
联系电话：（010）61207896　电子邮箱：zhijian@fltrp.com
凡侵权、盗版书籍线索，请联系我社法律事务部
举报电话：（010）88817519　电子邮箱：banquan@fltrp.com
物料号：275820001

记载人类文明
沟通世界文化
www.fltrp.com

《科学美国人》精选系列

序　集成再创新的有益尝试

欧阳自远
中国科学院院士　中国绕月探测工程首席科学家

　　《环球科学》是全球顶尖科普杂志《科学美国人》的中文版，是指引世界科技走向的风向标。我特别喜爱《环球科学》，因为她长期以来向人们展示了全球科学技术的发展动态；生动报道了世界各领域科学家的睿智见解与卓越贡献；鲜活记录着人类探索自然奥秘与规律的艰辛历程；传承和发展了科学精神与科学思想；闪耀着人类文明与进步的灿烂光辉，让我们沉醉于享受科技成就带来的神奇、惊喜之中，对科技进步充满敬仰之情。在轻松愉悦的阅读中，《环球科学》拓展了我们的知识，提高了我们的科学文化素养，也净化了我们的灵魂。

　　《环球科学》的撰稿人都是具有卓越成就的科学大家，而且文笔流畅，所发表的文章通俗易懂、图文并茂、易于理解。我是《环球科学》的忠实读者，每期新刊一到手就迫不及待地翻阅以寻找自己最感兴趣的文章，并会怀着猎奇的心态浏览一些科学最前沿命题的最新动态与发展。对于自己熟悉的领域，总想知道新的发现和新的见解；对于自己不熟悉的领域，总想增长和拓展一些科学知识，了解其他学科的发展前沿，多吸取一些营养，得到启发与激励！

每一期《环球科学》都刊载很多极有价值的科学成就论述、前沿科学进展与突破的报告以及科技发展前景的展示。但学科门类繁多，就某一学科领域来说，必然分散在多期刊物内，难以整体集中体现；加之每一期《环球科学》只有在一个多月的销售时间里才能与读者见面，过后在市面上就难以寻觅，查阅起来也极不方便。为了让更多的人能够长期、持续和系统地读到《环球科学》的精品文章，《环球科学》杂志社和外语教学与研究出版社合作，将《环球科学》刊登的"前沿"栏目的精品文章，按主题分类，汇编成系列丛书，包括《大美生命传奇》《极简量子大观》《极简宇宙新知》《未来地球简史》《破译健康密码》《畅享智能时代》《走近读脑时代》《现代医学脉动》等，再度奉献给读者，让更多的读者特别是年轻的朋友们有机会系统地领略和欣赏众多科学大师的智慧风采和科学的无穷魅力。

　　当前，我们国家正处于科技创新发展的关键时期，创新是我们需要大力提倡和弘扬的科学精神。前沿系列丛书的出版发行，与国际科技发展的趋势和广大公众对科学知识普及的需求密切结合，是提高公众的科学文化素养和增强科学判别能力的有力支撑，是《环球科学》传播科学知识、弘扬科学精神和传承科学思想这一宗旨的延伸、深化和发扬。编辑出版这套丛书是一种集成再创新的有益尝试，对于提高普通大众特别是青少年的科学文化水平和素养具有很大的推动意义，值得大加赞扬和支持，同时也热切希望广大读者喜爱这套丛书！

科学奇迹的见证者

陈宗周
《环球科学》杂志社社长

1845年8月28日，一张名为《科学美国人》的科普小报在美国纽约诞生了。创刊之时，创办者鲁弗斯·波特就曾豪迈地放言：当其他时政报和大众报被人遗忘时，我们的刊物仍将保持它的优点与价值。

他说对了，当同时或之后创办的大多数美国报刊消失得无影无踪时，170岁的《科学美国人》依然青春常驻、风采迷人。

如今，《科学美国人》早已由最初的科普小报变成了印刷精美、内容丰富的月刊，成为全球科普杂志的标杆。到目前为止，它的作者，包括了爱因斯坦、玻尔等160余位诺贝尔奖得主——他们中的大多数是在成为《科学美国人》的作者之后，再摘取了那顶桂冠的。它的无数读者，从爱迪生到比尔·盖茨，都在《科学美国人》这里获得知识与灵感。

从创刊到今天的一个多世纪里，《科学美国人》一直是世界前沿科学的记录者，是一个个科学奇迹的见证者。1877年，爱迪生发明了留声机，当他带着那个人类历史上从未有过的机器怪物在纽约宣传时，他的第一站便选择了《科学美国人》编辑部。爱迪生径直走进编辑部，把机器放在一张办公桌上，然后留声机开始说话了："编辑先生们，你们伏案工作很辛苦，爱迪生先生托我向你们问好！"正在工作的编辑们惊讶得目瞪口呆，手中的笔停在空中，久久不能落下。这一幕，被《科学美国人》记录下来。1877年12月，《科学美国人》刊文，详细介绍了爱迪生的这一伟大发明，留声机从此载入史册。

留声机，不过是《科学美国人》见证的无数科学奇迹和科学发现中的一个例子。

可以简要看看《科学美国人》报道的历史：达尔文发表《物种起源》，《科学美国人》马上跟进，进行了深度报道；莱特兄弟在《科学美国人》编辑的激励下，揭示了他们飞行器的细节，刊物还发表评论并给莱特兄弟颁发银质奖杯，作为对他们飞行距离不断进步的奖励；当"太空时代"开启，《科学美国人》立即浓墨重彩地报道，把人类太空探索的新成果、新思维传播给大众。

今天，科学技术的发展更加迅猛，《科学美国人》的报道因此更加精彩纷呈。无人驾驶汽车、私人航天飞行、光伏发电、干细胞医疗、脱氧核糖核酸（DNA）计算机、家用机器人、"上帝粒子"、量子通信……《科学美国人》始终把读者带领到科学最前沿，一起见证科学奇迹。

《科学美国人》也将追求科学严谨与科学通俗相结合的传统保持至今并与时俱进。于是，在今天的互联网时代，《科学美国人》及其网站当之无愧地成为报道世界前沿科学、普及科学知识的最权威科普媒体。

科学是无国界的，《科学美国人》也很快传向了全世界。今天，包括中文版在内，《科学美国人》在全球用15种语言出版国际版本。

《科学美国人》在中国的故事同样传奇。这本科普杂志与中国结缘，是杨振宁先生牵线，并得到了党和国家领导人的热心支持。1972年7月1日，在周恩来总理于人民大会堂新疆厅举行的宴请中，杨先生向周总理提出了建议：中国要加强科普工作，《科学美国人》这样的优秀科普刊物，值得引进和翻译。由于中国当时正处于"文革"时期，杨先生的建议6年后才得到落实。1978年，在全国科学大会召开前夕，《科学美国人》杂志中文版开始试刊。1979年，《科学美国人》中文版正式出版。《科学美国人》引入中国，还得到了时任副总理的邓小平以及时任国家科委主任的方毅（后担任副总理）的支持。一本科普刊物在中国受到如此高度的关注，体现了国家对科普工作的重视，同时，也反映出刊物本身的科学魅力。

如今，《科学美国人》在中国的传奇故事仍在续写。作为《科学美国人》在中国的版权合作方，《环球科学》杂志在新时期下，充分利用互联网时代全新的通信、翻译与编辑手段，让《科学美国人》的中文内容更贴近今天读者的需求，更广泛地接触到普通大众，迅速成为了中国影响力最大的科普期刊之一。

《科学美国人》的特色与风格十分鲜明。它刊出的文章，大多由工作在科学最前沿的科学家撰写，他们在写作过程中会与具有科学敏感性和科普传播经验的科学编辑进行反复讨论。科学家与科学编辑之间充分交流，有时还有科学作家与科学记者加入写作团队，这样的科普创作过程，保证了文章能够真实、准确地报道科学前沿，同时也让读者大众阅读时兴趣盎然，激发起他们对科学的关注与热爱。这种追求科学前沿性、严谨性与科学通俗性、普及性相结合的办刊特色，使《科学美国人》在科学家和大众中都赢得了巨大声誉。

《科学美国人》的风格也很引人注目。以英文版语言风格为例，所刊文章语言规范、严谨，但又生动、活泼，甚至不乏幽默，并且反映了当代英语的发展与变化。由于《科学美国人》反映了最新的科学知识，又反映了规范、新鲜的英语，因而它的内容常常被美国针对外国留学生的英语水平考试选作试题，近年有时也出现在中国全国性的英语考试试题中。

《环球科学》创刊后，很注意保持《科学美国人》的特色与风格，并根据中国读者的需求有所创新，同样受到了广泛欢迎，有些内容还被选入国家考试的试题。

为了让更多中国读者了解世界科学的最新进展与成就、开阔科学视野、提升科学素养与创新能力，《环球科学》杂志社和外语教学与研究出版社展开合作，编辑出版能反映科学前沿动态和最新科学思维、科学方法与科学理念的"《科学美国人》精选系列"丛书。

丛书内容精选自近年《环球科学》刊载的文章，按主题划分，结集出版。这些主题汇总起来，构成了今天世界科学的全貌。

丛书的特色与风格也正如《环球科学》和《科学美国人》一样，中国读者不仅能从中了解科学前沿和最新的科学理念，还能受到科学大师的思想启迪与精神感染，并了解世界最顶尖的科学记者与撰稿人如何报道科学进展与事件。

在我们努力建设创新型国家的今天，编辑出版"《科学美国人》精选系列"丛书，无疑具有很重要的意义。展望未来，我们希望，在《环球科学》以及这些丛书的读者中，能出现像爱因斯坦那样的科学家、爱迪生那样的发明家、比尔·盖茨那样的科技企业家。我们相信，我们的读者会创造出无数的科学奇迹。

未来中国，一切皆有可能。

目录 | CONTENTS

话题三

从未停息的攻克癌症之战

话题四

守护心脑的医疗新进展

话题八

构筑公共卫生防线

话题一
抵御致病菌
需另辟蹊径

　　具有耐药性的致病菌越来越多，如何才能在这种情况下保护人们免受致病菌侵袭？研究人员正在通过多种方式，根据细菌的特性展开相关问题的研究。或许我们可以间断性地使用抗生素，或者借助其他细菌消灭致病菌，或者根据致病菌的弱点研制药物并开发疫苗……有很多方法等待人们去尝试，而在更加有效的方法出现之前，我们可以通过避免滥用抗生素来防止更多耐药菌的出现。

"乐善好施"的
细菌

撰文 | 梅琳达·温纳·莫耶（Melinda Wenner Moyer）
翻译 | 高瑞雪

科学家在研究大肠杆菌的耐药性时发现，少数具有耐药性的变体大肠杆菌会分泌吲哚，这种分子会阻碍变体大肠杆菌生长，却能帮助种群中的其他成员生存。因此，通过阻断吲哚信号的方式，说不定能消除大肠杆菌的耐药性。

这个世界从来不缺少利他精神，这种精神甚至就存在于你的身体里。美国波士顿大学的生物学家詹姆斯·科林斯（James J. Collins）发现，少数耐药菌会帮助易受伤害的同类在抗生素的猛烈攻击下存活，哪怕它们自己要为此付出代价。

大肠杆菌中的一些菌株生活在人和动物的肠道中，另一些则臭名昭著，因为它们会引起疾病大暴发。科林斯及其同事将培养的大肠杆菌置于抗生素中，并不断增加抗生素的剂量。他们定期分析菌落的耐药水平，发现了一些意外情况：虽然在有药物存在时整个种群依然繁荣兴旺，但事实上，仅有少数细菌个体具有耐药性。"看到孤立个体的耐药性水平远远低于整体水平，我们真的非常惊讶。"科林斯说。这项研究成果发表在《自然》上。进一步的研究显示，具有耐药性的变体大肠杆菌会分泌一种名为吲哚的分子。这种分子会阻碍变体大肠杆菌自身生长，却能激活同类细菌细胞膜上的外排泵，帮助种群中的其他成员生存。

这些发现可以帮助科学家研发更优良的抗生素。科林斯说，如果吲哚能让病原菌抵抗抗生素，那么用小分子阻断吲哚信号，说不定就能消除耐药性。而

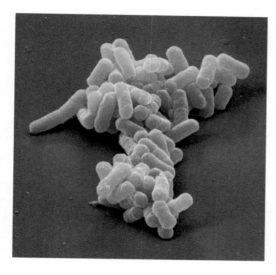

利他主义者：研究发现一些大肠杆菌（左图）会保护它们的同类，这或许有助于开发更巧妙、更有效的药物

总部设在美国加利福尼亚州埃默里维尔的NovaBay制药公司也很关注这一发现，其首席科学家马克·安德森（Mark Anderson）说："该发现表明存在这样一种可能性——如果吲哚疗法或基于吲哚的疗法被证明是安全的，那么科学家有一天就可以用这种方法来帮助有益细菌在泌尿系统或肠道系统中战胜病原菌。"NovaBay 制药公司致力于开发一些药物，用来对付由耐药性病原菌引起的感染。

这些结果或许还会改变医生追查患者传染源的方式。科林斯指出，如果少量个体具有适当的基因突变就能使整个细菌种群具有耐药性，那么仅仅收集、分析患者的少量细菌样本，也许就会低估细菌感染的整体耐药性。他说："这些单细胞生物组成的群体在某种程度上可以像多细胞生物一样运转。"因此，仅靠孤立的样本恐怕不足以窥见"豹子"的全貌。

抗生素
作用机理尚不明确

撰文 | 梅琳达·温纳·莫耶（Melinda Wenner Moyer）
翻译 | 赵瑾

科学家可能还没有完全理解抗生素的作用机理，这提醒我们，微生物比我们想象的复杂。

微生物是一类"微妙"的生物。科学家曾一度认为，各种抗生素能通过不同方式，达到杀死细菌的目的，例如，有些抗生素可以抑制细菌的脱氧核糖核酸（DNA）复制；另一些则会干扰细菌的蛋白质合成。美国波士顿大学的生物学家詹姆斯·科林斯（James J. Collins）却认为，事实并非如此。2007年，他发表了自己的研究结果，指出那些具有针对性的杀菌机制，并非导致细菌死亡的原因。他与同事的研究显示，抗生素的杀菌机制具有共性——抗生素都是通过提高细菌内活性氧分子的水平来破坏细菌的DNA分子，达到杀菌目的的。

科林斯的理论遭到了学术界的围攻。2013年3月，两个独立的研究团队分别在《科学》上发表论文，证实抗生素能在无氧条件下杀死细菌。如果科林斯的理论是正确的，那么这就不可能发生，因为只有在有氧条件下才能产生活性氧。这两个研究团队还发现，那些经过基因改造，无法合成自身抗氧化物（该物质能保护细胞免受活性氧的破坏）的细菌，对抗生素的敏感性并不比正常细菌高。

但上述这些研究为什么会出现不同的结果？在2013年5月发表于《自然·生物技术》上的一篇评论认为，可能是各个研究团队使用的培养皿和实验步骤不同，使细菌在实验中所接触的氧气水平不同，进而产生了不一致的实验结果。其他研究还显示，科林斯研究团队用来标记活性氧的分子存在问题，因为其他无害的分子也会使该标记分子发光。美国华盛顿大学的科学家科林·马诺伊尔（Colin Manoil）担心，科林斯的团队可能错误地理解了实验结果。马诺伊尔说："这涉及一个因果问题，即使衰亡的细菌内有活性氧存在，这些分子也可能只是细菌衰亡的结果，而非衰亡的原因。"

这场论战提醒我们，微生物比我们想象的复杂。美国伊利诺伊大学厄巴纳-尚佩恩分校的微生物学家，詹姆斯·伊姆利（James Imlay，2013年3月在《科学》上发表论文的作者之一）说："有时我们所采用的实验方法针对性不够强，有时我们仍必须在黑暗的边缘摸索。"

解码
古代病原体

撰文 | 凯瑟琳·哈蒙（Katherine Harmon）

翻译 | 谢杨

新的脱氧核糖核酸（DNA）捕获技术，使科学家能收集古代病原体的整个基因组，从而了解疾病的变化趋势。

麻风分枝杆菌可导致麻风病。在过去一千多年中，这种细菌变化非常缓慢。然而，在最近一个世纪里，人类大量使用抗生素，导致了麻风分枝杆菌耐药菌株的出现。

我们能够知道细菌的上述变化史，得益于一种名为基因捕获的技术，德国蒂宾根大学的遗传学家约翰内斯·克劳泽（Johannes Krause）是该技术的开发者之一。

研究人员用含有古代细菌DNA片段的现代DNA链作为"诱饵"，捕获从远古人类骨骼和牙齿上采集到的古代细菌DNA，然后让这些古代细菌DNA进行复制，从而对它们进行测序。

克劳泽及其合作者将这项研究的成果发表在了2013年6月的《科学》上。

研究人员希望根据病原体的进化史，识别出具有抗生素耐药性的现代菌株。这些数据还揭示，人类生存条件的改变——例如卫生条件的改善，对感染率的影响超过了病原体本身的特质。南卡罗来纳大学流行病学家莎伦·德威特（Sharon DeWitte）表示："这对了解疾病以何种形式发展，以及如何发展至关重要。"

克劳泽指出，基因捕获技术的下一个大目标是结核分枝杆菌，这种细菌在

麻风病引起的手部畸形

世界范围内广泛传播，其传播范围仅次于人类免疫缺陷病毒（HIV）。

英国伦敦大学学院微生物学家海伦·多诺霍（Helen Donoghue）说，基因捕获技术可能会错过一些现代菌株所没有的古老基因片段。但是，它可以让科学家研究因年代久远而保存得不好的病原体基因。

"只要样本中保存了足量的核酸，就不会影响研究。"加拿大麦克马斯特大学研究古代霍乱的专家艾莉森·德沃尔特（Alison Devault）说。

也许不久以后，我们的后代将从这些折磨了人类上千年的疾病中彻底解脱出来。

莱姆病
为什么难以根治？

撰文 | 梅琳达·温纳·莫耶（Melinda Wenner Moyer）
翻译 | 杨倩

虽然根治莱姆病的方法尚未找到，但科学家已经从理论上解释了莱姆病为什么难以根治，也为治疗提供了新方法。

莱姆病确实是个棘手的病症。科学家曾认为，这种由硬蜱传播的感染性疾病很容易治疗——病人在确诊后，接受为期一周的抗生素治疗即可痊愈。但近几十年来，美国疾病控制和预防中心发现，多达1/5的莱姆病患者出现了后遗症，有持续性身体虚弱的表现，如疲劳、疼痛等，其中的原因尚不明了。而且问题愈演愈烈，美国莱姆病发病率在过去10年中上升了约70%。专家估计，现在美国每年至少有30万人感染莱姆病；生活在美国东北部地区的成年肩突硬蜱，一半以上都携带莱姆病病原体——伯氏疏螺旋体。虽然科学家尚未找到根治莱姆病的方法，但一项研究证实，莱姆病难以治愈是因为致病菌避开了抗生素的攻击，改变给药时间能消除某些持续性感染，而在早前这一观点曾颇受质疑。

上述结论源自对细菌细胞的观察。美国东北大学抗微生物制剂研发中心主任克米·刘易斯（Kmi Lewis）及其同事在实验室中培养伯氏疏螺旋体，然后对这些培养的细菌施用各种不同的抗生素，结果发现，大部分细菌在一天之内就被杀死了，但有一小部分在抗生素的"猛攻"下仍能存活，这部分细菌的细胞被称为"存留细胞"。1994年，科学家在金黄色葡萄球菌中首次发现存留细胞。刘易斯和其他研究人员在其他细菌中也曾观察到存留细胞，但在伯氏疏螺旋体中观察到

肩突硬蜱（能传播多种疾病）的彩色显微照片

存留细胞尚属首次。

　　"这是我们看到的最顽强的存留细胞之一。几天来，这些细胞虽处在抗生素环境中，但数量并未减少。"刘易斯说。2014年5月，该研究结果在线发表于《抗微生物制剂与化学疗法》上。2014年春天，约翰斯·霍普金斯大学的研究人员也观察到了伯氏疏螺旋体中的存留细胞。

　　存留细胞并不是因发生突变而对抗生素产生耐药性的。从基因上来看，这些细胞与其他被抗生素杀死的细胞完全相同。只不过它们处于休眠期，由于抗生素的影响，不存在一般意义上的细胞活动。既往研究表明，其他菌种的存留细胞在脱离抗生素环境后会重新生长。该现象促使刘易斯及其同事尝试利用"脉冲式给药"对抗顽固的伯氏疏螺旋体，以探究能否在存留细胞重新生长时杀死它们。所谓脉冲式给药，就是给药后暂停一下，然后再次给药。他们的方法奏效了，这意味着如果人体的持续感染是由存留细胞造成的，那么改变给药时间，或许是一个有效的治疗方法。刘易斯及其同事，以及约翰斯·霍普金斯大学的科学家还探索了其他治疗方法，例如混合使用不同的抗生素。

　　不过，并非所有人都认为存留细胞是莱姆病久治不愈的主要原因。"没有证据表明，这种存留细胞对动物或人有任何影响。"纽约医学院传染病系主任加里·沃姆泽（Gary Wormser）说。他认为，首先，针对伯氏疏螺旋体的研究是在实验室中进行的，忽略了人体免疫系统的潜在影响，也许免疫系统在清除感染后能消灭存留细胞；其次，实验中用到的伯氏疏螺旋体，不是从服药的人体内分离得到的，因此存留细胞能否让人得病还无法得到确认。

2014年5月，在美国疾病控制和预防中心举办的一次活动中，该中心媒介传播疾病部细菌性疾病分部主管本·比尔德（C. Ben Beard）说，找到造成莱姆病后遗症的原因和治疗方法，是"该领域研究的首要任务之一"。伯氏疏螺旋体的存留细胞是否会引起持续的感染尚无定论，为了进一步搞清楚这个问题，刘易斯及其同事将进行下一阶段研究，检测脉冲式给药是否有助于清除小鼠体内的伯氏疏螺旋体感染。

外膜蛋白：
杀死耐药菌的新靶标

撰文 | 廖红艳

未来，科学家或许可以研制出新型抗生素，通过阻止细菌外膜生成来杀死耐药菌，带给我们新的希望。

细菌就像一个"超级工厂"。在工业社会，一家超级工厂拥有完善的生产、物流环节——在车间生产各种产品，然后根据订单需求，把产品送到各地的用户手中。在细菌内部也是如此，核糖体等负责合成各种蛋白质，蛋白质又可以合成其他生物大分子。这些生物大分子再由专门的位于膜上的转运蛋白传送到细胞的不同部位。

有趣的是，"细菌工厂"运送"货物"时，也会经历重重"关卡"，这些"关卡"就是细胞表面和细胞里面的各种膜结构。当"关卡"上的门太小，"货物"又太大时，怎么办？这个时候，细菌会采用"宜家（宜家家居是知名家具和家居用品零售商）策略"——只生产零部件，运达目的地后再组装。这样既方便运输，又不会因为"货物"太大进不了门。而在膜结构上负责"把关"的各种转运蛋白，则是这一环节的关键。

对科学家来说，研究跨膜转运的具体机制，是一个很大的挑战，因为很难从膜上分离出具有生物学功能的转运蛋白，所以无法探知转运蛋白的精细结构，也就无法破译其转运机制。2014年，中国科学院生物物理研究所黄亿华团队经过近4年的研究，终于从原子水平破解了脂多糖在细菌外膜的跨膜转运与组装机制。

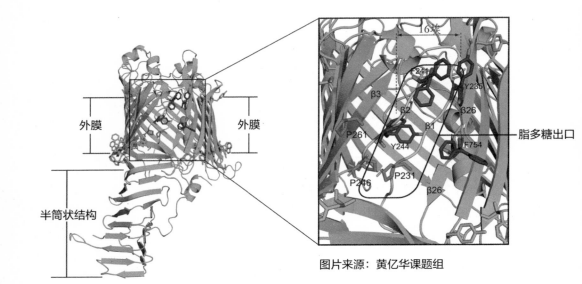

图片来源：黄亿华课题组

LptD-LptE膜蛋白复合体的高分辨率晶体结构

脂多糖是革兰氏阴性菌外膜的主要成分。负责转运、组装脂多糖并形成细菌外膜的，是一组专门的转运组装膜蛋白复合体。21世纪初，科学家发现，要把脂多糖从细菌的内膜运送到外膜，并在外膜上组装好，需要7个专门的脂多糖转运蛋白（LptA-G）协作完成，而其中位于细菌外膜上的 LptD-LptE 膜蛋白复合体，又最为关键，它负责完成脂多糖生成的最后一步——转运脂多糖跨过细菌外膜，并组装形成细菌外膜的外小叶。

长期以来，科学家一直想搞清楚膜蛋白复合体跨膜转运脂多糖的具体机制，但对此的研究却非常有限。2014年7月3日，黄亿华团队在《自然》上发表了一项研究成果，报道了一种革兰氏阴性菌（福氏志贺菌）的LptD-LptE膜蛋白复合体的高分辨率晶体结构。

现在，我们可以还原脂多糖的转运组装过程：脂多糖从内膜传送过来后，会进入膜蛋白复合体中LptD蛋白的呈半筒状的那一端，然后到达由26条β链（氨基酸链形成的一种结构）组成的桶状结构，由于其中有2条相邻的β链上各有一个脯氨酸破坏了桶壁原本牢固的结构，在桶壁上形成了一个16埃（1埃等于0.1纳米）大小的缺口，脂多糖就从这里穿出，最后到达细菌外膜（见上页图）。

值得一提的是，虽然脂多糖对革兰氏阴性菌非常重要，是细菌存活必需的物质，但对于人类来说它却有毒，一旦进入人体它会让人体发生强烈的炎症反应和免疫反应，严重时可引起休克和死亡（所以脂多糖也被称为内毒素）。此外，抗生素滥用导致的耐药菌中，有超过一半属于革兰氏阴性菌。

黄亿华表示："目前，瑞士科学家已经研发出一种药物，能抑制脂多糖转运组装膜蛋白复合体的功能，阻止细菌外膜生成，从而杀死细菌。我们的研究成果将为进一步优化这类抗菌药物提供重要的结构信息。"

新型抗生素无疑给我们带来了新的希望，当然还有另一条解决之道——在不必要的情况下，避免使用抗生素。

减少抗生素
处方的承诺书

撰文 | 迪娜·法恩·马龙（Dina Fine Maron）
翻译 | 赵瑾

对抗生素的滥用会导致耐药菌的激增，一项措施可能会让医生少开不必要的抗生素处方，从而减少抗生素滥用。

抗生素虽然能够杀死细菌，但对于导致普通感冒和流感的病毒却无能为力。然而，医生还是常常开出抗生素处方，这有时是出于习惯，有时则是为了迎合患者的需求。正是对抗生素的滥用，导致了耐药菌的激增。

据美国疾病控制和预防中心报告，美国有50%的抗生素处方没必要开出，或不具最佳疗效。

一项措施可能有助于减少抗生素滥用。研究表明，如果让医生事先签署"在抗生素有害无益的情况下，避免给病人开抗生素处方"的承诺书，那么流感季节抗生素滥用的情况就可以得到改善。与未签署承诺书的医生开出的处方相比，签署过承诺书的医生开出的抗生素处方大约减少了1/3。这一研究结果发表在了2014年1月27日的《美国医学会杂志·国际医学》上。

在该研究中，7位医生或执业护士签署了一张海报大小的承诺书，保证遵循处方开具原则。这张承诺书被张贴在医生的诊疗室内，上面还解释抗生素不仅不能治愈感冒，还会产生副作用及药物耐受性。而对照组的7位医生则没有签署该承诺书，还保持着自己的一贯做法。

研究期间，签署了承诺书的医疗人员所开出的不必要抗生素处方大约减少了1/5，而那些没有签署承诺书的医疗人员所开出的不良处方则增加了1/5。但即使是签署了承诺书的医生，在大约1/3的情况下，仍然会给那些并不需要抗生素的病人开出抗生素处方。

早前也有类似研究显示，在医生办公室张贴处方开具原则对医生有提醒作用，但由于没有采用签署承诺书的形式，收效甚微。丹妮拉·米克（Daniella Meeker）是兰德公司研究卫生与行为经济学的科学家，也是该研究论文的主要作者之一，她说："与早前的研究相比，我们的研究关键的不同点就在于，我们引入了承诺机制。"

虽然这项研究并没有完全解决抗生素滥用的问题，同时还需获得更大样本范围的调查数据支持，但如果该措施确实有效，从理论上来说相关机制将减少260万份不必要的抗生素处方，节省高达7,040万美元的医药费用。

用细菌
消灭耐药菌

撰文 | 蔡宙（Charles Q. Choi）
翻译 | 赵瑾

现在，我们可以利用那些饥肠辘辘的捕食性细菌，来消灭具有耐药性的超级细菌，这为防治细菌感染提供了一个新方法。

科学家正在研究如何利用捕食性细菌来对付耐药性感染。美国罗格斯大学的微生物学家丹尼尔·卡杜里（Daniel Kadouri）领导的研究团队，研究了两种捕食性细菌：一种是可以附着于其他细菌表面，并吸食其内容物的"吸血鬼"细菌，另一种是可以钻入其他细菌内部进行寄生性繁殖的噬菌蛭弧菌。卡杜里小组以前的研究显示，这两种细菌都能杀死一些危险的有害细菌，但当时还不确定它们能否对付耐药菌。于是，研究小组决定将这两种细菌分别放入含有医院里常见的14种耐药菌的细胞培养物中，结果，他们发现捕食性细菌能够消灭大量耐药菌。他们的研究结果发表在了《科学公共图书馆·综合》2013年5月1日的网络版上。

但是，这类捕食性细菌会不会攻击人体细胞呢？卡杜里的研究小组发现，这些捕食性细菌能够杀死引起眼部感染的细菌，同时对人体眼部细胞毫无损害，这一研究结果发表在了2013年6月18日的《科学公共图书馆·综合》上。美国沃尔特·里德陆军研究所的丹尼尔·茹拉夫斯基（Daniel Zurawski）是一位专门研究耐药菌的微生物学家，他表示："用更自然的方式调控人体内微生物的平衡（指用细菌而不是使用抗生素来消灭细菌）以达到治疗效果，是一个非常重要的方法。"

　　根据美国疾病控制和预防中心的数据，仅在美国每年就有将近200万病人在医院受到感染，并且感染他们的常常是耐药菌。即使是新型的强效抗生素，也不能消灭这些耐药菌，因为这些致命的细菌通常都包裹着生物膜（由保护性黏质物构成的，几乎能粘在任何东西表面）。卡杜里及其他一些研究人员此前发现，捕食性细菌能够穿过生物膜，杀死躲藏在里面的致病菌，从而为防治细菌感染提供了一个新方法。

　　由于人体的免疫系统对血液中的微生物较为敏感，因此卡杜里认为，最好的治疗方案是"将捕食性细菌涂在伤口或烧伤创面上"。目前，卡杜里与同事正在动物身上试验这种疗法，并希望未来能将它应用到人类身上。

"暗战疗法"对付致病菌

撰文 ｜ 梅琳达·温纳·莫耶（Melinda Wenner Moyer）
翻译 ｜ 冯志华

　　利用更多的细菌来对付细菌感染，这听起来简直是一种疯狂的想法。"暗战疗法"就是这样一种击败致病菌的方法，它通过"策反"致病菌中的一些成员，继而摧毁整个致病菌群体。

　　致病菌对人们的威胁越来越大。在美国，每年大约有19,000人死于耐药性金黄色葡萄球菌感染，该人数超过了因艾滋病死亡的人数。不过，这些微生物的确有几分聪明劲儿。20世纪50年代，耐抗生素菌就已经出现。自那时起，科学家一直在孜孜不倦地研发第二代药物。这种药物攻击的靶点并非细菌本身，它要切断的是细菌与细菌之间的通信联系。然而，细菌的复杂性又一次超出了人们的预期，相关研究的进展十分缓慢。现在，社会进化生物学领域的一些新发现，或许能够帮助我们最终找到一种击败致病菌的方法——"策反"其中的一些成员，继而摧毁整个致病菌群体。

　　20世纪60年代，科学家发现一些细菌能够以某些小分子为媒介，向周围细菌发送信息，或者接收它们发来的信息。这种被称为"群体感应"的通信方式使细菌可以侦测它们的群体密度，并据此调整自身的行为。当周围成员数量够多，足以形成一个"群体"时，细菌便开始产生一种导致宿主患病的有毒因子。这些细菌还可以聚集起来形成生物膜，这会使它们耐受抗生素的能力提高1,000倍。

　　群体感应是微生物世界普遍存在的一种现象，许多研究者希望能找到破坏

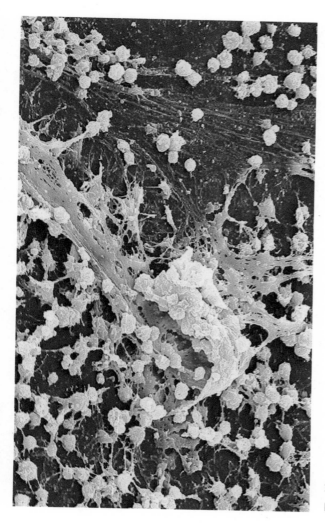

金黄色葡萄球菌群达到群体感应的
临界点后，便会形成生物膜

群体感应的方法。在美国加利福尼亚州拉霍亚的斯克里普斯研究所任职的化学生物学家金·扬达（Kim Janda）把这样的策略称为"暗战疗法"。抗生素杀灭细菌或阻止它们生长，使耐药性突变大行其道。然而，破坏群体感应的药物却并不会剥夺致病菌的生命，只是使它们无法致病或无法形成生物膜。

现在的难题是，效果好的群体感应抑制剂难觅踪影。不同的致病菌用于通信的分子往往不一样，广谱抑制剂的研发变得非常困难。此外，在动物实验中被证实有良好效果的抑制剂对人体却具有不小的毒性。一些研究者还担心，这些药物可能仅在致病菌群体形成之前，即感染的起始阶段才有效。面对重重障碍，很少有制药公司愿意投资这个领域的药物研发。美国威斯康星大学麦迪逊分校的化学家海伦·布莱克韦尔（Helen Blackwell）评论道："对于这种药物，人们非常小心。"

2009年1月，英国爱丁堡大学的进化生物学家斯图尔特·韦斯特（Stuart West）与同事宣布，他们基于群体感应中的细微差别，提出了一条新的设计思路。此前人们就知道，一个菌群中并非所有的细菌都能正常通信。信号接收系统发生突变的细菌只能产生低水平的信号分子，而且无法接收信号；信号发送系统发生突变的细菌则恰好相反。

这些突变细菌还能从群体感应中得到好处，因为它们的邻居在生产信号分子以及接收和发送信号的时候需要消耗能量，而突变体则会节省很多能量。因此，突变体复制更快，数目也会变得更多，这使它们的后代在整个群体中的比例越来越大。不过，一旦突变体的比例过高，群体之间的通信就会变得十分稀少，不足以达到群体感应的临界点，菌群的致病性就会下降。

韦斯特与同事使用正常铜绿假单胞菌（一种经常引起医院内部感染的细菌）感染了一组小鼠，用混合细菌感染了另外两组小鼠。这些混合细菌中一半为正常菌株，另一半分别为信号接收突变体和信号发送突变体。7天过后，混合细菌感染组的存活小鼠数目是正常菌株感染组的2倍。韦斯特说："如果你不幸受到了细菌感染，向体内注射一些细菌突变体是一条可行之道。这听起来有些疯狂，但有助于你的康复。"

韦斯特承认，这种疗法在短时间内应用还不太可能。利用更多的细菌来治疗细菌感染，这让患者接受起来相当困难，更不用说管理机构了。不过，他和同事还是为这一疗法申请了专利。他们试图利用突变体向一个菌群导入一些特定基因，为此，他们仍在寻找相关的"特洛伊木马"。韦斯特解释说："假设你被细菌感染，这种细菌恰好对抗生素存在耐药性，那么先让一些对抗生素敏感的间谍细菌混入正常菌群，然后让这种敏感性在菌群中扩散。不久之后，利用现有的药物就可以对付整个菌群了。"

　　虽然这些特殊的治疗策略尚无成果，但该领域的研究人员依然对更加传统的群体感应抑制剂充满信心。例如，扬达正在研发一种细菌疫苗，可以帮助免疫系统识别并清除群体感应过程中产生的分子。他和普林斯顿大学的生物学家邦尼·巴斯勒（Bonnie Bassler）等科学家对一种名为AI-2的分子展开了研究。他们相信，这种物质在许多类型的细菌中都扮演了信号分子的角色，因此，有可能成为群体感应广谱抑制剂的作用靶标。布莱克韦尔还发现了数百个小分子，它们与信号分子十分相像，但不完全相同。这样的分子被导入菌群中后，将打断致病菌之间的通信。她认为："这一领域的前景是光明的，我们将大胆地走下去。"

以毒
攻毒

撰文 | 克里斯廷·索尔斯 (Christine Soares)
翻译 | 栾兴华

澳大利亚科学家想出了一个对付有害肠道菌群的好办法：利用基因技术对大肠杆菌进行改良，使它们能够结合细菌毒素。用这种方法对抗细菌具有价格低廉、给药方法简单等优点。

去热带旅游的人最好不要吃当地的微小植物，因为这样做有可能使人患上威胁生命的肠道疾病。但澳大利亚的一个研究小组认为，抵御有害肠道菌群的最好办法，也许是服用更多的细菌，特别是一种经过基因改造后，可以吸收其他细菌毒素的良性大肠杆菌。

澳大利亚阿德莱德大学的詹姆斯·佩顿（James C. Paton）和他的同事将一种无害的大肠杆菌加以改良，使细胞膜表面形成类似于人体细胞的停泊位点。这个方法的思路是，让细菌毒素结合在诱饵细胞上，这样细菌毒素就不会作用于人类胃肠细胞了。这个研究小组新研制的诱饵，能够模仿人类细胞的霍乱弧菌毒素受体——每个菌体都会吸收相当于自身体重5%的毒素。试管试验显示，诱饵细菌将毒素对人类细胞的杀伤力抑制了99.95%。研究人员用12只幼鼠进行试验，先将改良的细菌注入幼鼠体内，然后用霍乱弧菌感染幼鼠。尽管在受到细菌感染4个小时后研究人员才采取处理措施，但实验组仍有8只幼鼠存活，而对照组12只受到霍乱弧菌感染的幼鼠则全部死亡。

佩顿对大肠杆菌做了更多、更深入的改良，使它们能够结合与它们同属一科但危害性更大的菌种所产生的毒素，包括志贺毒素以及常常令旅游者痛苦不

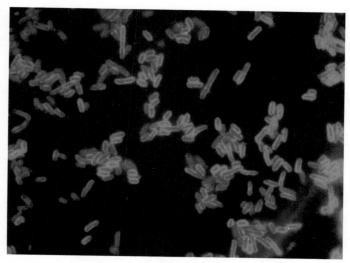

改良后的大肠杆菌（蓝色）正在吸收志贺毒素（红色）

堪、令发展中国家儿童发生致死性腹泻的细菌毒素。佩顿希望他设计的"益生菌"能够被制成廉价且具有预防作用的试剂，在疾病暴发区广泛应用。

用益生菌对抗细菌的好处有很多，通过发酵的方式生产有益菌群价格低廉，而且给药方法简单，如可以把微生物制成可直接吞服的口服液。最重要的是，因为这种治疗方法只是转移了毒素而并非去除病原体本身，所以不会提高有害细菌自身的耐药性。美国哈佛大学医学院胃肠疾病专家托马斯·拉蒙特（J. Thomas LaMont）说："我们正在寻找类似的治疗方案，作为医生，我很想找到一些抗生素以外的有效治疗措施。"

佩顿和他的妻子阿德里安娜（Adrienne）关于诱饵细菌的最初想法，源于1995年在阿德莱德暴发的痢疾，当时阿德里安娜正在那里测试快速诊断方法。"当时，你可以在儿童患病早期做出明确诊断，却对治疗束手无策。"佩顿回忆说。大约一周后，这些孩子的病情就会发展为全面的溶血性尿毒症综合征，这是由于毒素聚集而引起的肾脏损害。佩顿说："我们突然间想到，可以通过改良大肠杆菌来去除毒素。"

为了构建诱饵，佩顿将其他两类细菌的基因插入良性大肠杆菌中，这样，细菌表面的受体就能与毒素结合，而停泊位点则足以以假乱真，与人体内霍乱毒素分子的结合位点非常相似。他的第一个诱饵是针对志贺毒素设计的，效果相当好：菌体表面的所有分子都模拟了人类受体，能够使每个细胞都吸收相当于自身体重15%的毒素。目前，霍乱毒素诱饵还不能推广用于人类，模拟受体不能大量产生只是问题之一，更重要的是，它的嵌合受体在结构上与人类的极为相似，从理论上来讲，它可能引起自身免疫反应。

佩顿知道，还有很多难题需要深入研究，但是目前他忧虑的问题却是，应用改良的大肠杆菌很可能与国际上转基因器官应用的限制条款相冲突。解决这个潜在问题的办法，也许就是杀死这些有益细菌。佩顿解释道："这些细菌死亡后，仍然能够发挥作用。尽管效果差了一些，但它们一旦死亡，就不再是'经过基因改造的生物体'了。"

你知道吗？

构建模拟人体细胞的细菌可能引起自身免疫反应。抗体侵袭周围神经组织时，可以引起吉兰-巴雷综合征，导致与细菌相关的肌无力的发生。1/4的患者曾有过空肠弯曲杆菌前期感染，这种菌的表面受体与人类神经纤维髓鞘表面受体极为相似。抗体对空肠弯曲杆菌产生免疫反应时，也可与宿主的神经纤维髓鞘发生反应。但是，现在还没有确定具体引起免疫反应的受体亚基分子。感染诱发的炎症因子可以影响抗体的产生，美国哈佛大学医学院的托马斯·拉蒙特认为，细胞表面如果为惰性受体，则很有可能不会激活自身免疫反应。

找寻更好的
百日咳疫苗

撰文 | 塔拉·黑勒（Tara Haelle）
翻译 | 赵瑾

研究人员发现，疫苗的缺陷或许是百日咳卷土重来的原因。为了有效阻止这种疾病的传播，研究人员需要研发出更好的新疫苗。

在美国，百日咳杆菌曾经每年导致10多万人患病。这种由细菌引起的疾病，对婴儿的危害特别大。20世纪40年代，随着百日咳疫苗的推出，这种疾病终于得到了控制。但近20年来，百日咳杆菌大有卷土重来之势。

2012年，美国的百日咳病例增加到48,277例，达到1955年以来的最高值。百日咳的卷土重来，使研究人员开始重新审视现有疫苗的作用机理——利用百日咳杆菌的细胞碎片来刺激人体产生相应的抗体。这种所谓的无细胞百日咳杆菌疫苗被广泛地用于制作DTaP和TdaP疫苗（可同时预防百日咳、白喉和破伤风3种疾病的联合疫苗）。利用灭活百日咳杆菌制作的全细胞疫苗，由于其不良的副作用，已在20世纪90年代逐渐停止生产。

新的研究发现，人体通过注射无细胞疫苗所获得的免疫性衰退得比较快。例如，2012年发表于《新英格兰医学杂志》的一项研究发现，儿童在接种最后一次DTaP疫苗（一般在儿童4～6岁时接种）后，感染百日咳杆菌的概率每年上升42%。

美国食品和药物管理局的托德·默克尔（Tod Merkel）及其同事怀疑，无细胞疫苗还潜藏着另一缺陷——它很可能无法阻止这种疾病的传播。为了验证他们的假设，默克尔的研究团队用百日咳杆菌来感染狒狒。

在这些被感染的狒狒中，一些是已经接种过百日咳疫苗的，而另一些则在感染后对该细菌产生了自然免疫。所有狒狒接触百日咳杆菌后，都没有发病，但在那些接种无细胞疫苗的狒狒喉部，这些细菌可以存活长达35天之久。而那些接种了全细胞疫苗的狒狒，则能以2倍的速度清除体内的百日咳杆菌。

那些接种无细胞疫苗的狒狒在其感染期间，会将细菌传给没有免疫力的狒狒。默克尔的研究团队将这一发现，发表在了美国的《国家科学院学报》上。美国宾夕法尼亚州立大学的微生物及传染病学教授埃里克·哈维尔（Eric Harvill）说："这项研究发现可以解释，为什么百日咳杆菌能在高接种率的人群中传播。"

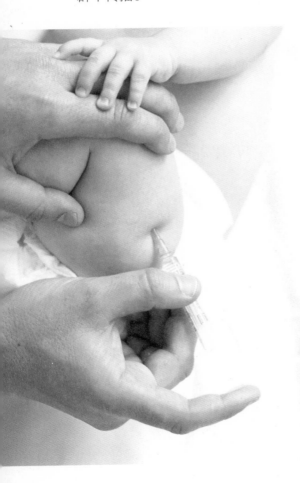

搞清楚不同疫苗使人体获得免疫力的详细机理，将有助于我们制造出更好的百日咳疫苗。哈维尔、默克尔及其同事希望，在未来几年中，能研发出更好的新疫苗。默克尔说："显然，自然免疫与全细胞疫苗除了刺激人体产生抗体以外，还激发了某些其他生理反应。目前，我们正试图找出这些反应。"

验血诊断
肺结核

撰文 | 杰茜卡·韦普纳（Jessica Wapner）
翻译 | 黄安娜

可诊断肺结核的血液测试新方法更加简易、廉价、准确，或许能在未来拯救数百万患者的生命。

目前，全球约有1/3的人被能导致肺结核的细菌感染。肺结核是一种肺部感染性疾病，主要症状是身体虚弱、发烧、咳嗽、胸痛。数据显示，仅2014年就新增了960万名肺结核感染者，同年有将近150万人因肺结核而死。鉴于形势逼人，简易、廉价又准确的诊断方法显得尤为重要，但目前使用的诊断方法在

这三个方面都有待提高。不过一项新的血液测试技术或能有效控制该疾病。

肺结核的传统诊断方法是鉴定咳嗽出的黏液或痰中细菌的脱氧核糖核酸（DNA）。但咳痰对有些小孩子来说并非易事。另外，若该患者还感染了人类免疫缺陷病毒（HIV），传统测试就会失效。因为在HIV感染者体内，导致肺结核的细菌会由于数量较少或者已经转移出肺部而无法被检测到。而且传统测试方法价格不菲，需要花费约10美元。在发展中国家，这是一笔不小的开销。由于上述原因，很多肺结核感染者不能被及时诊断出，甚至根本未被诊断

出，这导致患者症状严重，而致病菌也更易传播开来。

世界卫生组织因此呼吁改进肺结核诊断方法。为响应这一号召，美国斯坦福大学医学教授珀维什·卡特里（Purvesh Khatri）和同事分析了人类基因组，结果发现有3个基因对应于活动性肺结核疾病，并据此开发出了一种新的诊断方法——在血液中检测这3个基因。

研究人员称，无论患者是否感染HIV，新方法都灵敏有效，另外在小儿感染病例中，检测准确率达到了86%。这项研究结果已发表在了《柳叶刀·呼吸医学》上。血液测试还有个好处是，测试可以在诊所进行，并且当天就能给出结果，而痰液测试则没有这么简便。对发展中国家而言，这样的便利尤其重要，毕竟看一次病也不容易。耶鲁大学医学教授希拉·希诺伊（Sheela Shinoi）说："你肯定希望马上开始治疗。"他的研究领域是艾滋病。

目前，该技术还没有进入临床，要取代现行的方法也许还有很长的路要走。不过，卡特里已经为该技术申请了专利。他估计，新方法所需费用还不到当前检测费用的一半。"如果这种方法能成为一种即时检验（在采样现场即刻进行分析，省去标本在实验室检验时的复杂处理程序，快速得到检验结果的一类新方法），"希诺伊说，"那将是肺结核诊断上的一个重大突破。"

话题二
阻击看不见的病毒

　　病毒非常微小，但这种用肉眼看不到的小东西，却能导致传染病。与细菌不同，病毒无法靠抗生素来消灭，于是人们想出了其他方法来对付它：切断病毒传播的途径，开发疫苗以使人体产生抵抗病毒的抗体，根据病毒的特性开发药物……虽然已经有了很多对抗病毒的办法，但是我们依然要对层出不穷的新病毒保持高度警惕，随时准备迎接来自未知病毒的挑战。

流感疫情的
意外回报

撰文 | 克里斯廷·索尔斯（Christine Soares）
翻译 | 冯志华

病毒专家分离出了1918年大流感的完整毒株，发现1957年出现的H2N2流感病毒、1968年开始流行的H3N2流感大流行毒株以及2009年的H1N1流感病毒都起源于1918年的H1N1流感病毒。这样的家族联系很可能是21世纪初流行的流感病毒相对温和的原因。

2009年暴发的甲型流感，已经成为百年来第四次席卷全球的流感大流行。这次流感大流行给科学家上了一课，让他们从过去几次大流行中吸取了许多宝贵经验和教训。2009年夏天，有越来越多的证据表明，对于全人类的免疫系统来说，新出现的甲型H1N1流感并非全新事物。一些研究者甚至开始认为，2009年肆虐的疫情是在1918年出现首个H1N1流感疫情以来持续至今的流感大流行时代中的一次流感的突然暴发。

新型H1N1流感病毒一出现，就专门攻击年轻人，老年人却未受波及。在美国的确诊病例中，79%的患者是年龄不到30岁的年轻人，仅有2%是年龄大于65岁的老年人。考虑到这种一边倒的疾病侵袭特征，美国疾病控制和预防中心（CDC）的专家迅速检测了1880～2000年储存的数百份人类血清样本，试图寻找人们过去遭遇过新型H1N1流感病毒的证据。

2009年5月发表的数据显示，年龄大于60岁的老年受试者在遭遇新病毒时，大约有1/3的人会出现强烈的抗体反应；在年轻的成年人中，这一数字只有6%～9%。这项研究的作者推测，老年受试者曾经接触过1918年后的流感病毒，因此，他们的免疫系统能够识别新型H1N1流感病毒。

1976年，美国有4,300万人接种过针对H1N1流感病毒的疫苗。CDC的研究团队设法获得了当时采集自83名成人和一些儿童的血清样本。在注射过一剂疫苗的成人的血清样本中，超过半数对2009年的甲型H1N1流感病毒表现出强烈的免疫应答，接种疫苗时不到4岁的儿童的血清样本却很少能识别出这种新病毒。

CDC流感部门的杰姬·卡茨（Jackie Katz）在2009年9月公布了上述发现。作为第一作者，她认为，这种差异是一个重要线索。1976年时年龄为25～60岁的成年人，可能在1957年以前接触过H1N1流感病毒，而在1957年后，这种病毒销声匿迹长达20年左右。卡茨解释说："我们假定，一个人长到5岁的时候，至少应该患过一次流感。"先前接触过H1N1流感病毒似乎是免疫系统识别出1976年疫苗毒株的一个关键因素，就如同来自注射过1976年疫苗的人的血清样本似乎能对2009年的H1N1流感病毒产生强烈免疫应答一样。与此相反，幼龄儿童过去没有接触过H1N1流感病毒，故免疫系统无法及时做出反应。

卡茨警告说，血清中较高的抗体水平并不能保证人体免于感染，不过，这些指标是检测疫苗保护作用的一个很好的指示器，也是检验患者先前是否曾暴露于病原体的一个相当准确的信号。对于先前采取过免疫措施的人而言，后来注射的疫苗可以发挥加强针的作用。确实，2009年9月发表的临床试验结果显示，注射一剂针对新型H1N1流感病毒的疫苗可以产生强有力的免疫应答，这种情况甚至出现在一些年龄大于6岁的儿童身上。这样看来，许多受试者的免疫系统都能认出疫苗毒株，这让卫生官员感到十分吃惊。

对近年来季节性流感疫情感染率的分析表明，随着年龄的增长，针对流感病毒的免疫力通常也会逐渐加强。尽管血细胞凝集素（hemagglutinin）和神经氨酸酶（neuraminidase）这两种病毒表面蛋白（流感毒株名称中的"H"和"N"就来自它们英文名称的首字母）是疫苗的主要靶点，但人体免疫系统或许还能识别病毒的其他部分。由此产生的免疫应答或许无法阻止感染，但可以

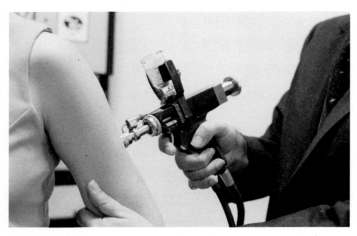

过去的疫苗免疫措施和此前相关病毒导致的感染，或许是新型H1N1流感病毒较为温和的原因

在某种程度上减少疾病的症状，甚至让人们觉察不到自己已经被流感病毒感染。

美国国家过敏与传染病研究所的病毒专家杰弗里·陶本贝格尔（Jeffery Taubenberger）说："儿童确实是最容易感染季节性流感的人群，而后随着年龄增长，儿童发病率也在逐年降低。老年人的流感致死率最高，这是因为他们常患有一些隐疾。不过，你会发现，四五十岁的人因流感而就诊的数量远低于儿童，所以一个可能的原因就是，他们缓慢积累起了对流感的广泛免疫力。"

陶本贝格尔曾在1997年分离出了1918年大流感的完整毒株。他指出，20世纪的季节性流感毒株，如1957年出现的H2N2流感病毒和1968年开始流行的H3N2流感大流行毒株，都起源于最初的H1N1流感病毒；2009年的H1N1流感病毒同样如此。他总结说，从1918年开始到2009年，所有的人类流感毒株，其实都是1918年流感病毒开创的"流感王朝"中的一员。

这样的家族联系很可能是2009年流行的流感病毒相对温和的原因。携带着H5、H7或H9型血细胞凝集素、在家禽中广泛传播的禽流感病毒，到2009年尚未获得在人际间广泛传播的能力。然而，一旦它们获得了这种能力，就可能产生一株与1918年H1N1流感病毒一样恐怖的流感毒株——当年，这种对人类来说全新的病毒在全世界导致几千万人死亡。

长期以来，对流感大流行可怕情景的深深恐惧，促使人们采取了种种预防措施，这些措施终于在2009年取得了成效。这种恐惧还促成了1976年美国的疫苗接种行动。这场针对并未真正流行起来的病毒展开的大规模疫苗接种，后来因为伴随而来的不良反应而被人们称为"惨痛的失败"。不过，就算当年针对的是另一种H1N1流感病毒，那次疫苗接种行动似乎仍然给21世纪的人们带来了意想不到的回报。

流感疫苗
儿童优先

撰文 | 蔡宙（Charles Q. Choi）
翻译 | 刘旸

儿童是最易传播流感病毒的群体，如果能给大多数儿童接种疫苗，流感便几乎可以得到控制。

长久以来，美国疾病控制和预防中心一直建议，当流感出现时，应先给年纪较大的病人接种疫苗，因为这一人群接触病毒后的死亡率最高。但一项研究给出的新证据显示，儿童更应拥有优先权。

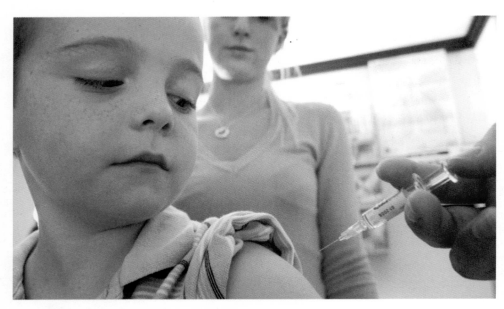

儿童是最易传播流感病毒的群体，应该先给他们注射疫苗

来自美国耶鲁大学和罗格斯大学的研究人员对哪个人群应该优先接种疫苗的问题进行了分析，相关研究结果表明，儿童是最易传播流感病毒的群体：他们把病毒带到家中，并传染给成年人，成年人再把流感病毒传播到工作场所。研究人员经过计算得出以下结论：如果能给大多数儿童接种疫苗，流感便几乎可以得到控制，老年人、年轻人以及全部人群总体的死亡率都会降低。此项研究的具体内容发表在2007年3月27日的美国的《国家科学院学报》上。

致命杀手的
阿喀琉斯之踵

撰文 | 詹宁·因泰兰迪（Jeneen Interlandi）
翻译 | 高瑞雪

　　一个科学家团队从一名被冷冻保存的大流感遇难者的肺中，复活了1918年的流感病毒。研究发现，一种名叫PB1的蛋白能使普通流感病毒变身为超级杀手。以PB1蛋白为靶标的新药也许有助于对抗下一次流感大流行。

　　2005年，一个科学家团队从一名一直被冷冻保存的大流感遇难者的肺中，复活了1918年的流感病毒。当时，这一与科幻电影《侏罗纪公园》如出一辙的壮举，受到了广泛的颂扬，也遭遇了尖锐的批评。反对者担心，这种复生杀手有被意外（或者故意）泄漏的危险，毕竟这种病毒曾在15个月里使几千万人死亡，带来了人类历史上最严重的一场瘟疫。支持者则坚称，从完整重建的病毒中得到的知识将有助于对抗下一次的流感大流行。

　　事实证明，这个有风险的研究是有价值的。2010年11月《微生物》上发表的一篇文章提到，科学家取得了多项成果，其中包括一个颇有潜力的药物新靶标。美国疾病控制和预防中心的特伦斯·图姆佩（Terrence Tumpey）和同事锁定了一种名叫PB1的蛋白，该蛋白使病毒可以复制自身。当研究人员将普通流感病毒中的PB1蛋白替换为该蛋白的"1918年版本"时，普通流感病毒就变身为"超级杀手"——病毒通过啮齿目宿主复制传播的速度快了8倍，结果杀死了更多的老鼠。现已证明，20世纪所有的大规模流行的流感病毒，包括2009年的猪流感病毒，都具有禽流感PB1基因。大多数季节性流感病毒则具有人流感PB1基因。

　　科学家致力于研发以PB1蛋白为靶标的新药。与该蛋白受体相结合的小分子可以阻止病毒复制，或许会大幅降低病毒毒性。一些近些年出现的流感（包括猪流感）毒株已经发展出对达菲等现行药物的耐药性，因此，社会对新型抗流感药物的需求正变得越来越迫切。作用于PB1蛋白的新药与以往的抗病毒药物结合，可以大幅降低耐药性毒株的扩散速度。这样，在一年一度的流感季节到来之际，每个人也多少能够安心些了。

人造
病毒争议

撰文 | 詹宁·因泰兰迪（Jeneen Interlandi）
翻译 | 揣少坤

以往的研究表明，任何增强禽流感病毒传播能力的基因突变，同时也会削弱它的致命性。然而，来自美国和荷兰的科学家分别在实验室中发现了一些基因突变，这些突变既能提高禽流感病毒的传播能力，又不会降低它的致命性。

这是一项罕见的研究，结果还未发表，就引起了人们的极度恐慌。不过，在流感季，与流感相关的研究都会成为热门话题。

长期以来，流行病学家一直在争论H5N1禽流感病毒发生大流行的可能性。一方面，该病毒在人类中的传播过于低效，自从1997年出现以来，与它相关的感染病例不足600个，这会让人觉得，这种病毒似乎并不那么可怕；另一方面，当H5N1禽流感病毒传播时，它却又相当致命——感染人群的死亡率接近60%。数年研究表明，任何增强该病毒传播能力的基因突变，同时也会削弱它的致命性。然而，在2011年年底，美国威斯康星大学麦迪逊分校的河冈义裕（Yoshihiro Kawaoka）和荷兰伊拉斯谟大学医学中心的罗恩·富希耶（Ron Fouchier）准备投稿发表的一系列研究，却得出了与之前研究截然不同的结果。

这两位科学家分别发现了一些基因突变（富希耶发现了5种），这些突变能提高H5N1禽流感病毒在人群中的传播能力，却不会降低该病毒的致命性。

上述结果是否应该发表，引起了很多争议。批评者认为，如果上述研究方法或基因序列公之于众，就等于把一种"生物武器"拱手送给了潜在的恐怖分

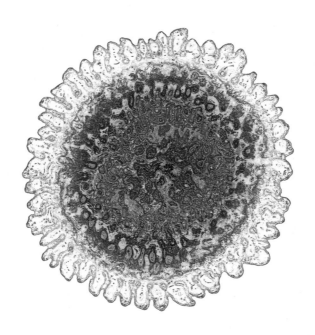

子。他们还担心，这些人造病毒可能从实验室泄漏。

支持者则认为，自然产生的这类突变病毒所引发的全球大流行的危险，要远大于恐怖分子所带来的威胁。弄清楚哪些突变组合可以大幅提升H5N1禽流感病毒在人群中的传播能力，将有助于流行病学家尽早找出对策。例如，他们可以对这些新病毒试验已有疫苗的效果。

2011年12月中旬，美国国家生物安全科学咨询委员会（NSABB）对两篇论文进行了审核。大多数专家都认为，应该用更好的方法来开展此类研究。

美国明尼苏达大学的传染病学家、NSABB成员迈克尔·奥斯特霍姆（Michael T. Osterholm）说："70年来，物理学家也在从事各种敏感而机密的研究，在生命科学领域，我们也应该找到同样的方法，在不威胁公众安全的前提下，继续这些研究。"

H7N9 禽流感病毒
如何感染人类?

撰文 ｜ 刘洋

H7N9禽流感病毒与以前的禽流感病毒不同,它对禽类没有致病性,但却可以感染人类并使人生病。中国科学院的研究人员破解了H7N9禽流感病毒的秘密。

截至2013年10月,在始于2013年2月的禽流感疫情中,中国内地发现的确诊病例已超过100例。这些病例分布于北京、上海、江苏、浙江等12个省市,其中死亡病例大约占到总病例数的1/3。

流感病毒分为甲、乙、丙三种类型,甲型流感依据病毒特征又可按HxNx分为135种亚型,其中H1、H2、H3亚型和乙型禽流感病毒可以在人类中造成季节性流行,但其致病性和死亡率很低。不过自1997年东南亚暴发H5N1禽流感疫情以来,原本只感染禽类的高致病性禽流感病毒也开始感染人类。

与这些禽流感病毒相比,H7N9禽流感病毒很怪异:对禽类它并没有致病性,但感染人类后它却会使人患上严重的呼吸道疾病,这种跨宿主传播的现象引起了科学家的兴趣。

为此,中国科学院于2013年启动了"人感染H7N9禽流感病毒科技攻关研究"项目。这个项目团队由当时就职于中国科学院微生物研究所的高福研究员领导,团队成员来自中国科学院北京生命科学研究院、中国科学院微生物研究所及中国疾病预防控制中心。他们将研究重点放在了最早被报道的两种毒株——"安徽株"和"上海株"上。

项目组成员、中国科学院北京生命科学研究院副研究员施一介绍说，之所以着重研究上述两种毒株，是因为"安徽株"是此次流感暴发事件中的流行毒株，而"上海株"只在一个病例中分离得到，两种毒株显示出了不同的特性。研究人员从病毒水平和蛋白水平，分别研究了两种毒株的受体结合特性（流感病毒要感染宿主细胞，首先得和宿主细胞上的受体结合）。结果发现，"安徽株"既能结合禽源受体，又能结合人源受体；而"上海株"通常只与禽源受体结合。这说明"安徽株"之所以有可能在人群中传播，是由于获得了与人源受体结合的能力。

但另一个问题是，此次暴发的H7N9禽流感病毒为何只具备有限的人际传播能力。研究人员推测，这是由于H7N9禽流感病毒仍然具备较强的与禽源受体结合的能力，而人呼吸道上有很多携带禽源受体的黏液素（一类具有复杂糖基结构的大分子糖蛋白，会在上皮细胞表面形成一层选择性分子屏障），它们束缚了病毒的扩散，从而使得H7N9禽流感病毒无法在人际间有效传播。不过，施一表示，必须密切关注H7N9禽流感病毒的变异，做好病毒的监测工作。

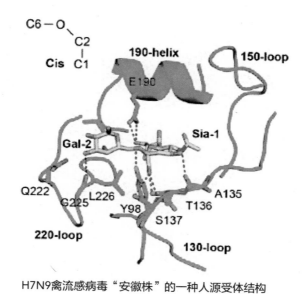

H7N9禽流感病毒"安徽株"的一种人源受体结构

潜伏的危险：
脊髓灰质炎

撰文 ｜ 海伦·布兰斯韦尔（Helen Branswell）
翻译 ｜ 赵瑾

我们目前还无法完全让脊髓灰质炎从地球上消失，除非科学家能够找出脊髓灰质炎病毒的最后一批携带者。

在过去的十余年间，全球消灭脊髓灰质炎病毒的活动就如同打地鼠游戏一般——每当这种病毒看起来就要绝迹时，它就会在新的地区冒出来。现在，随着一度消失的脊髓灰质炎病毒再次在我们周围出现，或许另一个潜在的威胁正隐藏于那些不易被发觉的感染源中。

脊髓灰质炎病毒新的据点是一些被称为"慢性排菌者"的人。这些人免疫系统不健全，当他们在幼年吞服口服疫苗后，疫苗中的弱化病毒能够在他们体内继续存活并繁殖数年，再通过肠道和上呼吸道排出体外。健康的儿童在服用疫苗后，会产生能阻断病毒繁殖的抗体，从而对该病毒的感染产生免疫力。但是慢性排菌者无法完成这个免疫过程，反而体内会不断地产生活病毒。口服疫苗中的弱化病毒能够通过基因突变，重新具备野生病毒的致病力，造成感染者瘫痪。20世纪90年代中期以来，人们对这种状况开始有了更广泛的认识，这些发现也让研究人员感到惊讶。

菲利普·迈纳（Philip Minor）是英国全国生物标准研究所副所长，他向我们描述了这样一个生物医学界的噩梦：野生脊髓灰质炎病毒停止了传播，于是各国缩减防疫投入，然后某个慢性排菌者亲吻了一个没有接种过疫苗的婴

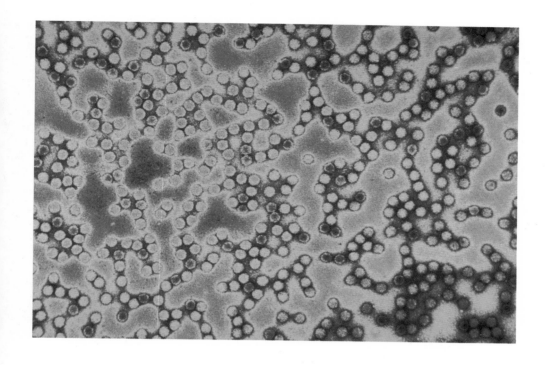

儿，接着这个婴儿被送入托儿所。"一瞬间，病毒就随着婴儿的唾液四处传播。这样一来，你就不难想象，脊髓灰质炎病毒如何在发达国家卷土重来。"迈纳补充道。当然，这也可能发生在发展中国家。虽然，人们一度认为，免疫缺陷的个体在较贫穷国家的生存时间不长，但随着这些国家的卫生保健体系逐步完善，这一情况也发生了变化。2009年，印度一个11岁的免疫缺陷男童因脊髓灰质炎而瘫痪，而他在5年前就服用了口服疫苗。直到发病，研究人员才意识到他是慢性排菌者。

慢性排菌者通常都是在脊髓灰质炎发病之后，才被发现。而到这时，病毒已经通过他们传播了多年。值得庆幸的是，这种情况十分罕见。罗兰·萨特（Roland W. Sutter）是世界卫生组织的科学家，他负责为"全球根治脊髓灰质炎行动"制定研究政策。他表示，该行动正在推进药物研发，这些药物可以阻止疫苗病毒排出体外。几种值得期待的药物正处于研发中。

但只有在慢性排菌者被确认之后，这些药物才有用武之地，而那并非易事。芬兰、爱沙尼亚和以色列的科学家多年来一直在对城市的下水道进行监测，寻找慢性排菌者存在的迹象。在很多样本中，他们都发现了慢性排菌者所排出的病毒，但他们无法锁定任何个体。这些隐秘的排菌者或许并非典型的免疫缺陷病人，因而无法通过免疫学家的问诊记录进行追踪。这些人可能根本就不知道自身的免疫问题，因而没有接受专门的医疗护理。萨特说："我们知道，这些人的头顶上悬着的那把达摩克利斯之剑，时刻都有掉下来的危险。"而那把剑同时也悬在我们所有人的头上。

艾滋病婴儿
首次被治愈

撰文 | 玛丽萨·费森登（Marissa Fessenden）
翻译 | 赵瑾

胎儿独特的免疫系统或许有助于对付其体内的人类免疫缺陷病毒。为了对此问题有更加深入的认识，研究人员准备进行进一步研究。

2013年年初，有美国医生宣布，在进行了一段时间的药物治疗后，他们首次功能性治愈了一名艾滋病患儿。美国加利福尼亚大学旧金山分校的实验医学教授约瑟夫·麦丘恩（Joseph M. McCune）虽然没有亲自参与此项研究，但他认为，如果医学界的这一突破能够经受住进一步检验的话（一些人怀疑，这名婴儿可能根本就没有被人类免疫缺陷病毒感染，也可能还没有真正被治愈），那么医生能够更好地对付人类免疫缺陷病毒的原因，至少有可能是新生儿的免疫系统还没有发育成熟。

此前的研究显示，免疫系统在身体受到威胁时所引发的炎症反应，可能会让人类免疫缺陷病毒更易增殖。炎症反应会促使免疫细胞聚集到受伤或感染的部位，并促进该部位的细胞分裂以及该部位的细胞因子（细胞间传导信号的蛋白质分子）的分泌。麦丘恩表示，人类免疫缺陷病毒正是利用这些细胞活动，从一个细胞转移到另一个细胞，而周边细胞的快速分裂又进一步加快了病毒的复制。

麦丘恩解释，在母体中，胎儿的免疫系统处于静息状态，以避免在母体内引起炎症反应。在婴儿出生的头几天里，这种抑制信号还会持续，从而抑制人类免疫缺陷病毒感染新的细胞。如果在这段时间内，对婴儿施以积极的短期药物治疗，就有可能清除婴儿体内的病毒。

2013年3月，在美国亚特兰大召开的逆转录病毒与机会性感染会议上该病例被报道出来，随即引起了各方质疑。美国国家儿童健康与人类发育研究所开始征集与此相关的研究计划。该所母婴传染病部门的负责人琳恩·莫芬森（Lynne Mofenson）表示："随着人们认识的加深，将会有更多情况类似的儿童引起我们的关注。希望在未来，我们能获得更好的答案。"

纳米佐剂
增强 HIV 疫苗

撰文 | 蔡毅

科学家尝试用一种纳米材料制作人类免疫缺陷病毒（HIV）疫苗佐剂，这将为艾滋病疫苗研究带来新希望。

人类在对抗病毒的历史上曾获得过一次又一次胜利，各种疫苗的诞生，使人类在面对病毒时不再惶恐，生存质量得到了空前提高。

然而，病毒不会坐以待毙，总会有让人猝不及防的新病毒在人群中传播，艾滋病等一系列病毒性疾病至今仍威胁着人类的健康，因此研发出安全有效的病毒疫苗是科学家的努力方向。

2013年，中国国家纳米科学中心的陈春英与中国疾病预防控制中心的邵一鸣合作，希望将纳米材料应用于HIV疫苗领域，推动HIV疫苗的研究进程。

正如不同的病毒会引起不同的免疫应答一样，不同的疫苗也会引起不同的免疫应答，从而激活天然杀伤细胞和巨噬细胞等，促使机体产生相应的抗体和杀伤性T淋巴细胞，摧毁受到感染的细胞。而佐剂是疫苗的重要组成部分，可以促进和增强疫苗引起的免疫应答，延长免疫力的持续时间。利用更好的佐剂，可以生产出更有效的疫苗，从而更有效地防治传染病。

现今的人用疫苗中，使用最多的是铝佐剂。人类使用铝佐剂的历史已经有80多年，但其作用机理至今尚不完全明确。并且随着时间流逝，铝佐剂也表现出一些缺陷：不适用于新型疫苗、无法冻干等。至于一直被公认的安全性，科学家后来也发现，铝佐剂对人体也有一定的副作用。因此，研制出安全性高且

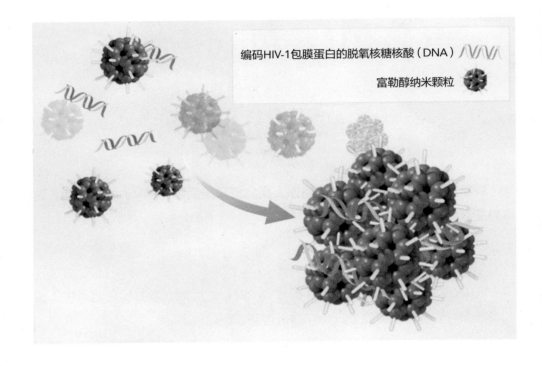

编码HIV-1包膜蛋白的脱氧核糖核酸（DNA）

富勒醇纳米颗粒

与不同剂型的疫苗相适用的佐剂，是疫苗佐剂领域亟待解决的重大科学问题。

纳米材料凭借独特的理化性质，已成为近年来疫苗佐剂研究的热点。陈春英和邵一鸣在研究中利用的材料是富勒醇纳米颗粒。在此之前，研究人员就发现，这种纳米颗粒因为具有独特的三维分子结构，可以自组装成特定结构。正是利用这一特性，两位中国科学家带领的研究团队通过一些巧妙的办法，让富勒醇纳米颗粒自组装成了更大的纳米球，这样它们就可以携带HIV的膜蛋白基因（DNA疫苗）进入细胞，扮演"基因载体"和"免疫佐剂"的双重角色。这一研究结果发表在国际权威杂志《先进材料》上。

该研究发现，以富勒醇纳米颗粒为佐剂，可以减少DNA疫苗接种的次数和剂量，这些都有利于降低疫苗用量，减轻使用者的经济负担。之所以会有这样的效果，可能是因为在富勒醇纳米颗粒的包裹下，DNA疫苗的降解速度减慢，从而延长了半衰期。

令人惊奇的是，富勒醇纳米佐剂还能促使DNA疫苗刺激机体，产生更多的效应记忆性CD8+T细胞（一种免疫细胞）。这样，机体再次受到相同的抗原刺激后，能更快更强地杀死入侵病原体，这对于保护机体，对抗病原体的侵袭具有非常重要的意义。

不过，尽管我们找到了具有良好属性的材料，但从实验室到临床应用，还有很长的路要走。国际上已经将富勒烯类材料应用于化妆品中，该物质的安全性得到了一定认可。"我们所做的工作是有意义、有前途的。"陈春英说。邵一鸣则强调，以往人类成功研制了几十种疫苗，但只做成了一两种佐剂，因此寻找适用于非传统疫苗的新疫苗佐剂是更为紧迫的任务。

预防
艾滋病的新产品

撰文 | 安妮·斯尼德（Annie Sneed）
翻译 | 赵瑾

抗逆转录病毒药物的研制成功，为艾滋病提供了医治方法。科学家借助这种药物，研发了三种针对女性的预防艾滋病的产品。

随着抗逆转录病毒药物的研制成功，人类免疫缺陷病毒（HIV）在病人体内的感染进程已经能得到有效控制，现在艾滋病已不再是可怕的"世纪绝症"，而是一种可以医治的慢性疾病。因而，目前的首要问题变成了预防艾滋病的传播。现在，大部分人可以采取的艾滋病预防措施并不能从根本上控制艾滋病的传播，每天全世界仍有超过6,000人感染HIV。而且上述措施对于妇女的局限性尤为突出。

科学家测试了一类新型抗逆转录病毒药物——抗逆转录病毒杀微生物剂，用于预防HIV的感染。研究人员将这些药物置于一系列预防用具中，并进行人体试验。

美国艾滋病专家罗伯特·格兰特（Robert Grant）说："这些预防用具都是极具应用前景的产品，我相信人类最终能够战胜艾滋病。但在找到阻止HIV传播的利器之前，我们还需要花很多时间去试验。目前，还没有一种能符合所有人需求的产品。"以下介绍的三种预防HIV感染的产品尚在研发中。

研究人员研发的一种硅胶环能够在长达一个月的时间里，缓

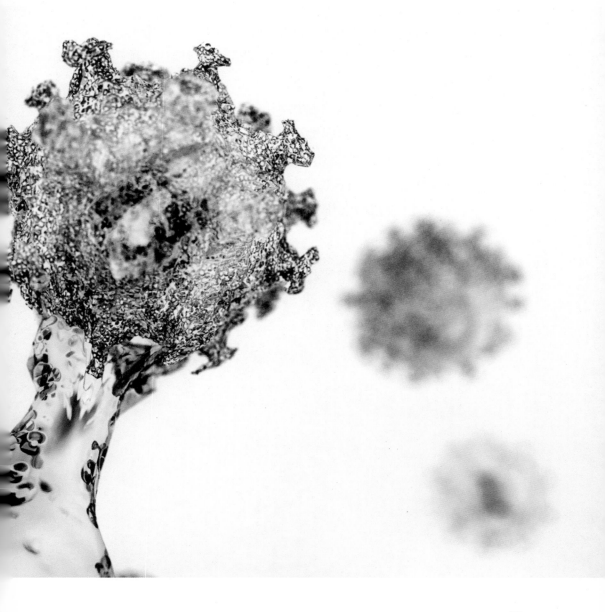

HIV杀死人体免疫细胞

慢释放一种名叫达匹韦林的抗逆转录病毒药物。达匹韦林是一种逆转录酶抑制剂，能够阻止HIV将病毒核糖核酸（RNA）逆转录为脱氧核糖核酸（DNA），从而阻止HIV劫持人体细胞来进行复制。这种产品如果确实安全有效，将会被改装成一个二合一的产品，在预防HIV感染的同时还有避孕效果。

替诺福韦凝胶是另一种逆转录酶抑制剂，呈胶体状。这种透明的胶体状药物是第一种在大型临床试验中可以显著降低病人HIV数量的杀微生物剂。在这项研究中，近900名妇女参与了试验，结果显示经常使用这种药物的妇女，HIV感染率降低了54%。

雷特格韦凝胶可能会为使用者提供一个补救方案。雷特格韦可作用于HIV生命周期的后期，进而阻止HIV把基因插入人体基因组。2014年3月，美国疾病控制和预防中心在猕猴身上对该产品进行了测试，结果发现，雷特格韦凝胶能在人体接触HIV的3小时内有效预防感染。

如果后续试验证明该产品确实有效，那么它将为妇女，特别是那些性侵受害者提供一个补救方案。

男性也需接种 HPV疫苗

撰文 | **罗宾·劳埃德（Robin Lloyd）**
翻译 | **杨倩**

人乳头状瘤病毒（HPV）引起的喉癌、舌癌，正在男性群体中"暴发"。提高男性的疫苗接种率，也许有助于预防此类疾病。

十几年前，美国食品和药物管理局批准了一种HPV疫苗，该疫苗可以预防那些最危险的由HPV引起的疾病——几乎所有类型的宫颈癌、其他多种恶性肿瘤及两性生殖器疣。美国疾病控制和预防中心（CDC）建议，所有11~12岁的男孩、女孩都应接种此疫苗。

然而，实际情况并不乐观。2013年，美国13~17岁的女性中，只有刚过半数的人接种了至少一剂疫苗——佳达修或希瑞适；而在同年龄段的男性中，该比例更是低至35%，令人失望。如今，与HPV有关的头颈部恶性肿瘤发病率呈上升态势，所以一些专家提出，接种疫苗时做到两性平等，或提高男性的接种率，也许是预防此类疾病更有效的方法。

无论在美国还是世界范围内，HPV都是感染最广泛的性传播疾病病毒，几乎所有人一生中都会被感染，不分男女。虽然大多数人可自动清除该病毒，但持续被某些HPV感染却可致癌——通常是宫颈癌或口咽癌（喉底、扁桃体和舌背被感染）。有数据显示，在每年的女性癌症病例中，HPV相关癌症占到了3.3%，而在男性中，这个比例则是2%，同时与HPV有关的口咽癌、直肠癌发病率正在增加。

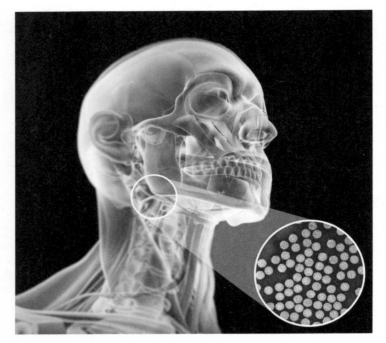

HPV（上图右下方染色样本）

美国俄亥俄州立大学肿瘤内科医生、流行病学家毛拉·吉利森（Maura Gillison）研究了过去30多年男性口咽癌的情况。她和同事首次注意到，患者类型在20世纪90年代出现了奇怪的转变：没有吸烟史或酗酒史（吸烟和酗酒均为头颈部恶性肿瘤的危险致病因素）的年轻男性患者开始前来就诊。后来她发现，在1984～1989年间，美国头颈部恶性肿瘤中检测为HPV阳性的仅占16%，但到2005年，这一数字已飙升至73%。专家预计，未来该病的就诊人数将超过宫颈癌，HPV相关癌症的"重灾区"也将从女性转至男性。2014年10月，吉利森在科学作家年会上报告了上述发现。

基于以上数据，吉利森认为，HPV相关癌症的防治工作，应从以女性为中心转为同时关注两性。2008年诺贝尔生理学或医学奖获得者哈拉尔德·楚尔·豪森（Harald zur Hausen）在30多年前发现，HPV可引起宫颈癌。他还指出，如果预防工作只关注一个性别，那么应该是让男性来接种疫苗。

美国大多数州采取的都是自愿接种该疫苗的方式，只有少数地区有全面覆盖接种的要求，如纽约市卫生局和明尼苏达州卫生局2014年推行的相关项目。公共卫生简报甚至学术论文总是明显遗漏男性的接种情况，甚至完全忽略。在美国许多地区，对疫苗安全性的隐隐担忧，和接种HPV疫苗会使青少年性行为提早的说法，阻碍了该疫苗的大范围推广。

虽然尚无数据表明这类HPV疫苗可以预防HPV为阳性的口咽癌，但考虑到那些引起宫颈癌和外阴恶性肿瘤最多的HPV也正是导致头颈部恶性肿瘤的罪魁祸首，上述疫苗很可能可以预防HPV阳性的头颈部恶性肿瘤。专家说，如果调整公共卫生政策，使更多男性接种HPV疫苗，那么被男性感染的女性数量就会减少，女性患HPV相关癌症的比例或可降至极低的水平；同时日趋增多的男性HPV相关癌症发病率很可能增速放缓，趋于稳定甚至减少。这将对两性都有好处。

杀死致命病毒的
新武器

撰文 | 鲍勃·勒尔（Bob Roehr）
翻译 | 陈晓蕾

美国加利福尼亚大学的科学家发现，一种名为LJ001的药物，能使人类免疫缺陷病毒（HIV）、埃博拉病毒、普通感冒病毒，甚至地球上所有具有脂质包膜的病毒失去致病性。不过，从治疗的角度来看，这只是一个非常初步的发现。

美国加利福尼亚大学洛杉矶分校的本赫尔·李（Benhur Lee）可能发现了一种对付病毒的特效武器，能使HIV、埃博拉病毒、普通感冒病毒，甚至地球上所有带脂质包膜的病毒失去致病性。

本赫尔·李是在自己的实验室偶然发现这种"特效武器"的。他先是构建了一种杂交病毒，包膜来源于致命的尼帕病毒，核心部分则来自良性水疱性口炎病毒。这种杂交病毒可以感染细胞，但不能复制。

随后，本赫尔·李在一个药物库中进行筛选，希望从3万种药物里找到会对杂交病毒的包膜做出反应的药物，然后看它们能否阻止病毒进入细胞。李回忆说，一种名为LJ001的药物"看起来很不错"，而且对实验室培养的细胞没有毒性。

经过一系列研究，在确认LJ001的活性以及无毒之后，李将药物样品送到了美国得克萨斯大学医学系加尔维斯顿国家实验室，这里的生物安全实验室可以检测完整的尼帕病毒、埃博拉病毒及其他致命病毒。令人惊喜的是，LJ001确实能阻止尼帕病毒和埃博拉病毒进入细胞。不久后，李测试了LJ001对HIV

本赫尔·李发现的一种药物能对抗具有脂质包膜的病毒，但对腺病毒（如左图所示）等不具备包膜的病毒无效

的效果，结果仍令人满意。接下来，他又马不停蹄地对其他20种病毒做了类似的检测，每次检测都大获成功。

后续实验表明，LJ001对另一类完全不同的病毒不起作用。根据这项研究，李发现了这种药物的秘密：它只对具有脂质包膜的病毒有效，而这些病毒的致命性恰好最强。

显然，病毒包膜和人类细胞上的脂质成分都能与LJ001结合，两者都会受到损害。区别在于，细胞能修复平常发生的各种损伤，但在遗传上较为简单的病毒则没有修复机制（通常，当新生病毒从被感染细胞逸出时，它们会顺便抢夺部分细胞膜来形成自身包膜）。包膜的脂质一旦遭到LJ001破坏，病毒将无法复原。李撰写的关于LJ001抗病毒活性的第一篇论文，于2010年2月16日发表在美国的《国家科学院学报》上。

加利福尼亚大学旧金山分校的病毒学家沃纳·格林（Warner C. Greene）

认为，这项研究很有意义，但他也告诫说："从治疗的角度来看，这只是一个非常初步的发现。"他指出，LJ001对细胞膜的破坏性可能要比我们现在认为的更严重。格林说："人体内的细胞通常比实验室培养的细胞敏感得多。"

李也希望弄明白上述问题。他与加利福尼亚大学洛杉矶分校的同事合作，把这种极具医用前景的化学物质转变成真正的药品——绝不仅仅是一种广谱抗病毒药这么简单。李说："我根本想象不到，病毒如何才能对这种药物产生耐药性。"

话题三
从未停息的
攻克癌症之战

　　癌症是人类长久以来希望攻克的疾病，通过不懈努力，虽然与过去相比我们对癌症的认识已经有了长足的进步，并找到了很多治疗癌症的方法，但是对于癌症，还有太多谜团等待着人们去解开。癌细胞源自何处？什么因素会诱发癌症？癌细胞是如何转移的？该如何搜寻癌细胞？人们正在努力寻找这些问题的答案，以期攻克更多癌症难关。而目前，人们已经能够通过早期癌症筛查来有效干预癌症。

最古老的
癌症世系

撰文 ｜ 蔡宙（Charles Q. Choi）
翻译 ｜ 王靓

癌症是一种由环境污染和不良饮食习惯引起的现代疾病吗？答案是否定的。英国研究人员对采自五大洲的狗类组织样本所做的脱氧核糖核酸（DNA）分析表明，肿瘤细胞并非这些狗与生俱来的，这些细胞的起源可以追溯至200～2,500年前。

一种通过交配传染的癌症，可以像寄生虫一样，通过肿瘤细胞在全世界的狗身上传播。英国伦敦大学学院的罗宾·韦斯（Robin Weiss）和他的同事们研究了可以在犬科中通过交配传染的肿瘤。这种恶性肿瘤是在家犬中发现的，也

犬科的性传播肿瘤是已知最古老的哺乳动物肿瘤世系

可能存在于灰狼或者丛林狼等家犬的近亲当中。他们对采自五大洲的狗类组织样本所做的DNA分析表明，肿瘤细胞并非这些狗与生俱来的。事实上，这些细胞的基因彼此之间几乎完全相同，而且这些细胞与原产于中国或西伯利亚的狼以及与它们有极近亲缘关系的狗身上的细胞很相似。根据这些细胞的累计突变次数来判断，它们的起源可以追溯至200～2,500年前，是已知的最古老的癌症世系。这将有助于了解肿瘤是如何躲避免疫系统，并存活下来的。相关论文刊登在2006年8月11日的《细胞》上。

体型越大越不易患癌？

撰文 ｜ 安妮·斯尼德（Annie Sneed）
翻译 ｜ 张文韬

为什么动物患上癌症的概率，与它们的体型并不成正比？科学家发现，原来这都是病毒惹的祸。

40多年前，理查德·皮托（Richard Peto）推测，假如所有的活细胞发生癌变的概率在理论上是相同的，那么体型较大的动物患癌症的概率，应该比体型较小的动物更高，因为它们拥有更多细胞，寿命也更长。

但当牛津大学的这位流行病学家试图证明他的猜想时，却发现自然界里的真实情况并不像他想象的那样。事实表明，所有哺乳动物患癌症的概率几乎是相等的，这就是"皮托悖论"。

研究人员提出了很多理论来解释皮托悖论。有人提出，小型动物体内的新陈代谢更快，产生的致癌自由基更多。也有观点认为，在进化过程中，大型动物获得了特别的抑癌基因。牛津大学的进化生物学家阿里斯·卡祖拉基斯（Aris Katzourakis）认为，大型哺乳动物可能已经进化出限制内源性逆转录病毒活动的机制，这能够部分解释皮托悖论。卡祖拉基斯及其同事提出的这一假说已经发表在2014年7月的《科学公共图书馆·病原体》上。

可以把基因整合到动物基因组的病毒称为内源性逆转录病毒，病毒基因整合到宿主基因组中后宿主体内细胞会发生癌变。这些病毒与动物一起进化了数百万年，虽然大部分已经丧失了活性，不过它们的基因也成了脊椎动物（包括你我）的基因组的一部分，大约占基因组的5%～10%。

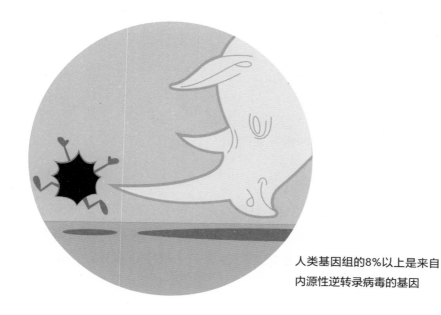

人类基因组的8%以上是来自
内源性逆转录病毒的基因

内源性病毒是如何成为致癌因子的？为了研究动物体型大小与体内内源性病毒数量的关系，卡祖拉基斯团队分析了生活在过去1,000万年中的38种哺乳动物体内的病毒数量。结果发现，动物体型越大，体内的内源性逆转录病毒越少。比如小鼠体内有3,331种，人体内有348种，而海豚体内只有55种。

这似乎说明，大型长寿动物会进化出一种保护机制，控制体内的病毒数量。"如果一种动物进化出了较大体型，那么这种动物也会同时获得更多的癌症耐受力。"皮托说（他没有参与这项研究）。卡祖拉基斯及其团队还没有完全搞清楚这种机制，不过他预言，像鲸或者大象这类动物，可能有更多数量或者更加有效的抗病毒基因，以限制病毒复制。对此，皮托评论说："（卡祖拉基斯团队的）研究结果是惊人的。"

不过，皮托悖论不能用单一机制来解释。大型动物可能进化出了多种方式避免患上癌症。加利福尼亚大学旧金山分校的肿瘤学家卡洛·梅利（Carlo Maley）表示："这是个好消息，意味着将来可能有更多预防癌症的方法。"

癌症等于
胚胎再发育？

撰文 | 克里斯廷·索尔斯（Christine Soares）
翻译 | 冯志华

很早以前就有人提出，癌症与胚胎发育之间存在某种形式的关联。美国科研人员分析了几十种不同组织中的肿瘤，结果表明，肿瘤细胞的生长与胚胎发育相似。但这类证据能否表明胚胎期基因表达程序正在驱动肿瘤生长尚待确认。

人们不把癌症视为单独一种疾病，而将它作为多种疾病的统称，其原因之一为，每种癌细胞发生功能紊乱的方式都不相同。在一个细胞中脱氧核糖核酸（DNA）发生的随机突变，使该细胞的行为开始出现异常。而随着其他突变越来越多，人们认识到，随机性会使不同患者体内的肿瘤各不相同，即使它们出现在同一种组织中。不过现在，越来越多的证据表明，肿瘤细胞疯狂行为的背后似乎存在一种共同规律，一些科学家由此认为需要对癌症的本质进行重新评估。

美国哈佛大学-麻省理工学院联合健康科学技术部的艾萨克·科恩（Isaac S. Kohane）分析了几十种不同组织中的肿瘤，他已经在这些肿瘤细胞中发现了一系列惊人而又让人熟悉的基因表达活性模式，这与胚胎及胎儿在不同发育时期逐步激活的程序性基因表达指令别无二致。当胚胎在子宫中发育时，有一整套基因在早期促进胚胎生长分裂，在晚期指导四肢和身体其他结构形成。任务完成后，这套基因在人的一生中通常保持沉默，但在肿瘤细胞中，这些被关闭的基因表达程序又被重新打开了。

控制胚胎发育的一些基因表达程序也可能促进了肿瘤的生长

科恩发现，用与肿瘤基因活性最相似的发育阶段来给肿瘤分类，能够揭示出关于这些肿瘤的一些预知信息。他举例说，在一类肺癌中，"肿瘤的恶性程度及患者的平均存活时间，与那些胚胎期基因标记的表达情况明显呈一定比例"。

在后续的一项大规模肿瘤研究中，科恩证明，这一规律对很多不同类型的癌症也同样适用。科恩选取了三十多种肿瘤和癌前病变组织，在把它们的基因活性与胚胎及胎儿发育的十个阶段进行对比后，他将相关疾病分成了三个大类。这些疾病均与这些肿瘤和病变组织有关，但它们看起来似乎截然不同。在这些肿瘤中，肺癌、结肠癌、T细胞淋巴瘤和某些甲状腺癌，显现出最早期胚胎发育阶段的一些特征，侵袭性较高的肿瘤看起来往往更像还没有分化的胚胎细胞。基因标记与妊娠晚期及新生儿发育期的基因表达模式相同的肿瘤，往往是生长速度比较缓慢的肿瘤，包括前列腺癌、卵巢癌、肾上腺癌和肝细胞不典型增生。第三类肿瘤属于混合型，这些肿瘤的基因表达特征与上述两种都有相似之处。

美国路德维格癌症研究所纽约分部主席、肿瘤研究先驱劳埃德·奥尔德

（Lloyd J. Old）评论说，胚胎与肿瘤之间的相似性"应该引起重视"。他解释说："这个现象之所以如此有趣，是因为很早之前就有人提出过，癌症与发育之间存在某种形式的关联。"例如，19世纪的病理学家约翰·比尔德（John Beard）就注意到，肿瘤与滋养层细胞具有相似性，后者是早期胚胎的一部分，最终会形成胎盘。奥尔德说："滋养层细胞侵入子宫时会侵袭并扩散，形成血管，还会抑制母亲的免疫系统——所有这些都和癌症的表现一模一样。"

奥尔德在自己的研究中发现，肿瘤细胞和生殖细胞中有共同的基因表达程序在发挥作用。癌-睾丸抗原（CT抗原）是他的免疫学研究对象之一，这组蛋白质基本上只能由肿瘤细胞和产生精子及卵子的种系细胞来合成。奥尔德说，CT抗原的特异性使它成为癌症疫苗及抗体药物的理想作用靶点；不仅如此，肿瘤组织中CT基因的激活也相当明显。"这些程序在你我还处在生殖细胞阶段的时候曾经启动过。"他解释道。看到这些原始基因表达程序在肿瘤细胞中被再次激活，奥尔德给癌症起了一个外号——"体细胞妊娠"。

癌细胞把本该沉默的程序重新打开，这一事实提示奥尔德，随机性并非癌症最重要的特征。他表示，这是一种完全不同的思考方式，一个发生突变的细胞在寻找能够帮助自己繁衍兴盛的基因，结果发现，发育基因当中就有这样的基因。他认为，癌症的种种特性"是基因表达程序的'运算结果'，而不是达尔文式优胜劣汰的竞争胜利者"。

阻止肿瘤发育

越来越多的证据表明，肿瘤细胞的生长与扩散是通过重启一系列基因表达程序实现的。在正常情况下，这些程序在胚胎和胎儿发育时期才处于开启状态。如果这一观点正确，那么利用基因沉默疗法阻断这些程序，也许能够让肿瘤丧失它的致命特性。艾萨克·科恩根据胚胎及胎儿的不同发育阶段，将癌症分为三种类型。他谨慎地建议，如果某种药物对某类癌症中的一种具有明显疗效，那么我们或许应该测试一下，这种药对此类癌症中的其他癌症具有何种疗效。

然而，上述两种关于恶性肿瘤的观点并非针锋相对。美国麻省理工学院的罗伯特·温伯格（Robert A. Weinberg）说："累积随机突变和重启基因表达程序并不是相互对立的关系。"他指出，发育程序的激活有可能是突变所致。温伯格在2008年证明，与保持胚胎干细胞特性相关的基因活性，也是未分化程度与侵袭程度最高的肿瘤的共同特征。他谨慎地表示，这类证据能否表明胚胎期程序正在驱动肿瘤生长尚待确认。"这是一个有趣的概念，但在目前这个阶段，这种观点还显得过于冒进。你当然可以夸夸其谈，赋予癌症各式各样的人类特质，然后推测这将为癌症治疗打开新的思路。但最终决定成败的，仍然是细节。"温伯格说。

唐氏综合征
抗癌

撰文 | 蔡宙 (Charles Q. Choi)
翻译 | 刘旸

唐氏综合征，又称先天愚型，是一种常染色体畸变所导致的出生缺陷类疾病。不过，与正常人相比多一条21号染色体的唐氏综合征患者，可能也因此获得了更多剂量的癌症预防基因。

唐氏综合征患者几乎从来不会长肿瘤，这一现象一直困扰着医学界。由于患者基因组与正常人相比多了一条21号染色体，科学家猜测，患者可能也因此获得了更多剂量的癌症预防基因。美国波士顿儿童医院的研究人员及其同行经过研究发现，向人类或小鼠细胞中引入额外一个拷贝的DSCR1基因，癌细胞扩散即可受到抑制。这个基因恰恰位于21号染色体，是该染色体上第231个基因。该基因的正常功能是，通过阻碍钙调磷酸酶的活性来抑制血管生成。没有血管提供营养，癌细胞的扩散就会被抑制。这一发现可能为未来的癌症药物提供新的靶标。这些研究人员补充说，定位在21号染色体上的血管生成抑制基因可能多达4~5个。这一发现于2009年5月20日在《自然》网站上被公布。

唐氏综合征患者多出来的染色体，是胚胎发育期间细胞分裂异常所致。美国塔夫茨大学医疗中心的研究人员分析

意外保护：唐氏综合征患者很少患癌症

了患儿胚胎周围的羊水，发现胎儿可能承受了氧化应激。这类反应对胎儿细胞，尤其对神经和心脏组织非常有害。可惜的是，这个标志性迹象出现在妊娠中期（怀孕的中间三个月），而唐氏综合征的各种异常，包括神经系统缺陷，实际上从妊娠初期（怀孕的前三个月）就开始了。等到从羊水中检测出异常再施用抗氧化剂，恐怕已经于事无补了。不过，这个研究小组仍于2009年6月9日在美国的《国家科学院学报》上撰文指出，妊娠中期使用抗氧化剂仍有可能避免某些我们尚未发现的唐氏综合征症状。

氧化应激

氧化应激指机体在遭受各种有害刺激时，体内高活性分子（如活性氧自由基和活性氮自由基）产生过多，从而导致组织损伤。氧化应激是自由基在体内产生的一种负面作用，并被认为是导致衰老和疾病的一个重要因素。

胆固醇
会诱发乳腺癌？

撰文 | **梅琳达·温纳·莫耶**（Melinda Wenner Moyer）
翻译 | **赵瑾**

胆固醇的一种常见降解产物可能会刺激乳腺癌细胞的生长，由此人们可以寻找相应的药物来控制某些乳腺癌的发展。

长久以来，科学家一直想搞清楚，为什么心脏病患病风险较高的妇女，乳腺癌的发病率也较高。新的研究显示，人体内高水平的胆固醇可能是乳腺癌的重要诱因。

大多数妇女患上乳腺癌都与雌激素有关。这种激素会与肿瘤中的雌激素受体结合，刺激肿瘤细胞生长。但是，美国得克萨斯大学西南医学中心的儿科医生兼生物学家菲利普·沙乌尔（Philip Shaul）及其同事发现，胆固醇的一种常见降解产物也能激活雌激素受体。他们认为这一发现可能有重大意义，于是与美国杜克大学的癌症生物学家唐纳德·麦克唐奈（Donald McDonnell）合作，并于2008年证实，一种名为27HC的胆固醇降解产物能够刺激人体乳腺癌细胞的生长。

在此基础上，沙乌尔和麦克唐奈分别在研究中发现，小鼠实验中向小鼠体内植入的、具有雌激素受体的人乳腺肿瘤，会受到27HC的刺激而生长（两人的文章分别发表于2013年11月的《细胞报道》和《科学》上）。沙乌尔发现，在他所在的医院中，乳腺癌患者的健康乳腺组织中的27HC水平是健康妇女乳腺组织中的3倍，而乳腺癌患者肿瘤细胞中的27HC水平则是其健康乳腺组织中

的2.3倍。此外，肿瘤中27HC降解酶含量较低的癌症病人，其存活率也较低。麦克唐奈的研究小组则发现，如果给小鼠喂食高胆固醇或高脂肪饲料，那么这些小鼠的乳腺癌发病率也比食用正常饲料的小鼠高。葡萄牙里斯本分子医学研究所的生物学家塞尔吉奥·迪亚斯（Sérgio Dias）认为，这两篇论文使27HC成了乳腺癌研究的热点。

然而，沙乌尔的研究并没有发现，人体肿瘤内的27HC水平与血液中的胆固醇水平之间是否存在必然联系，因此科学家还不清楚血液中的胆固醇水平与乳腺癌的发生有什么样的关系。沙乌尔说："在那些胆固醇水平较高的妇女中，可能有部分人患乳腺癌的风险会因此增加。"

这些发现可能具有重要意义。一项研究已经证实，降低胆固醇的他汀类药物可以控制某些乳腺癌的发展。而且，在雌激素导致的乳腺癌中，雌激素抑制剂对于30%～65%的患者无效。沙乌尔认为，这表明有其他因素导致了某些妇女患上乳腺癌。

癌细胞
转移的秘密通道

撰文 | 克里斯廷·索尔斯（Christine Soares）
翻译 | 冯志华

　　癌细胞的扩散似乎更偏爱某些器官，如肺和肝脏。研究表明，癌细胞会被受伤或发炎的组织所吸引，到新的部位安家落户。如果我们能够阻断由这些适于癌细胞生长的环境发出的信号，就能减少肿瘤转移。

　　伦敦的一位外科医生——约翰·佩吉特（John Paget），一直致力于探索肿瘤转移。1889年，他在《柳叶刀》上发出这样的疑问："到底是什么因素决定了何种器官将蒙受癌细胞扩散之苦呢？"他推测，癌细胞扩散至身体各个部位的机会是均等的，但转移性集落（癌细胞扩散到其他组织上建立的"根据地"）似乎更偏爱某些特定器官，如肺和肝脏。佩吉特设想，恶性细胞的转移或许如同植物种子那样，可以随风飘至各处，但"只有落在适宜的土壤中，才能生根发芽"。

　　直到今天，科学家们仍在孜孜以求，试图理解到底是"种子"的特质，还是"土壤"的属性，决定了扩散中的肿瘤将在何处落地生根。越来越多的证据表明，二者都发挥了重要作用。近年来，日本的研究人员为该理论补充了一些有趣的细节。在研究中，他们揭示了远处的癌细胞与将来出现在肺中的转移位点发生相互作用的过程，以及它们之间是如何通过一个与病原体免疫应答有关的信号传输机制相互沟通的。按照东京女子医科大学的资深研究人员丸义朗（Yoshiro Maru）的说法，这条信号通路也许还能提供一条线索，可以解释为什么一些特定的器官看起来更容易受到癌症转移的影响。丸义朗解释说："肺

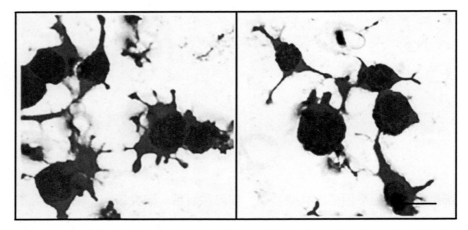

S100蛋白的召唤作用：小鼠肺部产生的这些蛋白刺激癌细胞产生伪足（左图），从而为癌细胞的迁移做好准备。当这种蛋白不存在时，人工培养的细胞仍然保持原状（右图）

部对微生物很敏感，它是我们人体的第一道防线。因此，任何刺激，如癌细胞的出现，都可能被负责宿主防御机制的器官识别。这就是我们的猜想。"

丸义朗和他的同事将黑色素瘤或肺癌细胞注入健康小鼠的背部，结果发现，在这些恶性细胞转移到小鼠肺部之前很久，癌细胞分泌的炎性物质就在肺部引发了一种应答。这种应答由名叫巨噬细胞的局部免疫细胞和肺部的内皮细胞发起，会导致S100蛋白家族中一些成员（特别是S100A8和S100A9）的产生。按照丸义朗的说法，这些蛋白会向更多的巨噬细胞发出信号，让它们蜂拥而至；而后，这些细胞又开始释放S100蛋白。最终，癌细胞会在肺部被S100蛋白"标记"的位点上落地生根，形成集落。

丸义朗的研究小组发现，除了会在肺部的这些位点上标上记号以外，S100蛋白（或者它们引发的一些次级化学信号）似乎还会召唤恶性细胞。将人工培养的癌细胞暴露在含有S100蛋白的肺血清中，甚至能够激发癌细胞形成侵袭伪足（帮助癌细胞侵袭组织的一种特殊的足突状细胞结构），为癌细胞的转移做好准备。在活体小鼠体内中和S100蛋白，能够极大地减少癌细胞注射形成的转移灶的数量。

肺中产生的S100蛋白能够吸引远处的巨噬细胞和癌细胞，这一现象表明，正常的免疫应答可能在不经意间激发了肿瘤的转移。丸义朗指出："把癌细胞注射到小鼠背部时，别处的巨噬细胞也会迁移到肺部。为什么会出现这种情况，我们还无法理解。"

若干研究已经表明，癌细胞会被受伤或发炎的组织所吸引。也许正是损伤部位向组织修复系统发出的求助信号，引导癌细胞抵达受伤部位。例如，美国纽约市韦尔·康奈尔医学院的戴维·莱登（David Lyden）和沙欣·拉菲（Shahin Rafii）已经证明，来自骨髓的血管祖细胞会在将来出现在肺部或其他器官中的肿瘤转移位点安家落户，如同先遣部队一样，为癌细胞提前营造一个舒适的小环境。只有让那些祖细胞不受信号分子的影响，或者将它们从骨髓中全部移出，才能防止肿瘤的转移。

针对丸义朗研究小组的工作，莱登和拉菲在《自然·细胞生物学》上发表了一篇评论。他们指出，从总体上来看，这些结果"建立了一个新的概念，那就是肿瘤转移的可能性也许不仅仅依赖于癌细胞的肿瘤扩散能力，还依赖于每个特定器官中能够接受转移细胞的'热点'"。拉菲相信，如果我们能够识别更多不同器官的"热点"发出的精确信号，并将它们及时阻断，那么对肿瘤来说，这些"土壤"可能就不再是"安乐窝"了。

特定的信号传递

研究人员已经发现，小鼠的骨髓细胞能够迁移到之后出现的转移位点，但这些位点所在的位置取决于注入小鼠体内的不同的癌细胞类型。如果注射的是肺癌细胞，则骨髓细胞主要迁移至肺部和肝脏；如果注射的是黑色素瘤细胞，则骨髓细胞会扩散到多个器官。这与人体中这些癌症转移的经典路线如出一辙。

不论在哪种肿瘤的刺激下，S100蛋白都产生于肺部，而非其他器官。结合这一发现，一些研究者认为，不同类型癌症激发的信号可能刺激不同组织产生特定应答。这些相互作用的信号也许可以解释，为什么大多数转移性癌症似乎更偏爱某些特定的器官。例如，结肠癌扩散时，转移至肝脏的可能性高达95%。

癌细胞成群迁移
导致肿瘤转移

撰文 | 薇薇安·卡利尔（Viviane Callier）
翻译 | 张文韬

研究人员发现，大部分继发肿瘤是由癌细胞成群迁移而诱发的，而且迁移的癌细胞群都有同样的分子特征，这一发现有助于人们针对转移性癌细胞制定治疗方案。

绝大多数癌症病人死亡的原因是肿瘤转移——如果癌细胞从原发肿瘤中迁移到其他部位，病情就会恶化。研究人员原本认为，继发肿瘤是由来自原发肿瘤的单个细胞诱发的，但是一项新研究表明，与预料的恰好相反，大部分继发肿瘤是由一群癌细胞脱离原发肿瘤，顺着血管转移而诱发的。在转移过程中，癌细胞之间通过细胞通信产生特殊蛋白质，这些蛋白质可作为药物靶点，或作为检验肿瘤转移的生物标记物。

为了确定继发肿瘤的形成机制，约翰斯·霍普金斯大学的癌症生物学家安德鲁·埃瓦尔德（Andrew Ewald）及其团队向小鼠乳腺注射多色的癌细胞混合物。如果小鼠体内其他位置的肿瘤是由单个癌细胞诱发的，那在显微镜下，每个肿瘤只会显示一种颜色；反之，肿瘤就会是彩色的。结果，研究小组发现小鼠体内95%的肿瘤是彩色的，这意味着这些肿瘤是由多个细胞诱发的（下页图为肺部继发瘤）。

在第二个实验中，研究人员对一个培养皿中几百个彼此不接触的癌细胞进行了观察，结果这些癌细胞几乎全部死掉。相反，另一个培养皿中的癌细胞集合成群，尽管"种子"很少，但是很快就在培养皿中形成了更多的癌细胞。

"癌细胞数量相当的情况下，与在癌细胞分散的培养皿中相比，在癌细胞聚集的培养皿中形成继发肿瘤的效率要高百倍以上。"埃瓦尔德说。这一研究的相关论文于2016年2月发表在美国的《国家科学院学报》上。

科学家仍不完全清楚，为什么癌细胞群能更有效地存活和转移。哈佛大学医学院的癌症细胞生物学家琼·布鲁格（Joan Brugge，未参与上述研究）解释说，可能在血管中或长距离迁移时癌细胞群可以通过细胞间合作，比如交换信号分子，来保护细胞免于死亡。

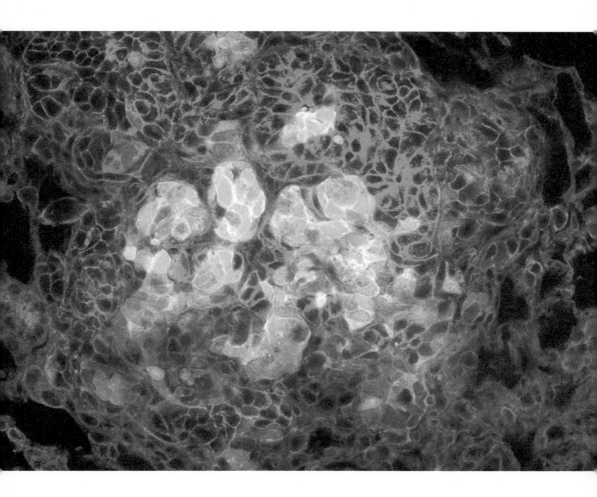

埃瓦尔德的团队还发现，迁移的癌细胞群都有同样的分子特征——几乎所有细胞都分泌角蛋白14。"这一发现将有助于人们针对所有转移性细胞确立治疗方法。"埃瓦尔德说。现有的癌症标准疗法只针对快速增殖的癌细胞，不针对正在转移的癌细胞，而新思路将有助于消灭在身体中迁移的癌细胞（这种具有侵入性的癌细胞很可能引发继发肿瘤），无论它们是否正在增殖。

利用外泌体
搜寻癌细胞

撰文 | 威廉·弗格森（William Ferguson）
翻译 | 王栋

一项前景诱人的新技术或许能带来更快速、精确、安全的癌症诊断方法，帮助医生确定肿瘤特性，并制定相应的治疗方案。

细胞排出的脂肪颗粒中包含的核糖核酸（RNA）碎片，或许能为我们指出一条通往癌症诊断新时代的道路，以减少侵入式检测。

由癌细胞排出的、被称为"外泌体"的脂肪颗粒（其中含有蛋白质和RNA碎片）会扩散到脑脊液、血液和尿液中。在外泌体中，含有可供科学家进行分析、可确定癌细胞分子组成和发展阶段的基因信息。2008年，美国麻省总医院

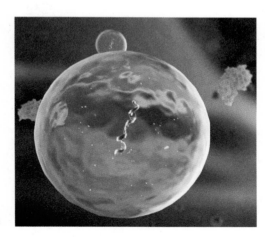

外泌体

的研究人员就发现了这一点，但科学家一直没有利用这一发现来检测癌症。

"这的确是一个新方案。"美国哈佛大学医学院的神经科学家弗雷德·霍赫贝格（Fred Hochberg）评论说。他参与的一项临床研究，就是利用外泌体，来识别神经胶质瘤（一种最常见的脑部恶性肿瘤）中的基因突变。霍赫贝格和同事在2013年4月于波士顿举行的研讨会上，发表了这项由美国18所医院参与的实验性研究的初步结果。

在多种癌症的治疗过程中，外科医生需要通过对肿瘤进行活组织检查，来诊断并监控疾病的发展阶段。然而，对神经胶质瘤这类脑部恶性肿瘤来说，多次活组织检查可能危及患者生命。上述研究的首席科学家、美国加利福尼亚大学圣迭戈分校医学中心的神经外科主任鲍勃·卡特（Bob Carter）介绍说，研究人员首先使用检测工具，将外泌体从体液中分离出来，然后再从中提取出相关的基因信息。一旦特定的癌症突变被识别出来，临床医生将定期抽取更多的体液来监控突变程度，并确定治疗方案对患者是否有效。

"目前，我们正在确定这种测试的灵敏度和特异性。"卡特说。外泌体诊断法还能与现有的一些诊断方法结合使用，例如对前列腺癌的前列腺特异性抗原（PSA）检测，这种联合测试能帮助医生确定肿瘤的特性，并安排相应的有效治疗方案。"如果患者的PSA检测值较高，同时还带有在外泌体中呈阳性的生物标记，那么这个测试的可靠性就很高了。"美国国家癌症研究所癌症生物标记研究组组长苏迪尔·斯里瓦斯塔瓦（Sudhir Srivastava）说。

早期诊断
遏制胰腺癌

撰文 ｜ 梅琳达·温纳·莫耶（Melinda Wenner Moyer）
翻译 ｜ 致桦

主流观点认为，胰腺癌生长速度太快 —— 一旦被确诊为胰腺癌，患者只有5%的机会能再活5年。一项新研究显示，患者在被确诊为这种疾病时，其体内的第一次致癌突变已经发生了至少15年，只要能做到早期诊断，医生就有大把的时间加以干预。

胰腺癌确诊患者只有5%的机会能再活5年。科学家花了很大力气去尝试了解这种疾病会有如此悲惨预后的原因。一项新研究显示，患者5年生存率较低的部分原因在于，在患者被确诊为这种疾病时，其体内的第一次致癌突变已经发生了至少15年。此时肿瘤已经转移，具有高度的侵袭性。这些发现提示，在胰腺癌变得致命之前，医生可以有大把的时间加以干预。科学家在胰腺癌的早期诊断方面已取得了一些激动人心的进展，一旦将这些成果成功应用到临床，通过手术和化疗，医生就可以成功清除掉患者体内的病灶。

预后

预后指预测疾病的可能病程和结局，既包括判断疾病的特定后果（如康复，某种症状、体征和并发症等其他异常情况的出现或消失，以及死亡），也包括提供时间线索（如预测某段时间内发生某种结局的可能性）。预后主要针对患者群体预测疾病可能性，而非针对个人。

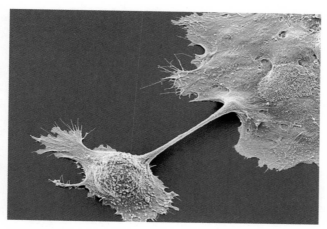

胰腺癌细胞

这项研究发表在《自然》上，美国约翰斯·霍普金斯大学的科学家为7名死于晚期胰腺癌的患者进行了基因组测序。他们体内的肿瘤细胞包含了不同的突变类型。科学家由此追根溯源，沿着肿瘤细胞演化的时间线，利用数学模型构建出某种"家族突变树"。这些模型表明，在致癌突变首次出现10年后，体内开始出现癌细胞；再过5年，癌细胞才开始扩散，并变得致命。这项研究的合作者、约翰斯·霍普金斯大学的病理学家兼肿瘤学家克里斯廷·亚科布齐奥-多纳休（Christine A. Iacobuzio-Donahue）表示，主流观点认为胰腺癌的侵袭性太强，生长速度太快，对该病进行筛查不可能有什么效果，而这些发现对这种主流观点提出了质疑。

科学家研发的胰腺癌筛查技术已接近实际应用阶段。2010年2月，美国加利福尼亚大学洛杉矶分校的研究者比较了60名可治疗胰腺癌患者和30名未患癌症者的唾液，从中鉴定出4种核糖核酸（RNA）分子。这4种分子结合在一起鉴别癌症的正确率可达90%。2009年3月，美国西北大学的研究者在《疾病标志物》上撰文宣称，他们研发出一种光学技术，可识别出胰腺癌细胞所处的不同分期，敏感性高达95%。这项技术借助光的散射特性，利用内窥镜微创手术来侦测十二指肠（小肠的一部分，毗邻胰腺）细胞的改变。

　　尽管这些技术尚未付诸商业化应用，但英国剑桥大学癌症研究所的肿瘤学家戴维·图弗森（David Tuveson）说，基于光学手段对血液或唾液进行分析的早期诊断方法"在未来将取得长足的进步"。他指出，医生可考虑使用一些技术，如计算机体层摄影（CT）和磁共振成像（MRI），对有家族病史因而患病风险较高的人进行筛查。"回想2009年1月，美国最高法院大法官露丝·巴德·金斯伯格（Ruth Bader Ginsburg）接受了一次CT扫描，结果发现胰腺处有一块小肿瘤。"图弗森举例说。一个月后，医生成功切除了这块肿瘤，令她重获健康。

用于白血病治疗的
特殊饮食法

撰文 | 卡伦·温特劳布（Karen Weintraub）
翻译 | 张文韬

如果在骨髓移植前，不让白血病病人通过饮食摄取缬氨酸，也许可以让他们免受化疗或放疗的痛苦。

也许有一天，白血病治疗方案中会多出一条"特殊食谱"。研究人员已经发现，一种人体必需的氨基酸在形成造血干细胞的过程中能发挥重要作用，以此开发的治疗手段有可能替代传统的化疗和放疗。

缬氨酸是对生命体至关重要的几种氨基酸之一。这几种氨基酸能组成蛋白质，但是人体不能合成这些氨基酸，只能从富含蛋白质的食物，比如肉类、奶

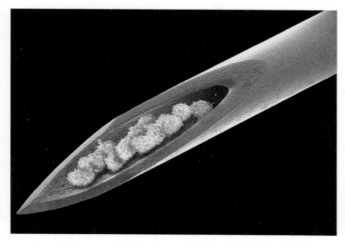

2014年，美国大约有2万名患者接受了骨髓移植或者脐带血移植

制品和豆类中获取。缬氨酸不但参与新陈代谢和组织修复，而且似乎对造血干细胞的形成也非常关键。东京大学和斯坦福大学的研究人员在《科学》上发表论文指出，如果培养皿中没有加入缬氨酸，人类的造血干细胞就不能增殖。如果在出生的2～4周内，小鼠的饮食中都缺乏缬氨酸，它们就不能生成新的红细胞和白细胞。

根据以上结果，论文的通讯作者中内启光（Hiromitsu Nakauchi）及其同事设想，如果在骨髓移植前，不让白血病病人通过饮食摄取缬氨酸，也许可以让他们免受化疗或放疗的痛苦。化疗和放疗通过破坏引起癌症的造血干细胞，让移植物顺利进入身体，但同时也会对身体造成损害。在后续实验中，中内启光等人通过限制小鼠的缬氨酸摄入，在没有进行放疗或化疗的情况下，成功对它们实施了骨髓移植。不过，4周后，大约有一半的小鼠死于缬氨酸缺乏。

中内启光表示，人类到底能承受多久的无缬氨酸饮食（有可能通过静脉注射补充），还需要通过更多研究来确定。不过，美国斯托尔斯医学研究所的干细胞生物学家李凌衡（Linheng Li，未参与以上研究）指出，如果无缬氨酸饮食法对人类有效，那么一些特殊的、不适宜接受化疗或放疗的患者，比如孕妇、血细胞计数低于正常值者，也能接受骨髓移植了。不过，李凌衡认为，饮食疗法可能需要和其他疗法，比如使用小剂量的化疗、放疗相结合才能起效。

让某些白血病患者吃不含缬氨酸的食品，还有可能第一时间消灭引起癌症的细胞。中内启光说："如果这种简单且有害程度相对较低的疗法能用于白血病治疗，那就太好了！"

话题四

守护心脑的
医疗新进展

　　大脑、心脏是人类重要的生命器官。大脑，让我们能够思考，能够按照意愿行动；心脏，为我们身体的各个器官提供血液。但随着人们生活方式的改变，心脑血管疾病逐渐成为严重威胁人类，特别是中老年人健康的疾病。医学的进步让更多人在大脑和心脏出现问题时保住了生命，但是进一步的治疗和正常生活的恢复往往面临着挑战。为此，人们尝试了多种新的治疗方法，希望能为病人带来新的希望。

阿尔茨海默病
源于唐氏综合征？

撰文 | 莉萨·马歇尔（Lisa Marshall）
翻译 | 赵瑾

阿尔茨海默病和唐氏综合征的病征相似，这两种疾病之间到底有什么关联？科学家试图通过研究这一问题，更深入地了解阿尔茨海默病的致病机理。

阿尔茨海默病会不会是获得性的唐氏综合征呢？当神经生物学家亨廷顿·波特（Huntington Potter）在1991年首次提出这个问题时，研究阿尔茨海默病的科学家对此持怀疑态度。当时，他们才刚刚开始研究这种让人丧失记忆的神经疾病，对其成因了解还很少。科学家知道，患有唐氏综合征（即细胞中多出一条21号染色体）的病人在40岁之前，脑内都会充满β-淀粉样蛋白，形成抑制神经元活动的淀粉样斑块，而这正是阿尔茨海默病的标志性病征。科学家还知道，编码淀粉样蛋白的基因就位于21号染色体，正是这种蛋白的过量表达，使病人产生更多的淀粉样斑块。然而，波特表示，如果唐氏综合征患者是因为这条多出的21号染色体而患上阿尔茨海默病的话，那么健康人也可能因为同样的原因而患上阿尔茨海默病。如今，支持这一观点的证据越来越多。

"我们在20世纪90年代提出的假说认为，人一旦患上阿尔茨海默病，在分子层面上身体就会开始发生变化，产生具有3条21号染色体的细胞。"波特说。2014年他担任美国科罗拉多大学医学院阿尔茨海默病研究室主任，专门从唐氏综合征的视角来研究阿尔茨海默病。

现在，波特已不再是唯一从事阿尔茨海默病和唐氏综合征关联性研究的科学家了。近年来的多项研究都显示，阿尔茨海默病患者的体内存在着很多病变

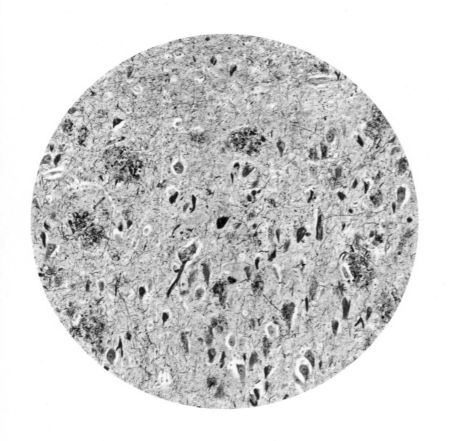

细胞，就像唐氏综合征患者一样。2009年，一项来自俄罗斯的研究发现，在阿尔茨海默病患者的大脑中，高达15%的神经元多了一条21号染色体。还有研究显示，在阿尔茨海默病患者体内，具有多余21号染色体的皮肤和血液细胞，其数量是健康人的1.5～2倍。波特通过小鼠实验发现，阿尔茨海默病的致病过程中存在一个恶性循环：一旦正常细胞接触到β-淀粉样蛋白，它们在分裂时就更容易发生错误，产生更多具有3条21号染色体的细胞，从而又形成更多的淀粉样斑块。2014年8月，波特的研究小组在《衰老神经生物学》上发表了一篇论文，他们提出，细胞发生病变的原因是一种酶的活性受到了抑制。

此外，美国肯塔基大学的研究人员也从2009年开始，收集多名唐氏综合征患者的大脑扫描图像、血液检查报告和生活方式调查数据。他们希望通过分析、研究这些数据，弄清楚为何所有唐氏综合征患者都有淀粉样斑块，但只有

60%～80%的患者会发展成阿尔茨海默病。

美国国立卫生研究院的负责人弗朗西斯·科林斯（Francis Collins）表示，他对阿尔茨海默病和唐氏综合征的关联研究很感兴趣。2013年，美国阿尔茨海默病协会与琳达 - 克林克唐氏综合征研究所联合募集了一批资金，用于研究这两种疾病之间的联系。

美国阿尔茨海默病协会的科学项目负责人迪安·哈特利（Dean Hartley）说：“一般来说，通过研究这些肯定会显现阿尔茨海默病病理特征的人群（即唐氏综合征患者），科学家可以更深入、更有效地了解阿尔茨海默病。”同时，他和其他研究人员都认为，现在就断定阿尔茨海默病是唐氏综合征的一种表现形式，还为时过早。哈特利说：“像这样的新观点，对我们的研究非常有利，可以帮助我们更好地了解阿尔茨海默病的致病机理。”

脑卒中
或将可治

撰文 ｜ 刘洋

一种含量很低的免疫调节性T细胞可以起到保护大脑的作用，为人类最终战胜脑卒中带来希望。

2013年4月8日，英国前首相玛格丽特·撒切尔（Margaret Thatcher，通称撒切尔夫人）在又一次发生脑卒中后安然离世。有"铁娘子"之称的撒切尔夫人，是20世纪70年代以来英国政坛最耀眼的明星，但脑卒中却让她的晚景颇为凄凉：她在金婚纪念日首次发生脑卒中，随后宣布退出一切社交活动，即便来到下议院也不再发表演讲；脑卒中还严重损害了她的记忆力，她甚至无法记起刚刚读过的文字，对她而言，阅读"已经毫无意义"。

撒切尔夫人在发生脑卒中后的境况是很多人晚年生活的写照。现在，全球每年有460万人因脑卒中去世，其中在中国每年这样的死亡病例就有150万例。缺血性脑损伤还会激活包括淋巴细胞和中性粒细胞在内的免疫炎症细胞，释放大量有害物质，损伤血脑屏障并加重后脑损伤，进而引起偏瘫和失语等后遗症。

目前，临床治疗急性脑卒中唯一有效的方法是，在发病后4.5小时的最佳治疗时间内，使用药物"r-tPA（重组组织型纤溶酶原激活剂）"进行溶栓治疗。但这种方法对时间要求非常严格，中国仅有不足1%的脑卒中患者可以获益于此。"即便在美国，也只有3%的患者能受益于这种治疗手段。"复旦大学医学神经生物学国家重点实验室的副教授高艳琴在接受《环球科学》记者采访时这样说。

高艳琴是复旦大学"脑损伤研究海外创新团队"中的一员。2013年，这个研究团队发现，一种特殊的调节性T细胞，可有效治疗脑卒中引起的脑损伤和神经系统功能障碍，这为人类更有效地治疗脑卒中带来了希望。免疫调节性T细胞在人体内的数量虽然十分有限，但它们却是免疫系统的忠实"卫士"：一旦它们发现免疫细胞被过度激活，就会使出浑身解数抑制有害物质的释放。

这一特质最终为该研究团队所利用。他们发现，在脑损伤后，一种由免疫细胞释放的、平时含量很低的有害物质"基质金属蛋白酶 - 9"，会促使中性粒细胞大量产生。这种物质会通过血液循环进入病灶，破坏血脑屏障，加重脑损伤。

研究人员随后尝试运用异体免疫细胞移植方法治疗脑卒中。他们逐渐增加实验动物体内调节性T细胞的数量，当浓度增加到10倍以上时，奇迹发生了：实验动物后脑损伤症状明显减轻，神经系统功能障碍也显著减缓。该研究进一步证实，调节性T细胞可以通过抑制中性粒细胞释放"基质金属蛋白酶 - 9"，起到保护大脑的作用。

研究人员同时发现，调节性T细胞治疗法如果与"r-tPA"联合使用，可以更有效地减少溶栓导致的脑出血并发症。即便在脑卒中发生24小时后，这一方法依然可以产生明显的治疗效果。"接下来，我们会努力将研究方向从异体转向自体（也就是不再采用细胞移植法，而是增加实验动物体内的调节性T细胞数量），"高艳琴表示，"我们还将逐渐开展人体实验，但这样的机会并不常有。"

脑卒中新疗法：
健侧帮助患侧

撰文 | 丽贝卡·哈林顿（Rebecca Harrington）
翻译 | 张文韬

研究人员发现，把脑卒中患者大脑的健侧与患侧同时作为治疗对象，受损的脑组织将恢复得更快。根据这一结论，研究人员准备尝试新的治疗方法，希望以此提高患者的治愈速度。

新的医学研究表明，应同时针对大脑的患侧和健侧治疗脑卒中。医生们逐渐意识到，把患者大脑的健侧与患侧作为同样重要的治疗对象，受损的脑组织将恢复得更快。

近年来，研究人员发现脑卒中患者大脑的健侧会变得更活跃，甚至可以帮助患侧半球康复。在某些情况下，健侧可以分泌出蛋白，诱导修复受损神经元，引发新血管形成。大脑甚至可以将健侧神经元扩展到患侧，使患侧恢复功能。

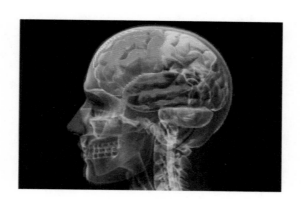

当前，脑卒中治疗的策略主要是针对受损的组织。斯坦福大学的神经科学家加里·斯坦伯格（Gary Steinberg）说："每个人都认为，大脑健侧是正常的——为什么要去管它呢？"

但是越来越多证据表明，在脑卒中患者的康复过程中，健侧可以自发地起作用。目前，医生正在研究，如何根据这一结论采取新的治疗措施，提升治疗效果。美国佐治亚州瑞金斯大学的阿德维耶·埃尔古尔（Adviye Ergul）和佐治亚大学的苏珊·费根（Susan Fagan）已经研究出了一种药物，能激活未受损组织的受体，触发下游通路，减少患侧的炎症反应，帮助神经元和血管生长。试验显示，这种药物能提高脑卒中小鼠的治愈速度，相关结果发表在《高血压杂志》上。埃尔古尔和费根表示，该疗法有望在几年内应用于人类。

神经干细胞
走向临床

撰文 | **蔡宙（Charles Q. Choi）**
翻译 | **冯志华**

英国ReNeuron公司将经过改造的c-myc基因插入人类胎儿脑组织，培养出了用于治疗脑卒中的干细胞。该疗法的动物试验已经成功。为启动临床试验，ReNeuron公司向美国食品和药物管理局提交了申请。

英国吉尔福德的干细胞公司ReNeuron于2006年12月向美国食品和药物管理局提交了一份临床试验申请。获得批准后，世界上首次针对主要脑功能障碍和慢性期脑卒中的干细胞疗法临床试验将启动。这表明，干细胞疗法不仅在数量上增长迅速，人们用干细胞治愈疾病的信心也越来越强。

慢性期脑卒中患者会长期忍受身体虚弱的痛苦。这种疾病令全世界2,500万人在痛苦中挣扎，而且由于人口老龄化问题日益严重，新发病例还在以每年7%的速度增长。该病已经成为发达国家中导致成人残疾的首要原因。美国加利福尼亚大学圣迭戈分校的神经生物学家贾斯廷·齐温（Justin Zivin）表示："人们在慢性期脑卒中治疗上几乎无计可施，目前的方法都只能治标，而不能治本。"

干细胞具有再分化为身体各个器官的潜能。此前对动物进行的脑卒中研究表明，注射入大脑或血管内的干细胞，就如同接收到受损细胞的求援信号一样，可迁移至受损部位。ReNeuron公司的合伙创始人兼首席科学家约翰·辛登（John Sinden）解释说，发生这种迁移的原因在于，受损细胞启动了修复机制，这一机制与胚胎发育过程中触发的某些机制十分相似，而干细胞恰好在后

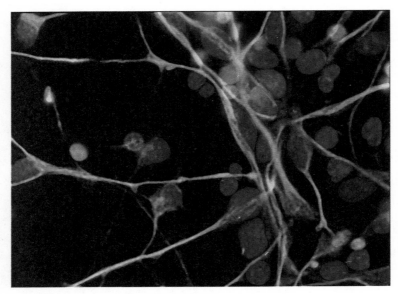

正在培养的神经干细胞（蓝色为细胞核）已经分化，并产生了名为β3-微管蛋白（红色）的黏性蛋白。利用这类细胞进行的治疗研究，正大步走向临床试验阶段

者中扮演着关键角色。

对于干细胞，人们的主要顾虑在于，它们能否在实验室环境下稳定地分裂增长。ReNeuron公司的科学家利用基因工程技术，使干细胞携带了一种经过改造的c-myc基因。当其他防止染色体出现异常的基因处于激活状态时，c-myc基因就能促进细胞分裂，得到大量稳定的细胞系。科学家可以通过引入或去除一种人工合成的化合物，来打开或关闭c-myc基因。

ReNeuron公司的科学家从一个美国细胞库中得到了人类胎儿脑组织，并把改造过的c-myc基因插入这些组织，培养出了用于治疗脑损伤的细胞。他们对120株神经干细胞系进行了筛选，在实验室中检测了它们的稳定性和活性，在动物体内检测了它们引发的免疫排斥反应，挑出最稳定、最有活性、排斥反应最小的细胞系。他们最终选定了两株最具潜力的细胞系，分别是ReN001和ReN005。ReNeuron公司的科学家利用前一株对付脑卒中，用后一株治疗亨廷顿病，不过，该技术尚处于研究阶段。

动物试验研究表明，ReN001可以显著改善脑卒中小鼠的感觉和运动功能。辛登解释说，干细胞似乎并没有取代脑卒中过程中损失的大量脑细胞，而很可能是释放出一些化学物质，激活了修复机制，进而导致血管和脑细胞重新形成。

I期临床试验的目的在于检测这种疗法的安全性，并对它的有效性进行初步评估。一旦获得批准，美国匹兹堡大学的研究人员就会在10名患有慢性期缺血性脑卒中的患者身上试验这种治疗方法。这种疾病是最常见的脑卒中，由血凝块阻塞血管引起。在试验过程中，研究人员将通过患者颅骨上的一个小孔，把1,000万～2,000万个细胞直接注入大脑，并对患者的情况至少持续监测24个月。ReNeuron公司已经与英国苏格兰格拉斯哥的BioReliance公司展开合作，以扩大细胞的生产规模。据辛登估计，公司目前已经拥有大约100万剂ReN001。

在以前针对慢性期脑卒中患者的一些干细胞疗法临床试验中，使用的细胞来源于人类肿瘤或胎猪的大脑组织，而ReNeuron公司使用的则是人类胚胎干细胞。齐温指出，这些细胞"与以前使用的细胞相比，更接近于健康人的神经元，因此，可能会更加有效"。美国哈佛大学医学院的肖恩·萨维茨（Sean Savitz）补充说："ReNeuron 公司构建这株细胞系的举动，既是雄心勃勃的表现，也是深思熟虑的结果。"不过，他也指出，c-myc基因不仅与干细胞及发育有关，还与癌症有关。他表示："这绝不是说，该基因会促进肿瘤生长。研究人员应该继续努力说服科学界，让他们相信这些细胞不会像在肿瘤中那样不受抑制地疯长。"

胚胎细胞移植
迎来曙光

撰文 | **伍德伯里**（M. A. Woodbury）
翻译 | 朱机

20世纪80年代中期，人们开始认真研究胚胎细胞移植疗法。然而，刚刚进入21世纪这项技术就惨遭失败，原因可能与移植组织纯度不够有关。于是，研究人员将研究方向从移植组织转向了移植纯干细胞。

1932年，时任美国总统的富兰克林·罗斯福（Franklin Roosevelt）在一次面向毕业生的演讲中说："制订一套方法，然后去试验，这是常识。如果失败了，就坦然接受，然后再想其他办法。"罗斯福当年考虑的是如何让大萧条时期的美国经济复苏，而尝试以胚胎细胞移植的方式治疗脑部疾病的科学家也将他的这段话铭记于心。新方法吸取了过去一次次失败的教训，而这次的结果看上去非常不错。

20世纪80年代中期，胚胎细胞疗法开始得到认真的研究，一些研究人员希望这种疗法能够治疗帕金森病。帕金森病患者难以控制自己的动作，部分原因在于他们的大脑缺少神经递质多巴胺。取自胚胎中脑的组织在移植到患者大脑后，有望转变成能够产生多巴胺的细胞。然而，这项研究刚刚进入21世纪就遭遇失败，因为一部分接受移植的患者出现了失控性运动障碍，无法完成预期的动作。

不过，失败中也有收获：一些受试者，尤其是年纪较轻、症状也较轻的患者，在接受胚胎细胞移植后，恢复得不错。英国剑桥大学的神经学家罗杰·巴克（Roger Barker）说："问题在于，我们如何来解释这些试验中出现的所有

拳王阿里（Ali）在1987年因为帕金森病曾考虑过接受胚胎组织治疗（该照片拍摄于2009年8月），新的研究让胚胎细胞疗法再次受到关注

矛盾和问题，如何推动这一领域向前发展。"他正在整合分析过去的移植数据，期望设计出更好的临床试验方案。对于好坏参半的移植结果，"污染问题"也许能作为一种解释：移植组织中包含分泌5 - 羟色胺的神经元，可能会影响试验结果。

尽管胚胎细胞疗法可能需要移植组织中邻近的其他细胞给予支持，但巴克承认，这一领域正在向移植纯干细胞的方向转变，而不再移植组织。美国食品和药物管理局（FDA）批准的首个胚胎神经干细胞试验于2009年通过了安全性测试，这让包括巴克在内的研究人员信心大振。这项 I 期临床试验的受试对象是贝敦氏病患儿。贝敦氏病是一种致命的神经退行性疾病，患者由于基因突变而无法制造清除细胞垃圾所需的酶。

在这项临床试验中，10亿个胚胎神经干细胞被注射到6名儿童的脑室或白质纤维束中。没有儿童出现不良反应，一名因病自然死亡的患儿的尸检结果也显示，移植细胞已经在大脑中顺利安身。

美国俄勒冈卫生科学大学的罗伯特·斯坦纳（Robert Steiner）是这次临床试验的首席科学家。在他看来，这一结果是该领域的一个重大突破。他特别指出："这次神经细胞移植采用的方法要精细得多，细胞经过了真正的提纯，移植的只是胚胎神经细胞，而不像过去的试验那样混合了好几种细胞。"

要获得高纯度，也就是说，要保证绝大多数移植细胞都只是神经干细胞，就要十分仔细地分离细胞。为这项试验提供细胞的是美国加利福尼亚帕洛阿尔托的干细胞公司，该公司采用了一种给胚胎神经干细胞标上荧光标签的技术。这让胚胎神经干细胞更容易被观察，并且与其他细胞区分开来。该公司表示，利用这项技术提供的细胞中至少有90%是神经干细胞，达到了FDA批准用于临床试验的临界基准。

这项安全性试验取得的成功，让FDA有信心为第二次试验放行。这次接受移植的是佩利措伊斯 - 梅茨巴赫病（简称佩 - 梅病）患儿，这种遗传疾病会让患者无法形成髓磷脂。这项试验将把神经干细胞注入4名佩 - 梅病患儿的大脑，并用磁共振成像技术追踪新髓磷脂的形成。在佩 - 梅病动物模型上进行的前期临床试验已经证实，移植的细胞能够分化成为产生髓磷脂的少突胶质细胞，并成功生产出髓鞘，但它们能否恢复正常功能还有待证实。

发育更成熟的细胞或许可以恢复一部分功能。美国罗切斯特大学的史蒂文·戈德曼（Steven Goldman）分离出了已经分化为少突胶质细胞前体细胞的胚胎神经干细胞。把这些前体细胞注射给患有佩-梅病的小鼠后，患病老鼠的健康状况得到了改善，而且能够活到正常寿命。

科学家还在争论用哪种方法获得这些细胞最好。美国加利福尼亚门洛帕克的杰龙公司能够从人体胚胎干细胞中诱导产生合适的前体细胞，而不用在分化的不同时期分选原代细胞（杰龙公司于2009年获FDA批准，可以将这些细胞用于试验）。但什么样的方法最有效，最终只有临床试验说了算。英国爱丁堡大学的神经再生专家查尔斯·弗伦奇-康斯坦特（Charles ffrench-Constant）评论说："因为现在我们有了更好的方法来鉴定胚胎细胞中有再生潜力的细胞，我们就有可能进行更有效、更有针对性的研究。"显然，在支持者看来，胚胎细胞移植正冲破黑暗，迎来曙光。

原代细胞

原代细胞指直接从活体组织分离出来用于培养的细胞。通常把第一代至第十代以内的培养细胞统称为原代细胞培养。

干细胞
争议背后

撰文 | 詹宁·因泰兰迪（Jeneen Interlandi）
翻译 | 褚波

由于提取胚胎干细胞会破坏胚胎，涉及伦理和道德问题，相关研究遇到了不少反对声音。然而，人们对健康的渴求或许会改变干细胞研究难以得到资助的困境。

2010年秋天，胚胎干细胞研究能否获得经费支持再次出现变数。8月，美国一个联邦地方法院判定，任何可能破坏胚胎的研究项目都不能得到联邦基金的资助。但在9月，更高一级的法院考虑到美国司法部的恳求，又暂时恢复了对胚胎干细胞研究的资助。为什么会出现这种情况？从以下事实中你或许能找到答案。

用于提取干细胞系的胚胎来自何处？所有干细胞系都来自通过体外受精发育而成的废弃胚胎。到2010年，美国大约有40万个胚胎储藏在不孕不育诊所。

那么有多少个干细胞系？干细胞系是指由提取于单个胚胎的"母细胞"产生的、能持续分裂的一系列干细胞。美国哈佛干细胞研究所的科学家威廉·伦施（M. William Lensch）估计，到2010年全世界有800个干细胞系。

这些干细胞系为什么不够用？理论上，一个干细胞系就足以为无数科学家无限期提供干细胞。不过，尽管胚胎干细胞具有分化为任意细胞的潜能，但它们最终能成为什么样的细胞，在很大程度上要靠运气。有些干细胞倾向于分化为肝细胞，有些更可能分化为血液细胞，还有些会朝着神经细胞、胰腺细胞和心脏细胞的方向分化。有时，干细胞在分化上的差异是由胚胎的发育阶段、外

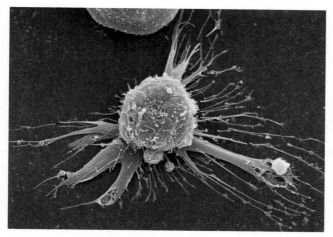

这幅彩色扫描电子显微照片展示了一个放大了约4,200倍的人体胚胎干细胞

源蛋白的污染等已知因素导致的，但更多的差异是由未知因素引起的。伦施说：“对于某些研究项目，现存干细胞系就够用了，但对于其他一些项目，则根本不够用。”

　　为什么不从废弃胚胎中提取更多的干细胞系呢？尽管约有60%的不育症患者都愿意捐赠废弃胚胎用于研究，但资金投入的终止和监管政策的多变已经让这项工作陷入了泥潭。美国加利福尼亚大学旧金山分校的体外受精组织库负责人埃琳娜·盖茨（Elena Gates）说：“所有事情现在都处于停顿状态。”

体外受精

　　体外受精指哺乳动物的精子和卵子在体外人工控制的环境中完成受精过程的技术，它与胚胎移植技术密不可分。体外受精技术成功于20世纪50年代，在近几十年发展迅速，现已成为一项重要而常规的动物繁殖技术，并且已经成功用于治疗不孕症，即所谓的“试管婴儿”技术。

干细胞
修复血管

撰文 | 明克尔（JR Minkel）
翻译 | 刘旸

成血 - 血管细胞可以在实验室的培养皿中发育成类似于造血干细胞和血管的组织。将这些细胞注入心脏受损的小鼠体内，结果表明，接受细胞注射的小鼠存活率几乎是对照组小鼠的两倍。

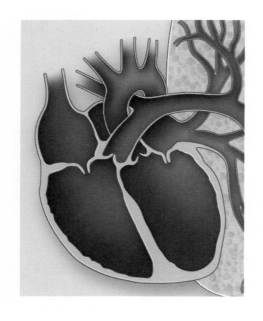

位于美国马萨诸塞州伍斯特的先进细胞技术公司经过长达几年对培养基配方的改进，终于能够大量培养成血 - 血管细胞了。这种细胞可以在实验室的培养皿中发育成类似于造血干细胞和血管的组织。研究小组将这些细胞注入啮齿类动物体内，注射的位置则是因糖尿病或其他损伤导致血液流动受阻的部位。对心脏受损小鼠所做的研究表明，成血 - 血管细胞可在血管创伤处被激活，这使接受细胞注射的小鼠的存活率几乎是对照组小鼠的两倍。2007年5月7日，这份报告发表在《自然·方法学》网络版上。

干细胞疗法
治疗心脏病

撰文 | **迪娜·法恩·马龙（Dina Fine Maron）**
翻译 | **马晓彤**

一种用于治疗心衰的干细胞注射疗法在试验中展现出了良好的效果，这使受伤的心脏有望恢复活力。

在心脏病发作结束后的一段时间内，病人和家属都可以暂时松一口气，因为不会有危急情况出现了。但在漫长的愈合过程中形成的瘢痕组织会产生永久性损伤，最常见的结果是心脏功能受损，心脏跳动的节奏被打乱，最终导致心力衰竭。不过，一种新的治疗方法可能有助于受伤的心脏恢复活力。

一些科学家和公司正在尝试通过注射干细胞混合物来阻止或逆转心脏损伤。其中，澳大利亚墨尔本的Mesoblast公司用从健康捐献者髋骨中提取的干细胞前体，治疗了数百名慢性心力衰竭患者。这家公司开展的临床试验在2017年已经进入最后阶段，包括安慰剂组在内的随机试验也会在一年内完成。

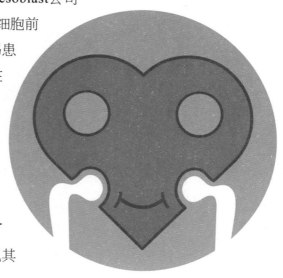

Mesoblast公司的早期临床试验结果已于2015年发表在《循环研究》上。研究表明，注射了干细胞混合物的患者再没有出现其

他的与心衰相关的问题。

由于试验设计不完整、对照组缺乏，以及世界上有许多诊所正在使用未经证实的治疗方法，这一领域的研究长期备受质疑，Mesoblast公司的结果将是该领域研究的一大进步。

比利时TiGenix公司希望在心脏病发作后的7天内，在瘢痕组织形成之前，为患者注射心脏干细胞混合物。这项研究已经完成了II期临床试验。

从骨髓中提取的干细胞，在治愈心脏中是如何发挥作用的，仍是一个未解之谜。哈佛干细胞研究所负责心血管项目的理查德·李（Richard Lee）表示，普遍认可的理论是，干细胞可能有助于炎症的治疗，使已有的心肌细胞恢复活力，或促进细胞分裂及新血管生长。包括迈阿密大学跨学科干细胞研究所所长、Mesoblast公司项目的早期负责人乔舒亚·黑尔（Joshua Hare）在内的科学家认为，细胞可能是通过"多管齐下"的方式来治愈瘢痕组织的。黑尔说，干细胞疗法最终可能成为一种"真正的再生疗法"。

独辟蹊径的心脏病疗法

撰文 | 杰茜卡·韦普纳（Jessica Wapner）
翻译 | 李玲玲

让心脏起搏器暂时打乱心室收缩的节律也许有益于心脏健康。这种治疗方法的疗效与人们的常规想法不同，有研究人员认为，这种非常有创意的疗法能够让更多病人受益。

有时候，我们需要使左右心室不同步收缩。一项新的研究表明，故意打乱心脏固定的收缩节律能有效治疗心脏泵血不足。

在500万有心力衰竭问题的美国人中，大约有1/4的人两侧心室不能完美地同步收缩。这些病人在接受了心脏再同步化治疗——植入心脏起搏器以恢复良好的收缩频率后，他们的心脏常常比那些从未有过不同步收缩问题的心衰病人还要强健。也就是说，让心脏收缩从不同步到同步，对病人是有益的。

这个观察结果使得美国约翰斯·霍普金斯大学分子心脏生物学中心主任戴维·卡斯（David Kass）想到一个有趣的问题：如果轻微干扰那些心脏同步收缩的心衰病人，让他们也经历一下从不同步到同步的过程，能否也让他们从中受益呢？

为了搞清楚这个问题，卡斯和同事将心脏起搏器植入到23只狗（其中17只事先被诱发了心力衰竭）的体内进行试验。然后，研究人员调整心脏起搏器，使8只试验狗每天有6小时处于右心室先于左心室收缩的状态；而在每天的其余时间里，设备则使狗恢复为两侧心室同步收缩的状态。

4周后，检查植入这种经过调整的心脏起搏器的狗，发现它们表征心脏健

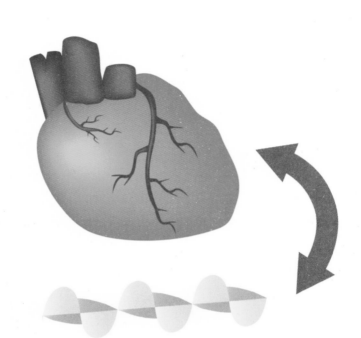

康的主要指标都有了显著提升。它们的心脏泵血更加有力，而且负责心脏收缩和构成心肌的蛋白质也变得更多。此项研究结果发表在2015年12月的《科学·转化医学》上。纽约长老会医院和韦尔·康奈尔医学院的心脏病专家乔治·托马斯（George Thomas，没有参与此项研究）说："这完全不符合我们对于心脏再同步化治疗的常规想法。"

这种治疗方法，让我们想到了接种疫苗后的身体反应。就像注射人工减毒的病毒或病毒片段能触发人体的保护性免疫反应一样，给心脏来一"剂"不同步，也能增强心脏功能。尽管按卡斯的计划，在大约一年后，他才能在人体上进行类似的临床试验，不过其他心脏病专家已经注意到了这个初步的试验结果。美国宾夕法尼亚大学研究心力衰竭治疗的戴维·弗兰克尔（David Frankel）说："这个想法非常有创意，给我们带来了很大的启发。"弗兰克尔认为，许多病人能从这种打破同步节律的疗法中受益。

话题五

源于自然的
疾病解药

　　大自然孕育了人类，也为人类提供了很多预防和治疗疾病的天然物质。或许你想象不到，从自然界中的微生物到植物，从动物到人类自身，很多治疗疾病的药物，就隐藏在我们身边，甚至蕴藏在人体内。研究人员正在不断地对大自然进行探索，寻觅更多具有治疗功效的物质，为对抗疾病带来新的希望。

藏在树懒毛发中的 "药箱"

撰文 | 蕾切尔·努尔 (Rachel Nuwer)
翻译 | 赵瑾

研究人员发现，潜藏在树懒毛发中的众多微生物，可能具有潜在的医药价值，或许可以用来治疗疾病。

治疗人类疾病的方法往往来自一些意想不到的地方。多年前，微生物学家萨拉·希金博特姆（Sarah Higginbotham）与一位研究生态学的同事谈论，自己在寻找不仅具有生物活性，而且能抑制其他生物繁殖的微生物群落。希金博特姆说："当我告诉他，我在寻找那些有多种生物共生的地方时，他向我建议，'或许树懒是你的最佳选择'。"

树懒简直就是一个微生物的"聚集地"。树懒动作迟缓且很少活动，它们的毛发还具有很多微小的凹槽，是藻类、真菌、细菌、蟑螂和毛虫的最佳繁殖场所。

同事的建议立即激起了希金博特姆的兴趣，在巴拿马史密森尼热带研究所进行短期研究期间，她收集了9只三趾树懒（一种分布在南美洲中部、以懒闻名的树懒）的毛发样本。她在这些样本中，发现了28种真菌，其中有不少可能是新品种（可以通过测试来确定）。

2014年，希金博特姆任职于英国贝尔法斯特女王大学，她与同事在发表于《科学公共图书馆·综合》网络版上的一篇论文中证实，这些样本中的部分真菌具有生物活性，能够抑制导致疟疾和美洲锥虫病的寄生虫的繁殖，并对一种乳腺癌细胞系和多种有害细菌的生长具有抑制作用。在树懒的毛发中，他们共发现了24种可能具有医药价值的微生物。

根除疟疾
先治蚊子

撰文 | 刘洋

遏制传染病，切断其传播途径是一种有效的方法。通过"改良"蚊子，人类终于看到了消灭疟疾的希望。

让蚊子携带细菌似乎算不上重大科技成果，但是如果通过这样的细菌感染方法能令世界上最古老的传染病——疟疾从此销声匿迹呢？

2013年5月9日，中国和美国的研究人员宣布，他们通过给蚊子注射一种细菌并使它与蚊子形成稳定的共生关系，首次使蚊子具有了抵抗疟原虫的能力，且这种免疫能力能传给后代。这意味着携带疟原虫的蚊子至少在理论上将越来越少，从而为从根本上遏制疟疾带来希望。

当天，项目负责人、美国密歇根州立大学助理教授奚志勇，以及他在密歇根州立大学和中山大学的研究团队发布报告称，他们已经通过胚胎显微注射技术，使在中东和南亚传播疟疾的最主要媒介——斯氏按蚊感染上"沃尔巴克氏菌"，从而使这种蚊子对疟原虫产生了抵抗力。

疟疾是一种古老的传染病，长期影响着人类。而疟原虫最主要的传播途径就是雌性按蚊。雄性按蚊以植物汁液为食，与人类没有太多关系。雌性按蚊则需要血液为它的卵提供必需的营养，这使它与人类联系在一起。

现在，世界上约有400多种按蚊，但其中只有几十种拥有传播疟原虫的能力，这些按蚊的免疫系统不够敏锐，从而可以让疟原虫蒙混过关，并在其体内生存下来。从这个简单的过程中，我们可以看到，疟原虫躲避和欺骗免疫系统的能力非常强大。

科学家希望能够通过"改良"蚊子来消灭疟疾。这并不简单，因为科学家无法一个一个地给蚊子接种疫苗。最好的替代方案被确定为利用沃尔巴克氏菌感染蚊子，这种细菌能借助雌蚊的生殖优势在自然界扩散，从而令蚊子在自然过程中得到改良。

类似的实验在20多年前就已经开始，但由于免疫力的代际传播迟迟未能实现，这一实验始终无法令人满意。这使奚志勇团队的突破显得意义非凡。

奚志勇团队使用的方法相当巧妙：他们在蚊子还是胚胎时，就把细菌注射到未来会发育为成虫的生殖系统的特定位置，从而令免疫力的代际传播变成现实。该团队表示："其他阶段的注射都没有取得成功。因此我们猜测，（此次之所以成功）可能是因为在蚊子的免疫系统发育形成前注射，导致蚊子的免疫识别系统将这个细菌当成了自己的一部分，所以没有发生排斥反应。"

携带这种细菌的蚊子表现出的特点，令科学界对消灭疟疾信心满满。首先，一旦雌蚊被这种细菌感染，就可以经过卵传染后代，从而使后代获得对疟原虫的免疫力；其次，带菌雌蚊有生殖优势，未被感染雌蚊与带菌雄蚊交配后产下的卵不会孵化，而带菌雌蚊与任何雄蚊交配后产下的卵都能正常孵化，并把细菌传给后代。这种生殖优势会把细菌很快扩散到其他蚊群，这意味着蚊群最终将全部获得对疟原虫的抵抗能力。到那时，疟疾将变成一个古老的传说。

蛆虫疗法
治愈伤口

撰文 | 卡丽·阿诺德（Carrie Arnold）
翻译 | 冯泽君

传统治疗方法有望重新得到应用：一项研究揭示了蛆虫帮助清理坏死组织、促进伤口愈合的机制。

从远古时代起，医生就用蛆虫帮助病人清理伤口，并用它来预防感染。由于蛆虫只食腐肉，医生不必担心健康组织受损。但随着抗生素的出现，医用蛆虫逐渐被束之高阁，成为历史。

然而普遍存在的耐药性，使得蛆虫重新回到了医生的视野中。2004年，美国食品和药物管理局批准蛆虫为有效的"医疗器械"。

如今，蛆供应商用无菌蝇卵孵育幼虫，以类似茶包的包装出售。使用时可直接将包装好的幼虫敷于伤口处（这种包装可以防止幼虫爬离伤口，化蛹变为成虫）。随着越来越多医生转用此法清理伤口，科学家开始了解其神奇疗效的内在机制。

2012年发表在《皮肤病学文献》的一项研究显示，手术清创是现行的标准护理程序，比起用刀用剪，蛆虫能更有效地清除创口坏死组织。该文章的作者安妮·东普马丹-布朗谢尔（Anne Dompmartin-Blanchère）是法国卡昂大学医学中心的皮肤科医生，她说："用蛆虫能清除所有坏死和受感染的组织，这对伤口的愈合至关重要。手术清创往往过程漫长并令病人感到疼痛，而蛆虫疗法则不会这样。"

2012年年底，荷兰莱顿大学医学中心的格温多林·卡赞德（Gwendolyn Cazander）及其同事在《创伤修复与再生》上发表的另一篇文章提到，他们的研究发现蛆虫的分泌物可以调控补体反应。补体系统是免疫系统的一部分，负责对侵入性病原做出反应，对消除感染非常重要。伤口愈合需要一定程度的补体活性，但补体过多则会导致慢性炎症反应，伤口迟迟不愈，易受感染。

研究人员发现，蛆虫分泌物能通过抑制几种关键补体蛋白的合成，削弱健康成人血样中的补体活动，从而减轻过激免疫反应，加速伤口愈合。"我们遇到的病例中，50%到80%都能被蛆虫治愈。"卡赞德总结。

尽管蛆虫疗法听起来很有中世纪的意味，但现代医学似乎在证明这种方法仍然很有效。

新型抗毒血清
高效价廉

撰文 | 埃里克·万斯（Erik Vance）
翻译 | 高瑞雪

有良好自然抵抗力的动物可以为人类提供抗体，使人类可以生产治疗毒蝎蜇伤以及蛇类、蜘蛛咬伤的抗毒血清。近年来，抗毒血清的开发有了重大进展。

近些年来，在治疗有毒蜘蛛和蛇类咬伤的药物开发方面，墨西哥的研究人员取得了巨大进展。他们研制的数种药品陆续通过了美国食品和药物管理局的苛刻认证，其中，专治毒蝎蜇伤的抗毒血清Anascorp已于2011年经美国食品和药物管理局批准上市，治疗黑寡妇蜘蛛咬伤的药物也已经处于较高级别的临床试验阶段。

抗毒血清是药物阵营中最古老的成员之一，问世于19世纪后期，最早由法国巴斯德研究所研制。20世纪30年代起，美国默克制药公司开始批量生产治疗黑寡妇蜘蛛咬伤的抗毒血清。然而，因为副作用和销量不佳，2009年默克公司限制了这种药品的生产量。抗蝎毒和蛇毒的药物也同样处于供应短缺状态。墨西哥国立自治大学的分子生物学家亚历杭德罗·阿拉贡（Alejandro Alagón）带领他的研究团队，推出了新一代的抗毒血清。这种血清使用更安全，生产成本也更低。

制作新一代血清所依据的基础方法，仍然是科学家们在19世纪用的那一种：将毒液注入对毒素有良好自然抵抗力的动物体内，然后提取抗体。抗体是一种"Y"形分子，分叉端会和毒素结合，中和毒性。针对黑寡妇咬伤的这种抗体，其分子尾端（Y形分子的底部）能够与人体相互作用，有时会导致负面反应，少数情况下，甚至会有致命的后果。虽然严重的副作用极为罕见，但是很多医生都倾向于不使用默克公司的这种历史悠久的血清。黑寡妇咬伤会造成两天左右的剧痛，但通常不会死人，所以医生往往只是针对症状进行治疗。

阿拉贡和他的团队改进了制药方法，用化学手段砍去了抗体的尾巴，把"Y"变成了"V"，从而降低了产生副作用的风险。阿拉贡说，新升级的抗毒血清可以在30分钟内消除症状，用它治疗黑寡妇咬伤比用原有药品治疗更安全，比住院治疗更省钱。

由于新型抗毒血清生产成本相对较低，阿拉贡的实验室认为，这种血清或许适合非洲市场。但对于许多制药公司来说，非洲市场根本不在考虑范围之内。

植物抗体可治疗埃博拉出血热

撰文 | 安妮·斯尼德 (Annie Sneed)
翻译 | 侯政坤

科学家发现，利用烟草植株的细胞运作方式，可以合成抗体。通过这种方式研发的试验性药物可用于治疗被埃博拉病毒感染的患者。

2014年夏天，医生用美国马普生物制药公司研发的试验性药物，对两名被埃博拉病毒感染的美国患者进行了治疗。两名患者最终都痊愈了，不过科学家还不确定是不是该药起了作用。这种名为ZMapp的药物，是科学家将埃博拉病毒注入烟草植株后，烟草所产生的抗体的混合物。

植物本身没有抗体，但它们体内有产生免疫蛋白的细胞机制。研究人员第一次认识到植物的这种潜力是在1989年，此后他们继续研究，寻找如何利用烟草植株的细胞运作方式，来合成人类抗体。1989年以后，有不少生物技术公司都开始研发可以治愈埃博拉出血热、狂犬病等疾病的植物抗体。

植物抗体的生产十分简单：科学家首先将需要制造抗体的基因植入减毒病毒，减毒病毒被植物的叶片吸收之后，植物就会利用新的脱氧核糖核酸（DNA）制造出人类蛋白。大约一周之后，科学家就会将它提炼出来。整个过程耗时一个多月，比标准的利用仓鼠卵巢细胞的方法更省时，成本也更低。"种植这些植物花不了多少钱，"英国伦敦大学圣乔治医学院的免疫学家朱利安·马（Julian Ma）说，"你只需要买些土和水。"

虽然这种方法很简单，但植物抗体的生产并不普遍。朱利安·马指出："多数大型制药公司都不愿意投资研究这种新方法，因为他们在仓鼠卵巢细胞上已经投入了大量资金。"在植物抗体药物通过监管程序之前，大概只有小型生物科技公司会生产这些药物。

目前正在研发的植物抗体所针对的疾病包括艾滋病、疱疹、癌症和狂犬病等。至于ZMapp，针对被埃博拉病毒感染的猴子的研究，已经证实了它的疗效，这意味着它已基本达到了进入临床试验的要求。

专家估计，这些植物抗体至少需要5年时间才能进入市场，不过这个预测也许会发生变化。2014年9月，美国卫生与公共服务部宣布，ZMapp的实验进程会加速，可在18个月之内完成。

从仙人掌中
提取止痛药

撰文 | **阿琳·温特劳布**（Arlene Weintraub）
翻译 | **高瑞雪**

只需注射一次某种仙人掌提取物，就有可能终结顽固性疼痛，而且这种疗法不会产生影响全身的副作用。

如今医学昌明，通过治疗来缓解常见的头痛，以及肌肉拉伤和蛀牙导致的疼痛早已不在话下。然而对炎症性疼痛，即关节炎、骨癌和背部损伤导致的那类疼痛，却还没有有效的治疗手段。

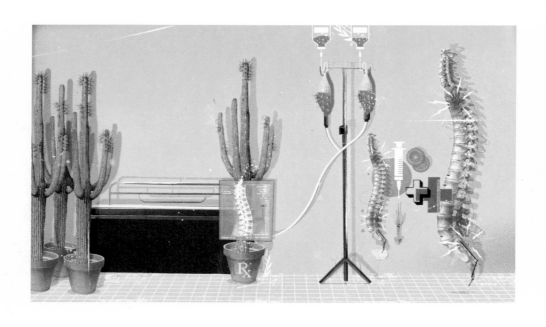

目前的治疗手段，包括使用吗啡和其他麻醉类药物，会对全身神经产生强烈刺激，引发严重的副作用。而作用于身体某些部位的治疗方法，如注射类固醇，效果又会随时间减弱。2013年，研究人员在一种摩洛哥仙人掌中发现了一种毒素，只需注射一次这种物质，就有可能永久性地缓解局部疼痛，而且这种疗法不会产生影响全身的副作用。

一般来说，疼痛信号经由神经元的轴突，从机体的外围（包括皮肤和内脏）传导至脊髓，并最终到达大脑。从仙人掌中发现的这种化合物名为树胶脂毒素，它可以通过破坏炎症性疼痛对应的神经元，达到止痛的效果。将树胶脂毒素直接注射入脊髓液，可杀死那些会分泌TRPV1蛋白的神经元（一种可传导由炎症和高温而引起的灼痛感的神经元），而不会伤害正常组织和负责其他痛觉的神经元，比如那些可感受针刺痛或捏痛的神经元。

研究人员已经在患有神经衰弱性疼痛的宠物狗身上做了测试，取得了可喜的成果。和鼠类不同，犬类感受疼痛的方式和人类更为相似。"而且它们也具有个性，"美国国立卫生研究院围手术期医学部主任安德鲁·曼内斯（Andrew Mannes）说，"我们可以了解它们的感受，而不能了解老鼠的。"

美国国立卫生研究院对癌症晚期病人试用了树胶脂毒素。虽然曼内斯和同事无法预测何时能得到数据，但是疼痛专家们兴趣十足地关注着测试的进展。

戴维·梅因（David Maine）在位于美国巴尔的摩的默西医疗中心工作，是这里的介入性疼痛医学中心负责人。他说，其他方式也可以杀死产生痛觉的神经，比如用酒精，但有时，这些方式会导致疼痛卷土重来，而且痛感远胜此前。"当你能够让药物的作用范围更精确，并且不会影响到作用范围之外的身体部位时，你可能就成功了。"梅因说。

安慰剂的
魔力

撰文 | 基林·哈斯林格（Kiryn Haslinger）

翻译 | 波特

当人们知道疼痛有希望减轻时，大脑中的特殊区域就会产生具有止痛效果的内啡肽。如果意识能够导致大脑产生化学变化，心理学家就有可能通过暗示的手段激发人体产生天然的药物，以此进行治疗。

一项引人注目的研究表明，至少在减轻疼痛方面，安慰剂效应得到了化学证据支持。领导这项工作的美国密歇根大学安阿伯分校的神经系统科学家琼-卡·苏维塔（Jon-Kar Zubieta）说，当人们知道有希望减轻痛苦时，他们的大脑中就会产生一种天然的止痛药。研究者向实验参与者的下颌注射了一种能缓慢而持久地产生疼痛感的盐溶液。当注射开始时，实验参与者要描述他们感受到的疼痛程度。研究者介绍，当实验继续进行时，他们会欺骗实验参与者，谎称溶液中加入了缓解疼痛的浆液。这时，实验参与者要再次说出他们感受到的疼痛程度。

在整个实验过程中，研究者利用正电子发射体层成像对实验参与者的大脑进行扫描。结果显示，那些说自己感觉舒服了一些的人，在被告知所谓的安慰剂已经加入了溶液后，他们大脑的特殊区域产生了具有止痛效果的内啡肽——那些预感痛苦会减轻的人真的由自身产生了止痛物质。

苏维塔说，这项成果"为理解疼痛开辟了一条新的道路，说明疼痛是一种可以通过某种情感机制来缓解的复杂体验"。如果意识能够导致大脑产生化学变化，心理学家和医学工作者们就有可能通过暗示的手段，激发人体产生天然

的药物，以此进行治疗。这种方法如果真的有效，那么在其他条件下也可以尝试使用。苏维塔解释说："我们的目标是激发出这些情感机制，最终，希望人们更加具有韧性，有更强的能力去克服负面的体验。"

正电子发射体层成像

正电子发射体层成像是核医学领域一种先进的临床检查影像技术，可以提供全身三维功能运作图像。大致方法是将某种代谢中必需的物质标记上短寿命的放射性核素，注入人体，然后通过检测这些放射性核素在衰变过程中释放出的正电子，得到该物质在代谢中聚集状况的三维图像。该三维图像可以反映生命代谢活动的情况，因此可用于多种疾病的诊断与研究。

更有效的
糖尿病药物

撰文 | 埃琳·比巴（Erin Biba）
翻译 | 赵瑾

和舌头一样，我们的肠道也能感受甜味。研究人员正在利用人体肠道中的甜味受体开发药物。

2011年，美国莫内尔化学感觉研究中心的科学家有了一个令人震惊的发现：我们的肠道也能感受甜味。和舌头一样，人体肠道和胰腺中也有甜味受体，能够感受葡萄糖和果糖的甜味。

基于这一发现，美国Elcelyx Therapeutics公司的科学家研发了一种能作用于这些味觉受体的药物。新药物是二甲双胍（一种广泛用于治疗2型糖尿病的处方药）的"升级版"。通常情况下，二甲双胍会溶解于胃中，再通过血液进入肝脏，进而调节胰腺功能。而这种名叫NewMet的新药则只会溶解于肠道中（因为肠道内的pH值适宜它溶解），与肠道中的甜味受体结合，并向胰腺发出分泌胰岛素（控制血糖水平的激素）的信号。Elcelyx Therapeutics公司的董事长兼执行总裁阿兰·巴伦（Alain Baron）说："这种药物的作用机制更接近自然状态。"

　　I 期临床试验结果显示，由于作用机制更为直接有效，与二甲双胍相比，NewMet只需一半剂量就能达到与二甲双胍同等的效果。另外，新的作用机制也使进入血液中的药物减少了70%。这一特性具有十分重要的意义，因为二甲双胍经过长期服用，会在人体中累积。而高达40%的2型糖尿病患者由于肾脏疾病，不能使用这种药物——他们的肾脏无法将这种药物从血液中滤除，这会危及他们的生命。

　　巴伦认为，还可以针对肠道受体，开发其他一些药物。Elcelyx Therapeutics公司的一家子公司尝试研发一种可作用于肠道下段受体的减肥药，该药可增加人的饱腹感。

生物分子
有望逆转脱发

撰文 | 丽贝卡·格温纳德（Rebecca Guenard）
翻译 | 朱佳莲

利用从人身上收集到的皮肤样本中的毛囊，研究人员尝试在实验室培养头发，并将它们用于脱发治疗。

细胞生物学家德斯蒙德·托宾（Desmond Tobin）每天从接受整容手术的人身上收集一种人体"器件"。托宾收集的并不是肾或其他要害部位的组织，而是在面部整形手术过程中，从耳后取下的皮肤样本。对托宾来说，皮肤样本中含有的微小的、令毛发生长的毛囊才是关键。

在英国布拉德福德大学的皮肤科学中心，托宾小心翼翼地提取出毛囊，并利用它们，在培养皿中模拟人类毛发的生长。

利用收集来的毛囊，詹姆斯·格鲁伯（James V. Gruber）等研究人员不需要实验室的动物就可以测试新型美容美发产品的功效。格鲁伯是龙沙美容品公司研发部的全球总监。在2013年12月举办的化妆品化学家协会年会上，他阐述了此项研究。

格鲁伯说，有两种分子有望用于脱发治疗。一种是酵母肽分子——当毛囊细胞滞留在休眠期并停止增殖时，酵母肽分子似乎能逆转衰老。而另一种分子则是被称为异黄酮的抗氧化剂，它可以提高胶原蛋白和弹性蛋白的浓度，有助于将毛囊固定在皮肤基质中。

　　迄今为止，托宾和格鲁伯主要研究的是被化学品损伤的毛发。他们的下一个目标是，确定那些由于自然老化而进入休眠状态的毛囊能否被诱导回活性状态。

话题六
助力器官功能
恢复的新方法

　　如果我们身体的某个器官或部位，因为意外或疾病而失去了原有的功能，无法发挥作用，会怎么样呢？在一般情况下，功能的缺失会使人的正常生活受到严重影响，而重要器官的功能受到影响，则有可能危及生命。于是，各种能够恢复器官功能的治疗手段诞生了，它们帮助人们战胜疾病，重回正常生活。

人工肝技术
战胜 H7N9 禽流感

撰文 | 刘洋

危急关头的大胆尝试，通常都会带来峰回路转的喜剧结局。人工肝技术为H7N9禽流感重症患者带来了救治希望。

2013年4月13日，H7N9禽流感疫情迎来拐点。当天，中国主管卫生工作的部门向世界卫生组织通报，出现了6例新增H7N9禽流感确诊病例。但随着监控范围的扩大，疫情的扩散得到了有效的遏制，此后，新增确诊病例的数量开始逐渐下降。

中国工程院院士李兰娟所在的浙江大学第一附属医院（以下简称浙一），就在这天凌晨再次接收了一名重症患者。"曹先生刚转进医院时情况就已经很凶险，肺部及呼吸功能严重衰竭，医生都说肯定没救了。"李兰娟回忆，但她觉得这个患者才38岁，情况也许还有转机。

救治永远比想象中的艰难。在当时总计49例确诊病例中，已有11名患者相继去世，如此高的死亡率意味着我们尚无有效的治疗手段。这期间转入浙一的大部分患者病情重，症状来势凶，很多患者在入院不久两肺就进入"白肺"状态，呼吸衰竭随时可能到来。所谓白肺，是指重症肺炎患者的肺部在X射线下呈一大片白色的状态，这意味着肺部90%以上部分都已被炎症浸润。

此前，李兰娟综合分析了重症感染患者病情进展规律，首次提出H7N9禽流感重症患者起病3至14天内有类似严重急性呼吸综合征（SARS）病毒感染的细胞因子风暴，进而提出应用人工肝技术阻断细胞因子风暴的治疗思路。所谓细胞因子风暴是指机体被微生物感染后，引起体液中多种细胞因子迅速、大量产生的现象，被认为是引起急性呼吸窘迫综合征和多器官衰竭的重要原因。

4月13日当天，医生就果断地给曹先生用上了呼吸机、体外膜肺（ECMO，也称体外膜氧合器）和人工肝系统。这个在患者体外运行的"人工肺"，为施用人工肝技术抢救生命赢得了时间。人工肝技术是一种血液排毒技术，它将溶解在血液中的毒素吸附到具有很大表面积的固态物质上，从而将毒素清理出来。李兰娟是中国人工肝技术的开拓者。利用该技术，李兰娟在过去20多年的时间里将重型肝炎的治愈率从11.9%提升至78.9%，将慢性重型肝炎治愈率从15.4%提升至43.4%。

人工肝技术原理虽然简单，但操作却极为复杂。与人工心脏等其他人工器官不同，人工肝不能单独发挥作用。肝脏是人体代谢系统的中心，肩负着全身代谢、解毒、激素灭活、凝血物质产生等多方面的功能，设计这样一个复杂人工器官的难度可想而知。

但危急关头的大胆尝试，通常都会带来峰回路转的喜剧结局。经过5个昼夜的抢救和治疗，该患者氧合指数明显提高，未发生继发感染，饮食和身体状况逐渐恢复。在转入浙一20天后的5月3日，曹先生终于康复出院，成为此次疫情中首个痊愈的极度重症患者。

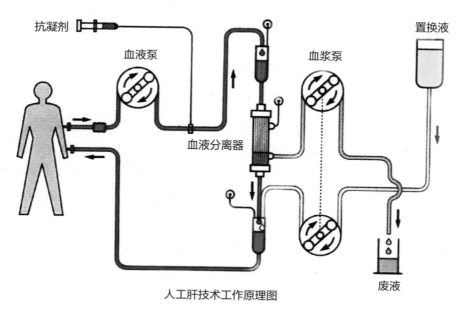

人工肝技术工作原理图

3D 打印
气管

撰文 | 玛丽萨·费森登（Marissa Fessenden）
翻译 | 薛嵩

三维（3D）打印气管的成功应用或许预示着，未来无论需要什么样的人体器官，我们都可以制造。

2011年，卡伊巴（Kaiba）还只有6个星期大时，他突然停止了呼吸，脸色发青。他的父母赶紧把他送到了医院，医生很遗憾地发现他的左支气管有先天性缺陷。此后，病情多次反复，直到2012年年初，外科医生们在他的肺部植入了一个3D打印的气管，才使他的呼吸道保持畅通。几年之后，这个人造气管会在体内自行溶解，到那时候卡伊巴自身的支气管将发育到能够维持正常呼吸的水平。这是人类首次使用3D打印的部件来帮助组织重组，详细过程被刊登在了2013年5月的《新英格兰医学杂志》上。

新生儿呼吸道保持畅通依靠气管中20个环形软骨结构，它们相互连接并分叉伸进肺里，就好像保持吸尘器软管张开的金属环。但是还有很少一部分人的气管会因软骨太软而塌陷。有一种可植入的斯滕特氏印模虽然能够从内部撑开气管，但是由它引起的刺激经常会造成呼吸不畅。卡伊巴的主治医生联系到了密歇根大学的医生格伦·格林（Glenn Green），格林医生和同事们正在开发一种能够包在塌陷气管外的定制气管，这种定制气管既不会产生任何刺激，又能保持气管畅通。

格林医生和他的同事们认为可以用3D打印机制作人工气管，因为3D打印机便于生产可以组成器官管状结构的环。研究人员们使用了生物相容性塑料材

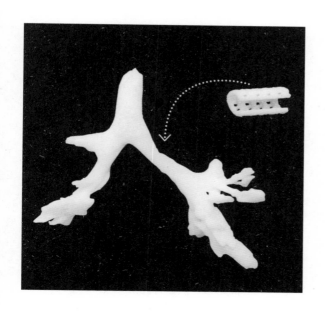

料打印这种气管，并且在小猪身上做了测试。

　　研究团队先给卡伊巴的呼吸道做了计算机体层摄影（CT），用得到的数据打印出了一个模具。然后，他们利用这个模具制造了一个合适的、有柔韧性的套筒来固定呼吸道。最后一步就是将他的支气管组织缝在这个套筒内。该手术需要获得美国食品和药物管理局的应急使用许可。"装上这个套筒之后，我们第一次看到他的肺动了起来。"格林说。3D打印的医疗设备以及人体部件的应用才刚刚起步，但是格林相信这项技术有着"巨大的潜力"。

培养皿中
长出肠道

撰文 | 瑞安·曼德尔鲍姆（Ryan F. Mandelbaum）
翻译 | 宋娅

继肾组织、脑组织和其他一些组织后，肠道组织成为又一种能在实验室里培养的组织。

在实验室里进行肠道培养，最开始的一段肠道（长度大约2.5厘米）的培养最困难——特别是在培养皿中操作。辛辛那提儿童医院医学中心的科学家突破了这一难点，2016年他们在《自然·医学》上发文称，已成功通过单系人类干细胞培养出一段肠道，其中包括神经、肌肉等所有应该具备的组织。未来，研究人员可以利用培养出的肠道组织研究疾病的机理或进行肠道移植等。

早在2011年，辛辛那提儿童医院的研究者就在实验室里培养出了肠道组织，但因为缺少神经细胞，这些肠道组织无法正常收缩和蠕动，并将食物推入结肠。这次，科学家单独培养了神经细胞，然后将神经细胞与另外一些通过干细胞培养出的肌肉组织和肠道黏膜接合起来。约2.5厘米长的肠道就这样形成了。"就像在人体发育中一样，神经细胞会自动到应该去的地方。"辛辛那提儿童

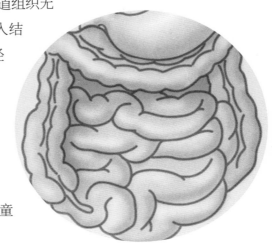

医院肠道康复项目外科主任迈克尔·赫尔姆拉思（Michael Helmrath）说。

接着，科学家将这段组织移植到小鼠的肠道中，等它发育成熟。成熟之后，再用电击刺激特定区域，此时肠道就开始收缩并在脱离电击后还能继续自主运动。"功能十分显著。"赫尔姆拉思表示。至此，肠道组织成为继肾组织、脑组织和其他一些组织之后又一种能成功在实验室里培养的器官组织。

下一步，赫尔姆拉思和同事吉姆·韦尔斯（Jim Wells）希望，能用其他实验动物（比如猪）来培养更长一些的肠道。研究人员的最终目的是，在实验室里培养胃肠道病人的肠道"复本"，然后通过观察找出病因来帮助后续治疗，或者将培养的肠道用于移植。韦尔斯表示："肠道结构复杂，培养起来非常困难。但能在这么短的时间内取得现有成果也给了我们很大的信心，我们希望最终能培养出可用于医疗的肠道组织。"

待移植器官保存时间
延长至 3 天

撰文 | 迪娜·法恩·马龙（Dina Fine Maron）
翻译 | 马骁骁

过冷态保存技术让待移植器官的保存时间从数小时延长至数天，这将为广大患者带来福音。

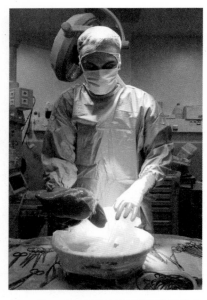

2014年，在美国需要移植器官的总人数已达到了122,000人，而待移植器官的保存时间只有几个小时

2013年，在美国完成的肝脏移植手术约有6,400台，但这依然远远不能满足人们的需要——2014年，仍有约15,000名患者在排队等候健康肝脏。

这一方面是因为可用肝脏十分稀少，另一方面也是因为肝脏从捐献者体内取出之后，必须尽快实施手术。在冷藏条件下，肝脏只能在12小时内保持活性。很多情况下，为了延长保存时间，人们会采取冷冻措施。但这并不适用于器官移植，因为冷冻会产生冰晶，而在解冻时冰晶会破坏器官的细胞。

哈佛大学医学院的研究人员决定抛弃传统的保存方法，采用一种新技术来延长肝脏等器官的保存时间。使用这一新技术，他们成功地将大鼠的肝脏保存了3天，该项研究发表在了2014年7月的《自然·医学》上。

为了能将器官保存如此长的时间，研究人员使用了特制的仪器，在器官的细胞周围建立了化学缓冲区。该缓冲区可以帮助细胞抵御冰晶的危害。然后，科学家将器官缓慢地冷却到－6℃，使器官保持在没有冻结的状态——"过冷态"。

在实验中，科学家将肝脏保存于过冷态，并在3天后给6只大鼠做了移植，之后每只大鼠都存活了3个月（3个月后实验结束，大鼠被施以安乐死）。与此相对的是，若是将肝脏用冰保存3天，则接受该肝脏移植的大鼠无一存活。当然，过冷态保存技术也不能将器官保存太久。用该技术保存了4天的肝脏，移植到大鼠体内后，大鼠的存活率只有60%。该研究小组下一步准备将这项技术运用到猪和人身上。

研究人员认为，这项技术的成功可以大大降低器官移植手术的门槛，从而为广大患者带来福音。美国可用于移植的肝脏所在地分布十分不均匀。例如，住在一些危险区域，如车祸多发的高速公路附近的病人，得到可用肝脏的概率就更大。

哈佛大学医学院的外科助理教授科尔库特·乌伊贡（Korkut Uygun）是研究小组中的一员，他认为过冷态技术也将为"器官芯片"相关研究提供帮助。器官芯片可以实现器官在体外生长，并可以模拟人体器官的功能。人们对它寄予厚望，希望可以借助它来研究人体器官的工作原理，以及人体对不同药物的反应。过冷态保存技术，使器官芯片从制备实验室转移到研究实验室变得可行。

当然，利用过冷态保存技术所需要完成的主要任务，还是将健康的器官运送到需要移植的患者那里，这样的患者还有很多。

无需电池的
自动心脏起搏器

撰文 | **普拉奇·帕特尔（Prachi Patel）**
翻译 | **林清**

工程师研制出首款自动腕表式心脏起搏器，可以利用自动上发条原理，为心脏起搏器提供持续动力。

在美国，超过300万患者依靠电子心脏起搏器调节心跳。由于现有的电子起搏器都要使用电池，电池寿命一般为5～8年，而且连接设备和心脏的导线也会逐渐磨损，所以，为了确保设备正常工作，到了一定时间病人往往只能通过手术来更换电池或导线。

为了彻底摆脱电池和导线的束缚，瑞士伯尔尼大学的生物医学工程师受两个多世纪前自动上发条钟表机械技术的启发，研发出了一种全新的心脏起搏器，可以利用患者自身的心脏跳动，为设备提供持续动力。

1777年，人类发明了自动手表。戴手表时，表内的自重摆陀可因手腕的活动而旋转，从而起到上发条的作用。当盘簧完全盘紧时，它就会展开，带动手表齿轮转动。在现代生活中，这类的传动装置可以用来驱动微型发电机并达到发电的目的。

瑞士的研究小组发现，用同样的原理，跳动的心脏也可以给起搏器上发条。研究人员去掉自动手表上显示时间的部分，将发条装置安放在一个3厘米宽的小盒中，并缝合至活猪的心肌中。该装置的输出功率为50毫瓦，而市面上常见的起搏器所需的电力大约为10毫瓦，因此该装置可以轻松驱动电子心脏起搏器。

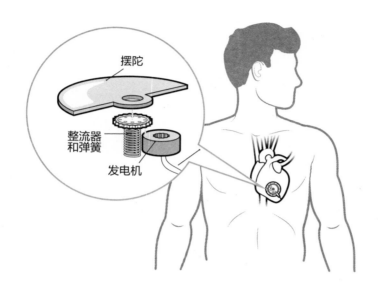

摆陀

整流器
和弹簧

发电机

　　阿德里安·楚尔布亨（Adrian Zurbuchen）认为目前设备的设置尚未理清头绪。2014年夏末，他在欧洲心脏病学会的会议上提交了此项研究的相关细节。导线将手表部件与一个装有电子设备和起搏器的盒子连接在一起，最终目标是实现系统的一体化设计，从而摒弃传统的导线。美国罗切斯特大学医学中心起搏器门诊主任斯潘塞·罗塞罗（Spencer Rosero，没有参与这个项目）预计，这种设备要真正使用还有待时日。他还说，如果测试成功，医学界将可能见证首款集成电池和能量采集部件的心脏起搏器的诞生。

无线
心脏起搏器

撰文 | 莱斯莉·尼莫（Leslie Nemo）
翻译 | 黄安娜

无线心脏起搏器能够大大简化电池取换手术，并可减少由传统起搏器引发的并发症。

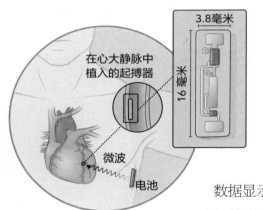

3.8毫米

16毫米

在心大静脉中
植入的起搏器

微波

电池

新颖小巧的心脏起搏器问世了，它是真正意义上的无线起搏器。美国赖斯大学、得克萨斯心脏研究所和贝勒医学院联合研制的这款装备，由微波供电，大大简化了电池取换手术，能减少由传统起搏器引发的并发症。

数据显示，2009年大约有19万美国人安装了心脏起搏器。传统的心脏起搏器配有一个电池盒，电池盒要嵌在锁骨下，连接电池的导线要绕过血管并进入心脏。赖斯大学的科学家艾丁·巴巴哈尼（Aydin Babakhani）称："这些导线会引发感染，而且因其体积较大，导线可能会引发并发症。"在2017年于美国檀香山举办的微波科学会议上，巴巴哈尼和同事向与会者展示了他们研发的无线起搏器。

2016年4月，无线心脏起搏器的早期版本获得了美国食品和药物管理局的批准。在这个早期的无线心脏起搏器中，电池和电路板放在一起只有一个药丸大小，可以植入并附着于右心室的内壁——心脏内唯一能够放下它们的地方。

而当电池用完时，要通过手术将整个装置取出。

赖斯大学的研究团队将传统起搏器的电池可利用性和早期无线起搏器的无线特性整合到了一起。位于腋下的电池通过微波将电能传递给植入心脏的电容器（见上页图）。这个电容器能够引发心肌收缩，使心脏泵血。巴巴哈尼称，这款设备尺寸极小，配有多个芯片，每个芯片都小于2厘米，可植入心脏的任何地方。"这个起搏器就像'交响乐团的指挥'。"得克萨斯心脏研究所和贝勒医学院的迈赫迪·拉扎维（Mehdi Razavi）说。他是这个新款无线起搏器的研发者之一。

巴巴哈尼称，他的同事已经成功给5头猪安装了这一装置。他们以不同速度调节动物的心跳，动物没有出现即时不良反应。这些动物在几个小时后被施以安乐死。拉扎维说，从2017年秋天开始，团队会进行长期的动物测试。不过，就职于贝丝·伊斯雷尔女执事医疗中心和哈佛大学的超声心动图检验师詹姆斯·张（James Chang，未参与本项研究）指出，即使移植物性能良好，安装它仍然属于侵入性操作。但是和其他人一样，詹姆斯·张也希望此类可充电的无线起搏器能尽快在临床上应用，因为"这就是未来"。

石墨烯器件
帮助聋哑人说话

撰文 ｜ 吴非

清华大学微电子所研制出了一款集收发声于一体的可穿戴智能人工喉，或将成为帮助聋哑人"说话"的声学器件。

由于听觉的丧失，一些人失去了说话的能力，因而无法通过语言与外界交流。通过辅助设备让聋哑人"开口说话"，成为很多研究人员的目标。事实上，大部分聋哑人的声带并未受损，因此他们可以低吟、尖叫或是咳嗽。通常而言，这些简单、无规则的声音不具备任何具体含义，但它们或许隐藏了一组密码等待着人们去提取——将低吟或尖叫的音调、强度、持续时间和重复次数组合起来，就可以构成大量独特的发声方式。而每一种发声方式都是一把秘钥，可以与一个特定的含义相对应。这样，通过事先录制好的词汇，聋哑人就可以通过低吟、尖叫将他们想表达的意思转化成能被普通人听懂的语言。

要实现这一想法，首先要解决的是硬件问题——制造能够集收发声于一体的声学器件。考虑到效率与便捷性，人们希望通过一个尽可能简易的器件，同时解决收声和发声这两个基于不同效应的过程。

聋哑人发声时，喉咙会产生微弱的振动。当他们发出不同的声音，例如以不同的音调、强度去低吟、尖叫时，产生的声波振动波形也各不相同。这时，基于收声材料的压阻效应，振动波形的波动被转化成器件电阻率的变化。

发声过程依靠的则是热声效应——当温度出现周期性变化时，器件周围气体的压强随之产生周期性振荡，声波由此产生。器件上施加的交流电信号会带

图片来源：清华大学微电子所任天令团队

来温度的周期性变化，当器件的热容足够小时，更多的热量会传递到空气中，这时器件就能发出人耳可以识别的声音。

由于同时具备压阻效应与热声效应，石墨烯成为众多研究人员关注的对象。但是，现有石墨烯声学器件仍有一些关键问题需要解决。清华大学微电子所的陶璐琪博士说："若要通过热声效应向空气释放热量进而发声，石墨烯器件就必须暴露在空气中。然而，现有的接收器件通常需要包裹在聚合物材料中，这就意味着接收器件与发出声音的器件必须分开工作。"此外，以前的石墨烯材料容易破裂且对振动的灵敏度低。因此，研制出高灵敏度的收发声一体化柔性器件，就成为推动智能人工喉研究的关键。

在相关研究中，清华大学微电子所任天令团队采用了新型激光直写技术。在特定波长的激光照射下，聚酰亚胺薄膜可以直接转化为多孔石墨烯材料。与此前使用的石墨烯材料相比，具有多孔结构的薄膜对振动有着更高的灵敏度，从而能够识别更微弱的喉部振动。此外，通过激光直写技术制备的石墨烯材料具有高热导率和低比热容，因此可以迅速、灵敏地将热量的变化转化成声音。

在测试中，使用者将器件贴在喉咙处，分别发出高音量、低音量以及长时间的低吟声。喉部的振动被器件接收后，经过器件对波形的智能识别，分别转化成10千赫兹高音量、10千赫兹低音量和5千赫兹低音量的规则波形，实现了声音频率、强度的可控化。而使用者不慎发出的咳嗽声，以及吞咽、点头时产生的振动，也能够被器件准确辨别——这些波形将作为干扰项被去除，以免影响正常的表达。

到2017年初，研究团队还没有将每一种规则波形与某种特定的含义对应起来，而这也是该团队接下来的研究方向。"我们需要建立使用者的声音信号库，"陶璐琪说，"目前我们尚不清楚器件可以分辨多少种不同的声音，但强度、音调、长度、重复次数，甚至其他因素，都会让声音种类的组合极大地丰富。在丰富语言库的基础上，我们会结合深度学习技术，弄清楚聋哑人语言与正常人语言的对应关系。"

为了使器件发出混频的词汇，课题组的另一项工作是设计与人工喉器件相匹配的功放电路。语言库的建立以及词汇的事先录制完成后，通过人工喉中的专用功放电路，使用者将操控这些录制好的词汇，让它们承载着自己的想法传到听力正常的人的耳中。

"由于它的高灵敏度、可靠的可重复性、良好的柔性以及简便的制备方式，"研究人员在论文中提到，"这项原创性研究成果将在语音控制、可穿戴电子设备等领域拥有广阔的应用前景，或将推动石墨烯向着产业化方向进一步迈进。"

更灵巧的
仿生手

撰文 | 丹·罗比茨斯基（Dan Robitzski）
翻译 | 张文韬

手部神经受到损伤的人，现在可以通过仿生重建术来换手。与传统手术相比，这个方法能使患者的手更灵巧。

根据2008年的一项研究，在美国肢体缺失的人约有160万，到2050年，这个数字可能翻倍。因受伤、患病而截肢的人可以安装假肢。但是，对于那些手臂或腿丧失正常功能，却还保留着肢体的患者来说，就没有什么机会安装假肢。不过，奥地利维也纳的一个外科医生团队研发了一种仿生重建技术，16个由于神经损伤而丧失手部控制能力和感觉的患者接受了治疗。治疗的关键是，患者必须对有神经损伤的手进行不必要的截肢，为假肢腾出空间。

为了召募第一批患者接受这种仿生重建术，奥地利维也纳医科大

学的外科医生劳拉·赫鲁比（Laura Hruby）和同事发布了一份说明，向患者阐明治疗方案和需要考虑的问题，并在治疗过程中对他们加以引导。

维也纳的外科医生团队的研究对象是臂神经丛受损的人，臂神经丛控制着肩部、臂部和手部肌肉。"这些患者的臂神经丛发生病变，传统的初级和二级重建都失败，使他们的手部功能已经丧失了好几年甚至几十年，而仿生学手部重建能给这些患者带来新的希望。"赫鲁比说。

研究人员认为，与传统手术相比，这个方法能使患者的手更灵巧，同时还可以减轻神经损坏的肢体产生的严重自发性疼痛。相关论文发表在2017年1月的《神经外科学杂志》上。重建步骤如下。

1. 仿生手安装在手臂支架上，与原生手相邻，并连接到电极上，可通过皮肤接收来自患者功能正常的前臂的神经信号。在这个阶段，患者要练习控制仿生手。

2. 手术切除原生手。

3. 在患者度过手术复原期后，仿生手从手臂支架移到患者的腕关节上。

话题七
医疗技术革新
带来无限可能

　　日新月异的科技发展，为医疗技术的革新带来了无限可能。新材料助力人体组织康复，光电技术提供深入人体细小部位的治疗手段，纳米颗粒在微观层面的治疗中大显身手，就连手机也加入进来，成为医生诊断疾病的得力助手。未来，技术将把更多医学梦想变为现实，帮助人们解除疾病困扰。

好事多磨的
医用硅胶

撰文 | 梅琳达·温纳·莫耶 (Melinda Wenner Moyer)
翻译 | 冯志华

一位足科医生在40多岁时就发现了一种治疗糖尿病足的方法，但这种被临床试验所证实的疗法一直得不到美国食品和药物管理局的批准，因为可注射液态硅胶存在"严重的安全隐患"。直到82岁，这位足科医生仍在等待。

在美国，2,000万患者正饱受糖尿病的折磨，其中100万人可能会死于糖尿病足。这种病轻则在足部出现溃疡，重则会有截肢的可能，随之而来的并发症几乎对患者判了死刑。据统计，糖尿病足的死亡率比结肠癌还高——患者被确诊5年后，只有50%仍然存活。比这些统计数字更令人吃惊的是，医生在20世纪60年代就知道了预防糖尿病足的安全治疗措施，但多年以来美国食品和药物管理局（FDA）并未批准这一疗法。

糖尿病造成的神经损伤是产生足部溃疡的原因。运动神经元受损导致足部变形，产生一些在行走时极易受损的压迫点，而感觉神经元的损伤又让患者丝毫察觉不到异样。"患者已经丧失了痛觉。"美国芝加哥罗萨琳德·富兰克林大学的外科医生、足科医学专家戴维·阿姆斯特朗（David Armstrong）这样解释。因为没有任何不适的感觉，所以患者会继续以同样的方式行走。在那些失去痛觉的区域，骨骼和皮肤之间的保护性脂肪垫逐渐磨损殆尽。最终皮肤被磨损，进而形成溃疡。阿姆斯特朗形象地描述说："他们的脚底形成了一个空洞，就像普通人穿了一只漏底的鞋子一样。"如果置之不理，溃疡部位就会受到感染，出现坏疽等症状，甚至不得不截肢以保性命，这样做的前提是患者一开始没有发生脓毒症等全身性感染。

将足部失去保护部位所受的压力缓解掉是预防溃疡的最佳方法。已从美国洛杉矶南加州大学医学中心退休的足科医学专家索尔·巴尔金（Sol Balkin）说，历史上就有医生建议患者使用一种特殊的鞋子或鞋垫，但很少有人遵从这种建议，因为他们根本就感觉不到疼痛。1963年，巴尔金听了一个关于注射硅胶丰胸的医学演讲，一下子点燃了他心中的灵感火花：假如将少量硅胶注射到跖球（连接大脚趾与脚掌之间的圆球形骨关节）中，取代磨损的脂肪垫，重新分配足部的压力，是不是就能创造出一种体内矫形装置呢？

巴尔金在一些自愿受试患者身上试验了他的想法，结果令人鼓舞。他解释说："硅胶确实起到了软组织替代品的作用。"他开始给更多患者注射硅胶，并对他们的病情进行为期数年的跟踪随访，还收集了患者过世后的尸检数据。与此同时，英国的研究人员也在着手进行一项独立临床试验。所有经过同行评议的研究都表明，尽管一些患者有时需要增加液态硅胶的注射剂量，但这种疗法的确可以安全、有效地预防溃疡。

不过，这种疗法并未推向市场，按照巴尔金的说法，这全部归咎于其他外部原因。1998年，硅胶制造商道康宁公司（该公司曾赞助了巴尔金的一项研究）陷入了一场涉及数十亿美元的集体诉讼之中，因为有人声称给胸部注射硅胶会导致免疫病变和癌症。该诉讼迫使道康宁公司彻底退出了医用硅胶注射市场。2007年，世界上最大的长期植入性硅胶供应商诺希尔公司的首席执行官迪克·康普顿（Dick Compton）表示，硅胶已经成了毒药的代名词，尽管有证据显示这种材料完全无害，但恶名仍然挥之不去。他坚持认为："有关硅胶安全性的证据已经足够充分了。"

1999年，美国医学研究院（一家旨在为健康问题提供循证医学建议的研究机构）基本排除了硅胶与免疫病变及癌症之间所有关联存在的可能性，但FDA对此却反应迟钝，直到2006年11月，才最终撤销了对整容性硅胶胸部注射的禁令。FDA发言人约瑟芬·特罗佩亚（Josephine Tropea）表示，FDA认为可注射液态硅胶仍存在"严重的安全隐患"。目前，只有一种用于治疗视网膜脱落的可注射液态硅胶产品获得了FDA的批准（巴尔金就是用这种产品，以"在FDA批准范围以外使用"的方式，为他的患者进行治疗的）。

尽管屡屡受挫，巴尔金却从未放弃。他一直在寻找愿与自己合作的公司，并希望FDA能够批准他的疗法。有4家公司表现出兴趣，但后来又担心出现产品责任问题而纷纷食言。巴尔金说："这些公司坦言，他们不愿重蹈道康宁公司的覆辙。"他还表示，由于治疗使用的仅仅是液态硅胶，因此，如果不能被授予专利，一切都无从谈起。

山重水复疑无路，柳暗花明又一村。巴尔金已经开始与美国田纳西州的一家公司携手努力，期待这种疗法能获得欧洲市场的准入资格。随后，公司还计划向FDA提出申请。不过，巴尔金表示，FDA也许还会判定证据不足，必须进行额外的研究。这些研究需要花费数百万美元，耗时数年方能完成。

但已经82岁的巴尔金的心情很好，他说道："我经历了种种是非，现在有望在有生之年看到梦想成真。至少可以说，我是一个快乐的家伙。"

人工凝胶
保护伤口

撰文 | 马克·佩普洛 (Mark Peplow)
翻译 | 冷颖琳

　　一种坚固的超级凝胶刚性与细胞骨架相仿，其冷溶液在伤口上经过体温加热后，会形成一层凝胶状的屏障来保护伤口。

　　带上1千克聚异氰化物，来到一个奥运会游泳池边，将这种聚合物分散地撒进游泳池里，再缓缓给游泳池加热。几分钟后，您的果冻就做好了，售价2,500万元。在一篇发表于《自然》的论文中，荷兰奈梅亨大学的材料化学家艾伦·罗恩 (Alan Rowan) 这样描述由他的实验室开发出来的一种新型的、不同寻常的聚合物。

　　罗恩并未真正在游泳池中进行过实验，但听上去他好像非常想试试。谈到形成凝胶这一步时，他激动地说，这种聚合物"十有八九是世界上最好的——性能比别的东西高出一个数量级"。

　　这种聚合物不仅能制造破纪录的大果冻，还具有重要的性质。美国芝加哥大学的生物物理学家玛格丽特·加德尔 (Margaret Gardel) 撰文介绍，这种聚合物是第一种刚性可与很多生物大分子媲美的人工合成聚合物。她解释，一般的合成聚合物往往极为松软，而"脱氧核糖核酸 (DNA) 和胶原等几乎所有的生物大分子都有某种固有刚性"。

　　罗恩的链状聚合物具有一个螺旋形的主链，成千上万个短肽向侧方突出，每一个均拖着由不断重复的碳氧链构成的长尾巴。相邻肽链的氮原子和氢原子相互结合，使主链变得坚固；尾端的碳氧基团则容易与水分子结合，使聚合物

151

螺旋形的主链（红色）和可与相邻链连接的长
尾巴（蓝色）

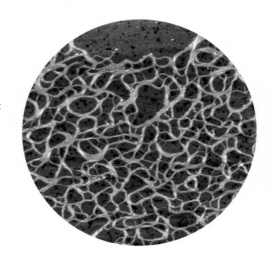

原子力显微镜下，这种新型
聚合物受热时的结构

具有极佳的溶解性。

当聚合物溶解后，加热会使其尾端排出水分子，并与相邻的聚合物链连接起来。达到某一特定温度后，聚合物链会自行组装成束状，宽约10纳米，使溶液在数秒之内转变成凝胶。与活细胞中的生物大分子和绳索中的纤维一样，束状结构使整个胶体变得坚固。"纳米尺度上的力学机制与宏观尺度上的相同。"罗恩说。

研究人员早已认识到束状结构对增加生物大分子强度的重要性。而罗恩的团队测量了单个和整束分子链的强度，揭示了二者之间的联系。"既然原理已经弄清楚，我们可以着手在更低的浓度下制造凝胶了。"罗恩说。

聚合物受热后形成凝胶，这种性质较为罕见。与之相反，大多数凝胶都是在溶液冷却后形成，例如明胶。罗恩设想，可以把这种聚合物的冷溶液倾倒在伤口上，当它被加热至体温时，会迅速形成一层凝胶屏障，对组织起保护作用，而当需要去除这层凝胶时，仅需在上面放置一个冰袋，使它变回液体。研究人员已开始针对这一设想进行实验。"用的是在烤箱里加热到40℃的猪腿。"罗恩说。

等离子手术刀
的妙用

撰文 | 蔡宙（Charles Q. Choi）
翻译 | 赵瑾

在外科手术中使用更精准的等离子手术刀可以减少手术出血。为了更好地将等离子体用于治疗，科学家正在进行相关研究。

英文"plasma（plasma有血浆、原生质、细胞质、乳清、等离子体等多种词义）"这个词在医学上使用时通常指的是"血浆"。但现在，在医学上科学家正越来越多地使用英文"plasma"的"等离子体"这一词义。等离子态是除了固态、液态和气态以外的第4种基本物质存在形态。目前，科学家正在研究如何更好地利用在星星上和闪电中发现的等离子体，像使用喷枪那样实现不出血的外科手术。

从20世纪初开始，外科医生就已经开始利用放电等离子体，切除肉疣以及其他恶性组织。20世纪90年代，研究人员开始研究如何利用等离子体射流，像（20世纪60年代使用的）工业等离子切割器切割金属那样，切割人体组织。这些等离子手术刀在切割的同时，能够烧灼创面止血。美国华盛顿特区的外科医生杰罗姆·卡纳迪（Jerome Canady）是第一个等离子手术刀的发明者，他说这种手术刀"就像绝地武士使用的光剑一样"。

内出血可能致命，而找到预防内出血的方法则可以挽救生命。最大限度地降低输血需求也很重要，特别是在血源紧张的战地医院。美国军队就在2008年试用了这种外科等离子手术刀。

等离子手术刀将压缩气体（如氩气）压入一个狭窄的通道，并在通道中使气体携带电荷，将气体转化成等离子刀。等离子流的速度超过每小时1,500英里（约2,414千米）。等离子手术刀使用的等离子流温度相对较低，虽然足以烧灼与它直接接触的组织，但创面周围的细胞温度不会超过36℃。卡纳迪说："等离子手术刀比普通手术刀的刀锋更精准。传统手术刀的创面大约宽0.4至0.8毫米，而等离子手术刀则可将创面宽度降至0.1至0.2毫米。"

越来越多的研究显示，等离子体的治疗益处远不止释放热量所产生的疗效。等离子体能够使空气中原本不带电荷的氧气分子和氮气分子变成带电分子。这些带电分子又进而形成臭氧和氧化氮，它们能够杀死病灶处的细菌和癌细胞。

等离子体物理学家迈克尔·凯达（Michael Keidar）是美国华盛顿特区乔治·华盛顿纳米技术研究所的所长，他和同事将利用44.5万美元的5年研究经费，研究等离子体对人体的物理效应。我们或许可以通过控制给等离子体供能的电子脉冲的频率、电压以及波形，来影响等离子刀切入活体组织的深度。这一类的知识将有助于实现更精准的等离子手术刀切割，或是优化等离子体切割的抗菌和抗癌功效。凯达说："对于等离子体的这类应用，目前还没有相应的基础研究。我们希望对等离子体作用机理的全面了解能为我们打开更多应用之门。"

用光镊
清洁血管

撰文 ｜ 刘洋

通过神奇的光镊技术，堵塞的血管有望恢复通畅。如果血管中的实验获得成功，关乎血管的医学革命就有可能到来。

穿过小白鼠耳朵的真皮层，在深度约50微米的毛细血管中捕获和操控红细胞，人为制造血管堵塞。随后，拖曳细胞以引导血管疏通，令已聚集的细胞团簇逐渐消散，让血液恢复流通。而更关键的一点是，所有这一切都是在不影响小白鼠生命安全的情况下，通过非接触式的操作而实现的。

这些以往只能在科幻小说中见到的情景，在中国正变成现实。

2013年，中国科学技术大学李银妹教授领导的研究团队与上海交通大学魏勋斌教授合作，采用光镊技术成功捕获了活体动物细胞，被视为非侵入性活体成像领域的巨大进步。这项研究结果发表在了2013年4月23日的《自然·通讯》上。

魏勋斌的研究方向为肿瘤和免疫的在体光学影像和分子探针技术，他在国际上首先建立了可实时无损监测小动物循环肿瘤细胞的在体流式图像系统。李银妹则是国内光镊技术研究与应用的开拓者之一——自1989年开始，她就致力于光镊技术，并在国际上率先将该技术应用于基础教学。

此外，李银妹还曾先后承担十余项跨学科研究项目，并拥有数十项技术的自主知识产权。李银妹的这些宝贵的合作经验，对在活体动物体内成像领域中与魏勋斌合作取得突破至关重要。

活体动物成像技术包括体内成像和体外成像。该技术一直是现代生命科学研究的基础之一——给荧光基团配上一个合适配体，比如抗体，然后把它与组织样品一起温育，最后加上光照，这样标记的分子就能通过显微镜显示出来。但体外方法有一处"硬伤"——不能在天然环境下描绘生物过程，因此研究人员逐渐将注意力从体外观测转向对体内生物过程进行观测。

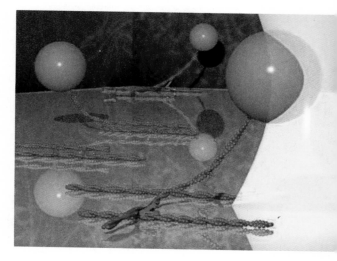

光镊技术的问世及其每一次进步因此变得意义非凡。一个完整的"纳米光镊系统"包括三个组成部分，即三路光镊、双路高精度探测和纳米操控系统。作为一种纳米级位移的操控手段，光镊是深入研究活体细胞和生物大分子个体行为、探索生命运动规律的重要工具。

利用光镊科学家早已能够捕获几十纳米的透明粒子，但受光学显微镜限制，在捕获同时进行观察成了技术瓶颈。突破这一瓶颈的正是中国科学技术大学的研究人员。他们从光镊系统侧面耦合一束片状激光，并以特定入射角照射样品，使样品中粒子的散射光通过显微镜成像。利用这一技术，研究人员成功捕获了100纳米的聚苯乙烯颗粒，并在显微视场中实时观察了它的变化。

这些成功的经验，为科学家在血管中做实验并再次取得成功奠定了基础。一旦这些实验获得成功，一次关乎血管的医学革命就有可能到来。

治疗败血症
的磁珠

撰文 | 凯特·威尔科克斯（Kate Wilcox）

翻译 | 冯志华

科学家构想出一种方法，利用微米大小的磁珠将病原体从败血症患者的血液中过滤出来。磁珠外面包裹着一种抗体，这种抗体能与导致败血症的细菌或真菌结合。随后，结合了病原体的磁珠在磁场的影响下从血液中被分离出来。

利用磁场将致病因子排到血液之外，这听起来似乎是科幻小说中的情节。不过，科学家可能已经找到了能将这一幻想变成现实的方法，该方法至少可用于治疗一种有致命危险、能导致多个器官功能衰竭的血液感染——脓毒症（败血症的一种）。

美国哈佛大学医学院的生物学家唐纳德·英格伯（Donald Ingber）、他的博士后研究员容昌永（Chong Wing Yung）以及其他同事一起设计出一种方法，利用微米大小的磁珠将病原体从败血症患者的血液中过滤出来。在他们的模型系统中，磁珠外面包裹着一种抗体，这种抗体能与导致败血症的细菌或真菌结合。这些磁珠与患者的血液混合到一起后，便可与病原体相结合。在磁场作用下，结合了病原体的磁珠将离开血液，进入血液附近流动着的盐溶液，然后被溶液冲走。医生会把经过过滤的血液再回输到患者体内。在试验中，研究人员检测了10~20毫升患者血液，发现这种方法能去除其中80%的病原体。

成功过滤的关键在于，磁珠的大小大概是红细胞直径的1/8。只有这样的尺寸才足够小，能确保盐溶液平稳流动；如果发生湍流，则最终会导致盐溶液与血液混合到一起，使病原体与血液的分离变得更加困难。

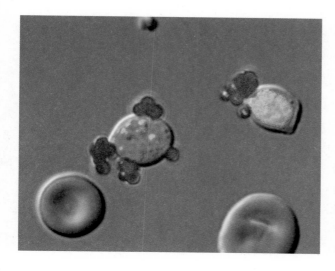

粘住不放：微小的磁珠（红色）外面被抗体包裹着，它们能与真菌（绿色）结合在一起。左图中，中间凹陷的圆形细胞是血液中的红细胞

　　在2009年5月7日发表于《芯片实验室》上的论文中，英格伯介绍了他设想的一个更先进的分离系统，可以帮助重症监护室的医生解决一个难题——在治疗开始前，必须确定导致败血症的到底是细菌还是真菌。因为对付真菌的药物往往有毒副作用，所以医生通常需要先确定病原体的类型，然后采取相应的治疗措施。然而，诊断所需的时间太长，会把病情本已迅速恶化的患者置于更加危险的境地。英格伯希望能将几种不同的黏性蛋白一起放置在磁珠表面，这样即便来不及诊断，也可以同时将一系列病原体排出血液。

　　英格伯还认为，没有必要将所有病原体都去除。他说："我们要努力实现的，是确立一个临界点。"也就是说，把人体内的病原体数量降低到一定程度，以使抗菌药物更有效地发挥作用。

　　"这个理论非常精妙和新颖，"美国尤尼斯·肯尼迪·施赖弗儿童健康与人类发育研究所的新生儿科学专家汤斯·拉朱（Tonse Raju）评论道，"他们极富创新精神，我要向他们脱帽致敬。"不过，他认为，该理论存在一个重要问题——目前尚无证据表明，减少病原体数量有助于提升药物疗效。此外，败血症患者表现出的很多症状，都由机体自身的炎症反应导致，而非病原体。拉朱还指出，一些细菌或真菌会隐藏在脓疱中，或躲在血液供应量较低的区域（如腹膜腔），从而逃避血液过滤。

尽管如此，英格伯仍然决定继续将研究向前推进。他打算在兔子身上进行初步实验，因为败血症发病率极高的人类早产儿，其大小与兔子相差无几。英格伯承认，前进路上困难重重，但他希望通过进一步的研究，让利用磁珠消灭疾病的想法不仅仅停留在科幻小说之中。

细菌
医生

撰文 | **费里斯·贾布尔（Ferris Jabr）**
翻译 | **朱机**

有一定功能的纳米颗粒和脱氧核糖核酸（DNA）片段可以被装在微生物上送入人体，从而有望摧毁病变组织。尽管这项研究尚处在起步阶段，但一些工程师和微生物学家已经看到了其中的潜力。

微型机器人在我们的血管中一边游弋，一边打击入侵生物，这样的情景似乎还停留在科幻小说中，没有在科学上实现。不过，推动这一想法成为现实的方法也许已经有了。

科学家并没有设计出足够微小、不会擦碰血管壁的小机器人，他们正在尝试的方法是，让数千种细菌进入到人体内。研究人员给这些微生物装上了有特定功能的纳米颗粒和DNA片段。尽管这项研究尚处在起步阶段，但一些工程师和微生物学家已经看到了其中的潜力。2012年3月，在美国圣迭戈举行的美国化学学会年会暨展会上，约翰斯·霍普金斯大学的生物分子工程师戴维·格雷西亚斯（David Gracias）展示了他和同事的研究，他们在非致病的大肠杆菌上，装配了由镀金的镍锡合金制成的珠形、杆形和新月形的微型颗粒。

进入人体的纳米颗粒可以由红外线加热，从而摧毁病变组织。格雷西亚斯的最终梦想是，让细菌输送在药液中浸泡过、吸附了药物的纳米颗粒，并给细菌装配上微型工具，让它们对单个细胞实施手术。

其他科学家所做的类似研究证实，经过改造的细菌能将药物直接送入患病细胞或癌细胞之中。在美国斯坦福大学工作的德米尔·埃金（Demir Akin）曾和同事一起做过一项研究，他们将萤火虫的萤光素酶基因（萤火虫发光的内在原因）插入一种可导致食物中毒的细菌——单核细胞增多性李斯特菌。埃金把改造过的细菌注入小鼠体内，三天后，他通过特制的摄像机观察到，不但这些细菌进入了小鼠的细胞，而且细胞核里也表达了萤光素酶基因。按埃金的设计，这些像微型机器人一样的细菌会把DNA注入哺乳动物的细胞，而且在实验室培养的人类癌细胞中，这些细菌也能执行类似任务。

李斯特菌进化出的进入动物细胞的能力是其优势所在。可惜它对人体有害。相反，很多大肠杆菌对人体无害，但不能够进入人体细胞。美国威斯康星大学麦迪逊分校的道格拉斯·魏贝尔（Douglas Weibel）指出，关键的一步就是要找到一种细菌，它对人体无害，而且运动能力强，能闯进哺乳动物的细胞。在一项研究中，魏贝尔把纳米尺寸的聚苯乙烯颗粒安装在单细胞绿藻上，然后（利用藻类的趋光性）操控这种"微型装置"的运动。正是这个早期实验启发了他，他由此开始了后来的研究工作。

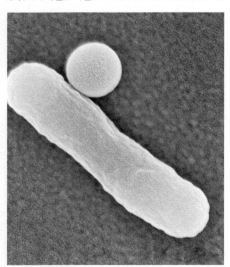

携带着颗粒的大肠杆菌

魏贝尔对眼下的研究非常着迷。他说："细菌进化出了令人惊叹的运动性。它们能感受到环境中的变化，并在很短的时间内适应新环境。不仅如此，这种适应还是可遗传的。就算我们没法让它们在人体内做运送工作，它们在实验室中运输纳米颗粒也是很有用的。没人知道再过50年我们会取得什么样的进展。"

纳米颗粒
让过敏注射疗法更安全

撰文 | 莫妮克·布鲁耶特（Monique Brouillette）
翻译 | 张哲

将过敏原包在纳米颗粒里，可以让过敏注射疗法更安全有效，这将使更多患者受益。

眼睛痒、流鼻涕，一旦出现这些过敏的初期症状，患者就会赶紧去药店买些非处方药来缓解。但是这些药物治标不治本，过敏的根本原因是我们的免疫系统对无害物质反应过度。唯一的治愈方法是在数月甚至数年内，注射一系列小剂量的过敏原以使身体脱敏。但由于可能会有严重的副作用（如过敏反应），很多患者并不会接受这种注射治疗。

为了解决这个问题，美国西北大学的斯蒂芬·米勒（Stephen Miller）和密歇根大学的朗尼·谢伊（Lonnie Shea）开发了一种更安全的方法——简而言之，就是让脱敏针中的过敏原避开自身免疫系统的攻击。

要想让免疫系统学会识别哪些物质有害，哪些物质无害，需要先让肝脏和脾脏中正在发育的免疫细胞熟悉那些日后不需处理的无害蛋白质。但问题在于，成熟的免疫细胞有时候会在注射剂中的过敏原抵达这两处"学习中心"前就发起攻击。因此，免疫学家米勒联手生物医学工程师谢伊，设计了一种类似特洛伊木马的给药方式——将过敏原封装在纳米颗粒中。这些颗粒和衰老血细胞的碎片大小相同，因此免疫系统会把它们认定为正常的细胞残骸，从而允许它们经血液进入肝脏和脾脏。到达这些地方后，纳米颗粒外衣溶解，释放出过敏原。

　　相关研究发表在了美国的《国家科学院学报》上。论文提到，研究人员测试这个方案的可行性时利用的是卵清蛋白导致的小鼠过敏——卵清蛋白会引发小鼠严重的免疫反应。他们先将卵清蛋白封入纳米颗粒中，然后将这些纳米颗粒注射进5只小鼠体内。结果，小鼠没有出现免疫反应。随后，研究人员又直接向这些小鼠注射卵清蛋白，并观察它们是否还会过敏，结果小鼠们并没有出现呼吸道炎症。此外，血液测试显示，小鼠体内抑制免疫系统的调节性T细胞增多了。这些结果表明，包裹着纳米颗粒的过敏原成功穿过了小鼠体内的防御系统而没有被发现，此后免疫系统就知道这些过敏原并不是坏家伙了。

　　美国斯坦福大学肖恩·帕克过敏和哮喘研究中心主任卡丽·纳多（Kari Nadeau）称，在治疗过敏时，纳米颗粒是一种强大的工具，可以对付很多过敏反应，甚至可治疗自身免疫失调，比如多发性硬化。这是因为纳米颗粒内可以填充来自花粉、尘螨等不同物质的免疫反应触发物。

　　已经有其他研究人员通过试验证明使用纳米颗粒可以有效治疗花生过敏。接下来，米勒和谢伊计划对乳糜泻（由免疫系统对小麦蛋白过度反应导致，又称麸胶敏感性肠病）进行临床试验。

"电子皮肤"即将登场

撰文 | 约瑟夫·本宁顿-卡斯特罗（Joseph Bennington-Castro）

翻译 | 刘雨歆

未来，拥有超薄电路、传感器和其他电子元件的"电子皮肤"，将在医学上有多种应用。

"电子皮肤"模糊了生物组织和电子产品的界限。"电子皮肤"发明于2011年，其中包含超薄电路、传感器和其他电子元件；这种电子薄膜植于皮肤后，便拥有一次性文身般的可塑性和延展性。科学家已经证实，"电子皮肤"在医学上可有多种应用，这为医学监测技术的革新铺平了道路。

"电子皮肤"可用于多种医学监测，如大脑监测、伤口监测、运动监测、用药监测及心脏监测。

大脑监测

如果把电子皮肤植于前额，它就能读取脑电信号，为绘制脑电图提供数据。电子皮肤的效果和传统的有线设备完全一样，并且"戴"起来更舒适，对人体活动的限制也更少——这可以说是为新生儿重症监护室带来了福音。

伤口监测

电子皮肤可以监测手术后伤口附近的温度变化，尽早发现发炎和感染症状。它还可以测量体内的含水量，评估伤口的康复情况（伤口康复需要水分）。

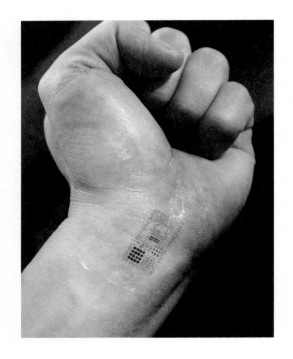

运动监测

如果在电子皮肤内集成加速度计，它就能随时收集人体运动数据。而通过监测人体运动数据，我们可以了解帕金森病或其他疾病患者对一些新疗法的反应。

用药需求监测

如果集成了存储器和生理传感器，并储存了处方药，电子皮肤就能储存患者的诊断信息，并根据患者身体的需要，自动为患者注入正确剂量的药物。

心脏监测

未来，电子皮肤或可用于外科手术，比如包裹在心脏上，全面监测心脏活动；它还可以作为低强度心脏起搏器，或植入型心律转复除颤器（一种用于控制心律不齐的医疗设备）使用。

手机
检测癌症

撰文 ｜ 梅琳达·温纳·莫耶（Melinda Wenner Moyer）
翻译 ｜ 王冬

通过智能手机来做癌症相关检测，只需要一部手机和一台饭盒大小的核磁共振仪——科学家希望能够实现这一目标。这会使医生出诊化验更加方便，因为这种诊断方法不需要笔记本电脑或者台式电脑。

对很多人来说，通过智能手机不仅仅可以打电话、发短信，而且安装不同的应用程序后，还可以用它来上网、发邮件和听音乐。现在，许多科学家正在努力扩展智能手机的应用，希望通过智能手机来做癌症和感染性疾病的相关检测，追踪治疗进程，以及检测水质。由于智能手机应用广泛，把它和最前沿的科技结合起来，可以造福经济落后地区的人民。

传统癌症诊断方法耗时长、费用高，这阻碍了它的应用。发表于《科学·转化医学》的一项研究有望改变这种现状。来自哈佛大学医学院的拉尔夫·韦斯莱德（Ralph Weissleder）和同事开发了一种新的癌症检测手段，需要的设备只有一部手机和一台饭盒大小的仪器。研究人员用针头从疑似患有转移癌的患者的腹部取一小块组织，然后将组织样本与一种抗体混合，该抗体可以和已知的4个癌症相关蛋白结合。前面提到的饭盒大小的仪器是核磁共振仪，通过检测抗体的强度，该仪器可以计算与抗体结合的癌症相关蛋白水平。此后数据被发送至智能手机，后者可以通过专用程序将数据分析展示出来。由于医生不需要携带笔记本电脑或者台式电脑，出诊化验会变得更加方便。与这种新方法相比，传统检测手段至少需要3天时间才能给出结果，而且需要更大的组

织样本，这意味着传统检测手段对人体的伤害更大。

此项研究的参与者之一、哈佛大学系统生物学家李学虎（Hakho Lee）表示，通过使用不同抗体，医生可以用这种仪器诊断所有类型的癌症。这种仪器还可以用于追踪治疗进程。李学虎说："如果癌细胞的数量减少了，或者某个特定疾病标志物的表达水平降低了，就意味着当前采用的治疗方法产生了效果。"他认为这种仪器将来可以转化为产品。

另外一些科研人员则在尝试将手机的摄像头转换为医学诊断显微镜使用。美国加利福尼亚大学洛杉矶分校的电子工程师艾多甘·奥兹坎（Aydogan Ozcan）及其同事开发了一种长4.5厘米的手机配件。这个配件可以通过发光二极管照射生物样本产生的光线散射，生成每个细胞的全息图像。手机摄像头可以将图像拍下，经过手机软件压缩后发送到诊所供医生评判。这个装置的分辨率可达1毫米。通过对血样拍照，医生可诊断镰状细胞贫血、疟疾，也可以进行血细胞计数。对于那些与疟疾等传染性疾病抗争的人来说，这个精巧的设备可以为他们带来极大的便利。

话题八
构筑
公共卫生防线

　　医学的进步离不开医学技术的发展和医疗手段的革新，同样也离不开医疗制度的保障。从监控传染病到阻击医院内感染，从保障罕见病药物供应到搭建医生与患者沟通渠道，通过更加有效的管理方式，可以让更多人避免因医院内感染而患病，可以满足病人的用药需求，也可以让病人得到更具个性化的诊疗服务。

监测航班
可追踪传染病

撰文 | 拉里·格林迈耶（Larry Greenemeier）
翻译 | 高瑞雪

利用在线监测工具，人们可以通过机场相关信息对传染病进行追踪，从而防止疾病大流行。

当像严重急性呼吸综合征（SARS）这样的传染病再一次威胁到世界各地的人群时，机场也许会有新的办法来防止疫病大流行。美国交通系统官员和公共健康专家尝试运行了一个网站，这个网站能够针对乘坐某次航班抵达的旅客计算出现疫情苗头的风险概率。在美国全国研究委员会下属的交通运输研究委员会的资助下，佛罗里达大学的研究人员用航线客运量、疾病风险地图和气候数据，设计出了航空运输传播疾病风险（VBD-AIR）在线监测工具。

官员可以通过输入机场名称、月份和目标疾病进行查询。首批可以选择的疾病都是通过蚊子传播的疾病，包括登革热、疟疾、黄热病，以及曾经在佛罗里达州发现过的基孔肯亚热。查询结果是一个航线网络图，线条代表从世界各地飞到目标机场的航班，不同颜色标示疾病风险高低。

佛罗里达大学新兴病原体研究所和该校地理系的助理教授安德鲁·泰特姆（Andrew Tatem）表示，如果有需要医疗救助的旅客进入机场或是住进了机场附近的医院，就需要官员们在形势恶化前进行迅速评估。泰特姆也是开发VBD-AIR程序的研究人员之一，他补充道，VBD-AIR数据库可能可以根据旅客在疫情中的暴露风险和疾病致病力的大小，协助确定哪些进入机场的旅客需要优先进行检查。VBD-AIR程序也可以作为一项预防措施，用于警告旅客应

该避免前往哪些地区。

　　研究人员计划扩大该程序的疾病追踪范围，从而可以监测利什曼病（发现于南美洲、非洲和中东特定地区，由沙蝇叮咬传播）、裂谷热（发现于肯尼亚，但已经扩散到非洲和中东等地区）和美洲锥虫病（最常见的传播媒介是南美洲和中美洲的一种昆虫）。

喷嚏飞沫
能"飞"多远？

撰文 | 蕾切尔·努尔（Rachel Nuwer）
翻译 | 刘雨歆

研究人员重新分析了人在打喷嚏时喷出的飞沫的传播距离，结果显示，病原体的传播能力远超我们的预期。

多相湍流漂浮云是指聚集成云雾状、在空气中进行传播的小液滴和固体微粒。

此"云"并非天气现象，而是一团"喷嚏云"。根据发表在《流体力学学报》上的一项研究，人在打喷嚏时喷出的飞沫会聚集成云雾状，传播距离可能远超科学家先前的预期，甚至可以比预想的远200倍。

美国麻省理工学院的数学家和工程学家，利用高速摄像机记录下了人们咳嗽和打喷嚏的场景，然后通过数字模型和人工模拟，来探究这种"云"在物质传播过程中扮演的角色。

研究人员从流体力学角度，重新审视了打喷嚏时喷出飞沫的过程，结果发现此前许多相关假设都是错误的。比如说，过去人们认为具有较高动能的大颗粒物质飞得比较远，但其实颗粒最大的是黏液和痰，而它们飞行的距离并不是最远的。

最让科学家感到意外的是，人体喷出的小液滴并不是独立传播的，它们会和空气相互作用，聚集成云。从运动规律上来说，这些液滴如同吸入鼻中的烟雾，而非温室洒水器喷出的水滴。

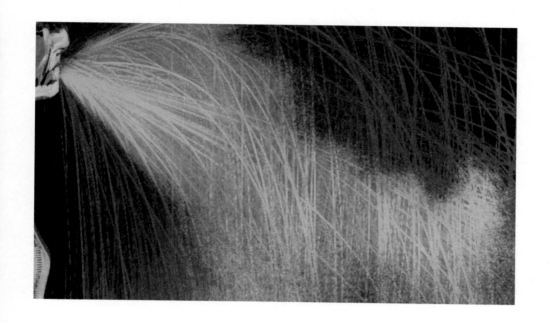

　　因此，虽然大液滴的传播距离只有4英尺（约1.2米），但小液滴的传播距离却可以达到8英尺（约2.4米）。

　　这一发现对于疾病控制来说可能尤为重要。微生物如果搭上气态云的"便车"，就足以"飞抵"通风设备。也就是说，致病菌的传播能力可能远超我们的预期。上述发现将帮助研究人员重新评估各类空调设备传播疾病的可能性，并进一步了解病原体在办公室、机舱和居室中的传播途径。

阻击医院内
感染

撰文 | 詹宁·因泰兰迪 (Jeneen Interlandi)
翻译 | 王冬

> 每一年，整个美国都会发生大约200万起医院内感染。因医院内感染死亡的人数超过因艾滋病、乳腺癌和交通事故死亡的人数总和。如果医护人员在日常行为方面进行一些小小的改变，如增加洗手次数，那么医院内感染就会大幅降低。

对于美国医疗体系而言，终极的悖论莫过于："去医院治病反而要了你的命。"每一年，整个美国都会发生大约200万起医院内感染，造成约10万人死亡和450亿美元的额外花销。这比每一年由艾滋病、乳腺癌和交通事故造成的人员死亡及财产损失的总数还要大。并且，随着抗生素耐药问题日渐突出，这些数字有可能还会持续上升。

与这些数字相比，更令人震惊的事实是，这类感染大多是可以预防的。美国医学研究院很久之前就宣称，如果医护人员在日常行为方面进行一些小小的改变，如增加洗手次数，那么医院内感染就会大幅降低。

为此，自2011年1月1日起，美国医疗保健和医疗补助服务中心要求，如果有重症监护患者发展成血液感染的病例，相关医疗机构必须上报。而且，这些数据将会公开，类似要求将会扩展到所有类型的医疗感染。医疗保险中返还医院的比例也将会与医院消除感染的力度挂钩。

有些医疗机构已经接受了这个倡议并开始有所行动。其中一小部分医疗机构"已经显著降低了某些医院内感染的发病率，而这在其他医疗机构看来曾经

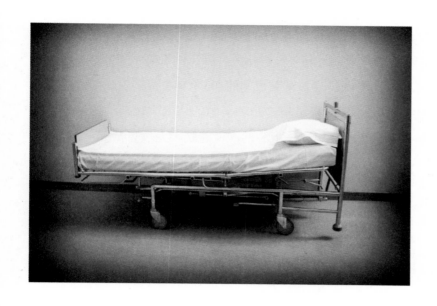

是不可能做到的"，美国医疗保健和医疗补助服务中心负责人唐纳德·贝里克（Donald M. Berwick）这样表示。

克拉克斯顿-赫本医疗中心就是这小部分中的一员。这是一家位于纽约奥格登斯堡的乡村医疗机构，拥有一个10张床位的重症监护室。过去，每4名使用呼吸机的患者中就会有1名患上呼吸机相关性肺炎。而克拉克斯顿-赫本医疗中心仅对呼吸机的使用规程做了些许改变，就使这种医院内感染几乎销声匿迹。该中心的医护人员把使用呼吸机的患者的病床靠背抬起30°——根据研究，与平躺相比，这个姿势对患者的肺更有利，并且不会像此前想象的那样，增加褥疮发病率。另一个改变是他们每天中断一次镇静剂的使用，并检查患者的恢复情况。过去患者会一直保持镇静状态，这会增加患者在重症监护室停留的时间。护士们还会每天给患者刷牙，每隔几个小时给患者做一次口腔和牙龈清洁，因为口腔感染往往会扩散到肺部。在采取了这些改变后的5年里，这家医院没有出现一例呼吸机相关性肺炎。

克拉克斯顿-赫本医疗中心并不是唯一一家有成功经验可供分享的医疗机

构。事实上，纽约地区有数十家医院（其中很多比克拉克斯顿-赫本医疗中心大得多）都采用类似方法成功地将呼吸机相关性肺炎的发病率降低了一半。与此同时，经过耗时18个月的研究，密歇根州的103个重症监护室也消除了导管相关的血流感染。医院的工作人员将这归功于循证临床实践和简单的检查清单。有了这些举措，更多医院可以花很少的钱就能跟上克拉克斯顿-赫本医疗中心的步伐。

"孤儿药"困境

撰文 | 杰茜卡·韦普纳（Jessica Wapner）
翻译 | 陈晓蕾

罕见病是指患者人数只占总人口0.65‰～1‰的疾病，治疗这类疾病的药物就叫罕用药，俗称"孤儿药"。罕见病大量存在，但因经济原因，制药巨头不愿意开发相关的药物。美国在1983年颁布《罕用药法案》后，这种情况有所改观。

自从《罕用药法案》于1983年在美国通过以来，357种罕见病药物（俗称"孤儿药"）、2,100多种相关产品获准上市。而在该法案通过之前，市面上只有10种这类药物。由于美国现有约7,000种罕见病，受累人数高达2,000万～3,000万（中国的各类罕见病患者人数也有上千万），监管部门和病患权益组织急切希望进一步加大这方面的工作力度。但是，要给法案注入新的生机，无疑会在科学和经济领域掀起波澜。

罕见病是指患者人数只占总人口0.65‰～1‰的疾病（数据源自世界卫生组织），治疗这类疾病的药物就叫罕用药。美国《罕用药法案》的颁布，旨在鼓励制药公司研究罕见病相关疗法。该法案主要依靠经济激励，如政府拨款资助、承办临床试验、给予试验支出50%的税费优惠等，而最重要的一点是，药物获准上市后，企业在7年内拥有独家经营权（非罕用药受到专利权保护，相对而言比较麻烦，潜在的盈利空间也较小）。有了这一法案，研发人员和制药厂商才有可能去投资开发罕用药；否则，由于受众人群有限，研发罕用药不可能有利可图。

但这些政策的覆盖面还不够广。病患权益团体美国国家罕见病组织主席彼得·索顿斯托尔（Peter Saltonstall）称，有一家美国公司以经济原因为由，停止研制一种极有前景的罕见病药物，这种疾病在美国约有1,500名患者（索顿斯托尔拒绝透露该病的名称）。患者更少的罕见病获得关注的机会更小，但这类疾病大量存在。

美国食品和药物管理局（FDA）罕用药研发办公室主任蒂姆·科特（Tim Cote）承认，这个问题很难解决。他领导的办公室主要负责审核新药是否符合罕用药要求。对于制药巨头始终不愿意关注罕见病，他们也很恼火。科特说："那些公司总是向媒体宣称罕用药对公司有多么重要，却很少向我提交实质性的材料。"

为了游说制药巨头关注罕见病，也为了简化审批流程，向那些已做出承诺的小公司提供帮助，FDA在2010年的拨款法案中授权科特的办公室，重新评估罕用药的审核过程。科特解释说，换用另外一些统计模型（如贝叶斯统计），科学家可以压缩试验规模，从更少的数据中挖掘更多的有用信息，却不会影响药物安全性和有效性的判定。虽然这种策略还未大范围推广，但科特强调，在对待罕用药研究时，FDA的政策是很灵活的：治疗重度联合免疫缺陷病（即"气泡男孩症"）的药物PEG-ADA，只在12名患者身上做过试验就获得了FDA的上市批准。

科特还希望通过举办一些现场研讨会，激发制药厂商对罕用药的兴趣。这类研讨会已在美国加利福尼亚州克莱尔蒙特举办，目的是让厂商了解《罕用药法案》中的经济激励政策，实地指导厂商如何填写罕用药申请书。

但难题依然存在。罕用药的生产成本高，市场又太小，要做到收支平衡，定价势必很高。制药公司拥有罕用药的独家经营权，这意味着不管他们怎么定价，市场都得承受。一旦一种罕用药在治疗某种疾病上的效果惊人，他们就可以获得巨额利润。肉毒毒素就是一个实例，它本来是用于治疗两种会引起眼睛和颈部肌肉痉挛的罕见病，现在则广泛用于美容。与美国不同，欧洲如果出现了这种情况，相关部门就会重新评估肉毒毒素的罕用药资格。1990年，美国国会曾提出与欧洲类似的罕用药修正案，但时任总统乔治·布什（George H. W. Bush）投了否决票，因为他担心这种举措会阻碍产品创新。

科特认为，制药公司投资研制的药物为他们带来意外之财并无不妥。"《罕用药法案》专门用于推动罕见病疗法的创新，"科特说，"如果更多的人最终也能受益于这些研究，那又有何不可？"

尽管如此，罕用药可能还是会引发一场更为广泛的争论：罕用药现在每年消耗60万美元，似乎没有多少，但每年消耗多少资金才算是太多了呢？"这个问题是社会必须去解决的，"世界骨髓瘤基金会董事会成员迈克·斯科特（Mike Scott）说，"它同时涉及商业、科研和社会领域。"

在科特看来，现在应不惜任何代价，专注于开发罕用药，以偿还一笔我们亏欠已久的债。尿素循环、新陈代谢和血液凝固这些医学知识，都来源于罕见病研究。"我们亏欠罕见病患者很多，"他说，"因为我们对医学的大多数认识都是以罕见病研究为基础的。"

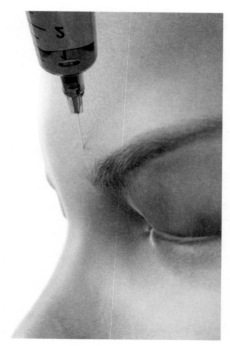

成功的罕用药：肉毒毒素原本只用于治疗某些能够引起痉挛的罕见病，而现在它已成为"抗皱明星"

医生与患者的
社交网络

撰文 | 詹宁·因泰兰迪（Jeneen Interlandi）
翻译 | 赵瑾

基于医患社交网络的医疗服务平台已经在建设中。利用这个平台，患者可以通过手机短信或网络每天报告自己的症状，医生则根据这些信息对患者的治疗方案做出即时评价。

尽管现代医学不断进步，但许多慢性疾病的治疗仍然不规范，甚至变来变去。克罗恩病是一种让人非常痛苦的慢性消化道疾病，在青少年中较为常见。对于这类疾病的治疗，在用药、饮食调整、替代疗法等方面，流传着很多说法，有时这些说法会相互矛盾，让人无所适从。为了改变这种局面，一个由儿科医生和计算机科学家组成的团队，着手开发一种新型社交网络，让医生和患者成为临床研究的"合作者"。

这个社交网络的运行模式如下：研究人员要改进一种疗法时，相应的医生和患者就会参加一个小规模的临床试验。患者每天都要在报告中记录自己的症状，并通过手机短信或网络传给医生。医生则根据这些信息，对患者的治疗方案做出即时评价：药物剂量是否需要调整？新的饮食方案是否有助于缓解症状？随后，每个这类试验的数据都将储存在一个网络数据库中，研究人员通过分析数据库中类似试验的信息，进一步研究疾病治疗中尚存疑问的地方。该网络初步运行时，医生在没有使用任何新药的情况下，就把患者症状的缓解率从55%提高到78%。美国辛辛那提儿童医院医学中心的彼得·马戈利斯（Peter Margolis）说："我们的想法是，在确保患者得到持续治疗的同时，实时收集

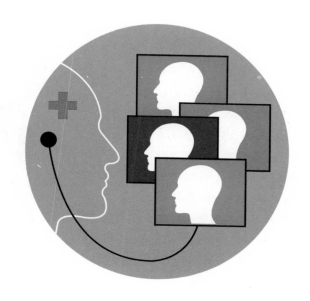

相关数据。这种研究方式必将改变我们对克罗恩病的认识和治疗。"马戈利斯同时也是这个社交网络——慢性病护理协作网络（C3N）的创办人之一。

2011年年初，C3N开始在全美30多个研究机构运行。虽然这个网络目前主要针对儿童克罗恩病的治疗，但它完全可能发展起来，逐步用于糖尿病、心脏病、银屑病，甚至癌症等其他慢性疾病的治疗。这个网站的创办者认为，C3N为那些盈利预期不那么好的临床研究提供了一个新平台。C3N首席网络构架师、美国麻省理工学院媒体实验室的博士研究生伊恩·埃斯利克（Ian Eslick）说："因为大型临床试验成本极高，所以只有那些可能带来巨额回报的疗法才可能走到这一步。现在有了C3N，我们就能科学地测试益生菌、无谷蛋白膳食、铁摄入量的调节等人们已经在家里尝试过、有望缓解病情的其他疗法，尽管这些疗法不大可能带来金钱回报。"

电子处方

医生在开具电子处方时，更倾向于选择非专利药物，而非价格昂贵的品牌药。在数字化系统内，医生可以键入处方，并通过无线网络传给药店。一项长达18个月、针对35,000位美国马萨诸塞州医生的调查研究显示，数字化系统在18个月内，令非专利药物在处方上所占的比例从55%上升至61%。相反，在不会使用电子处方的另一组医生中，他们开出的非专利药物相对较少。调查期间，非专利药物在这些医生所开处方上所占的比例只从53%上升到56%。到目前为止，只有20%的医生使用电子处方。研究人员表示，如果电子处方得到广泛推广，那么每年每100,000名患者便能节省400万美元的开支。此项发现刊登于2008年12月8日的《内科学文献》上。

医疗改革
的关键

撰文 | 蒂娅·戈斯（Tia Ghose）
翻译 | 崔略商

当全科医师短缺时，补充助理医师和执业护士能使医疗机构花更多的时间来教育患者，让他们更了解自己的病情。这不仅能改善医疗服务的质量，也能让患者就诊更加方便。

随着医疗改革逐步实施，美国的全科医师短缺的局面会更加严重。许多研究人员预计，助理医师和执业护士将逐渐填补这个缺口。他们已经身处前线，处理越来越多的常规门诊，他们的数量在未来几年内可能会有所增加。研究人员发现，在医生办公室中补充助理医师和执业护士不仅能改善医疗服务的质量，也能让患者更方便地就诊。

2008年，美国公共卫生机构雇用的助理医师和执业护士的数量是私人诊所的两倍。发表在《公共卫生杂志》上的一项研究发现，医疗机构之所以能给更多患者提供诊疗服务并维持更长的营业时间，在一定程度上要归功于助理医师和护士。医疗机构也能花更多的时间来教育患者，让他们更了解自己的病情，而这些事情在大多数时候也由助理医师和护士完成，而非医生。此外，医疗机构还采取了高效的分工方式：助理医师大多

助理医师（美国）

2008年人数：74,800

2004～2009年的增长率：29%

平均受教育时间：18年

执业护士（美国）

2008年人数：158,348

2004～2009年的增长率：39%

平均受教育时间：18年

注册护士（美国）

2008年人数：2,618,700

2004～2009年的增长率：12%

平均受教育时间：15年

处理急性疾病，如感冒和轻伤，而医生的主要工作是治疗慢性疾病。但是，上述研究论文的作者之一、美国著名医保咨询公司卢因集团的卫生服务研究员罗德里克·胡克（Roderick Hooker）说，现在的实际情况却是，哪位医生在办公室值班，就由哪位医生给患者看病，而不是根据患者病情的复杂程度决定谁来看病。随着越来越多的助理医师和护士加入私人诊所，私人诊所可将公共医疗机构作为范例。当新患者如潮水般涌来时，医生需要得到他们能得到的所有帮助。